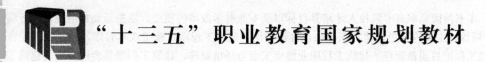

"十三五"职业教育国家规划教材

建筑工程项目管理
（第2版）

主　编　刘晓丽　谷莹莹
副主编　关永冰　司道林　曹玉
主　审　张卫东

北京理工大学出版社
BEIJING INSTITUTE OF TECHNOLOGY PRESS

内容提要

本书按照高职高专院校人才培养目标以及专业教学改革的需要，依据最新标准规范进行编写。全书共9个项目，主要内容包括建筑工程项目管理概论、建筑工程项目施工成本管理、建筑工程项目进度管理、建筑工程项目质量管理、建筑工程职业健康安全与环境管理、建筑工程项目合同管理、建筑工程项目信息管理、建筑工程项目风险管理、建筑工程项目收尾管理等。

本书可作为高职高专院校建筑工程技术等相关专业的教材，也可作为函授和自考辅导用书，还可供工程项目施工现场相关技术和管理人员工作时参考使用。

版权专有　侵权必究

图书在版编目（CIP）数据

建筑工程项目管理/刘晓丽，谷莹莹主编．—2版．—北京：北京理工大学出版社，2022.1重印

ISBN 978-7-5682-4918-8

Ⅰ.①建… Ⅱ.①刘… ②谷… Ⅲ.①建筑工程－工程项目管理－高等学校－教材　Ⅳ.①TU71

中国版本图书馆CIP数据核字(2017)第253622号

出版发行 /	北京理工大学出版社有限责任公司
社　　址 /	北京市海淀区中关村南大街5号
邮　　编 /	100081
电　　话 /	（010）68914775（总编室）
	（010）82562903（教材售后服务热线）
	（010）68944723（其他图书服务热线）
网　　址 /	http://www.bitpress.com.cn
经　　销 /	全国各地新华书店
印　　刷 /	北京紫瑞利印刷有限公司
开　　本 /	787毫米×1092毫米　1/16
印　　张 /	17.5
字　　数 /	469千字
版　　次 /	2022年1月第2版第7次印刷
定　　价 /	48.00元

责任编辑 / 王俊洁
文案编辑 / 王俊洁
责任校对 / 周瑞红
责任印制 / 边心超

图书出现印装质量问题，请拨打售后服务热线，本社负责调换

FOREWORD 第2版前言

　　本书第2版以培养高质量的工程技术类人才为目标，在第1版的基础上，融入了项目管理理论的新发展、新应用及编者多年的教学经验，改进了部分内容的叙述方式，更新了部分应用案例，新增了大量二维码资源，使之更加符合高等职业教育人才培养的要求。

　　本书在编写过程中以"必需、够用"为度，以"实用"为准，关注现代理论与实践的发展趋势及专业发展动向，及时吸收专业前沿知识，不断进行内容更新。本书重视引例案例的运用，使学生明确建筑工程项目管理的学习目的，掌握学习方法。同时，本书在编写时及时把学科最新发展成果引入教材，更新、充实教材内容。编者正确处理教材内容的基础性和先进性、经典与现代的关系，突出针对性和实用性，便于学生学习。

　　本书由济南工程职业技术学院刘晓丽、谷莹莹担任主编，由济南工程职业技术学院关永冰、司道林、曹玉担任副主编。具体编写分工为：刘晓丽编写项目三和项目六，谷莹莹编写项目二和项目八，曹玉编写项目一，关永冰编写项目四和项目五，司道林编写项目七和项目九。全书由济南工程职业技术学院张卫东主审。

　　本书引用了大量有关专业文献和资料，未在书中注明出处，在此对有关文献的作者和资料的整理者表示深深的感谢。由于编者水平有限，加之时间仓促，书中难免存在错误和不足之处，诚恳地希望读者批评指正。

编　者

第1版前言 FOREWORD

本书以培养高质量的工程技术类人才为目标，根据高等职业教育工程造价专业指导性教学大纲，以国家现行建设工程法律、法规、规范及标准为依据，在自编教材基础上经过多次修改、补充和完善编写而成。

本书在编写过程中以"必需、够用"为度，以"实用"为准，关注现代理论与实践的发展趋势及专业发展动向，及时吸收专业前沿知识，不断进行内容更新。本书内容包括建筑工程项目管理概论、建筑工程项目施工成本管理、建筑工程项目进度管理、建筑工程项目质量管理、建筑工程职业健康安全与环境管理、建筑工程项目合同管理、建筑工程项目信息管理、建筑工程项目风险管理和建筑工程项目收尾管理。本书有以下特点：重视案例的引导，使学生明确建筑工程项目管理的学习目标，掌握学习方法；及时引入学科最新发展成果，更新、充实内容；正确处理教材内容的基础性和先进性的关系，突出针对性和实用性，便于学生学习。

本书编写工作主要由济南工程职业技术学院工程管理系教师完成。其中刘晓丽编写了本书的项目1、项目3和项目6；谷莹莹编写了本书的项目2和项目8；关永冰编写了本书的项目4和项目5；司道林编写了本书的项目7和项目9；武汉工程职业技术学院刘文俊参与了部分章节的编写工作。全书由刘晓丽、谷莹莹、刘文俊统稿并担任主编，关永冰、司道林担任副主编，张卫东担任主审。

本书可作为高等职业院校工程造价、工程监理、建筑工程技术、建筑经济等专业的教学用书，也可供相关专业人员学习参考。

本书引用了大量专业文献和资料，在此对相关文献的作者和资料的整理者表示诚挚的感谢。由于编者水平有限，加之时间仓促，书中难免存在错误和不足之处，诚恳希望读者批评指正。

编　者

目录

项目一　建筑工程项目管理概论 ………… 1
任务单元一　建筑工程项目管理基础知识 ………………………… 1
　一、项目 ……………………………… 1
　二、建设工程项目 …………………… 3
　三、建筑工程项目管理 ……………… 7
任务单元二　建筑工程项目管理组织理论 ……………………………… 11
　一、建筑工程项目组织概述 ………… 11
　二、项目经理部 ……………………… 14
　三、项目经理部的设置 ……………… 15
　四、项目经理部的运行 ……………… 19
任务单元三　建筑工程项目经理 …… 20
　一、建筑工程项目经理概述 ………… 20
　二、建筑工程项目经理的素质 ……… 22
　三、建筑工程项目经理的任务 ……… 23
　四、建筑工程项目经理的职责 ……… 24
　五、建筑工程项目经理的权限 ……… 24
　六、建筑工程项目经理的利益 ……… 25
　七、建筑工程项目经理的选聘和培养 … 25
　八、项目经理负责制 ………………… 25
任务单元四　建设工程项目管理的产生与发展 ……………………… 26
　一、项目管理的产生 ………………… 26
　二、项目管理在我国的发展历程 …… 27
综合训练题 ……………………………… 29

项目二　建筑工程项目施工成本管理 … 32
任务单元一　建筑工程项目施工成本管理概述 …………………… 32
　一、施工成本的基本概念 …………… 33
　二、施工成本的分类 ………………… 33
　三、施工成本管理的特点和原则 …… 34
　四、施工成本管理的任务 …………… 35
　五、施工成本管理的措施 …………… 37
任务单元二　施工成本计划 ………… 38
　一、施工成本计划的类型 …………… 38
　二、施工成本计划编制的原则 ……… 39
　三、施工成本计划的编制依据 ……… 39
　四、施工成本计划的编制方法 ……… 40
任务单元三　施工成本控制 ………… 44
　一、施工成本控制的意义和目的 …… 44
　二、施工成本控制的原则 …………… 44
　三、施工成本控制的依据 …………… 45
　四、施工成本控制的方法 …………… 46
任务单元四　施工成本核算 ………… 54
　一、施工成本核算的对象和内容 …… 54
　二、施工成本核算对象的确定 ……… 55
　三、施工成本核算的程序 …………… 55
　四、施工成本核算的方法 …………… 56
任务单元五　施工成本分析 ………… 58
　一、施工成本分析的依据 …………… 58
　二、施工成本分析的方法 …………… 58
综合训练题 ……………………………… 63

项目三　建筑工程项目进度管理 ……… 69
任务单元一　建筑工程项目进度管理概述 …………………………… 70
　一、建筑工程项目进度管理的概念 … 70
　二、影响建筑工程项目进度的因素 … 70
　三、建筑工程项目进度控制的原理 … 71
　四、建筑工程项目进度控制的措施 … 72
　五、建筑工程项目进度控制的目的及任务 … 73
任务单元二　建筑工程项目进度计划的编制 ……………………… 73
　一、建筑工程项目进度计划的分类 … 73

二、建筑工程项目进度计划的编制步骤 …… 75
三、建筑工程进度计划的表示方法 …… 79
四、计算机辅助建设项目进度控制 …… 92

任务单元三　建筑工程项目进度计划的实施与检查 …… 93
一、建筑工程项目进度计划的实施 …… 93
二、建筑工程项目进度计划的检查 …… 95

任务单元四　实际进度与计划进度的比较方法 …… 96
一、横道图比较法 …… 96
二、S形曲线比较法 …… 99
三、"香蕉"形曲线比较法 …… 101
四、前锋线比较法 …… 102
五、列表比较法 …… 104

任务单元五　建筑工程项目进度计划的调整 …… 105
一、建筑工程进度计划的调整内容 …… 105
二、建筑工程进度计划的调整过程 …… 106
三、分析进度偏差的影响 …… 107
四、施工项目进度计划的调整方法 …… 107
综合训练题 …… 108

项目四　建筑工程项目质量管理 …… 116
任务单元一　建筑工程项目质量管理概述 …… 116
一、质量管理与质量控制的概念 …… 116
二、施工质量控制的特点 …… 117
三、施工质量的影响因素 …… 118
四、质量管理的方法 …… 119
五、质量控制的基本环节 …… 121
六、质量检查的内容和方法 …… 122

任务单元二　建筑工程项目质量控制 …… 123
一、施工准备阶段的质量控制 …… 123
二、施工过程阶段的质量控制 …… 125
三、竣工验收阶段的质量控制 …… 128

任务单元三　质量控制的统计分析方法 …… 129
一、分层法 …… 129
二、排列图法 …… 130
三、因果分析图法 …… 132
四、频数分布直方图 …… 133
五、控制图 …… 136
六、相关图 …… 137
七、统计调查表 …… 138

任务单元四　建筑工程项目质量改进和质量事故的处理 …… 138
一、建筑工程项目质量改进 …… 138
二、质量事故的概念和分类 …… 139
三、质量事故的处理程序 …… 140
四、质量事故的处理方法 …… 140

任务单元五　质量管理体系标准 …… 142
一、质量管理原则 …… 142
二、质量管理体系文件的构成 …… 142
三、质量管理体系的建立与运行 …… 143
四、质量管理体系的认证与监督 …… 143
综合训练题 …… 144

项目五　建筑工程职业健康安全与环境管理 …… 148
任务单元一　建筑工程职业健康安全管理概述 …… 148
一、建筑工程职业健康安全管理的特点 …… 148
二、施工安全管理机构 …… 149
三、施工安全管理实施的基本要求 …… 149
四、施工安全管理控制 …… 150

任务单元二　建筑工程职业健康安全事故的分类和处理 …… 151

一、职业伤害事故的分类 ………… 151
二、建筑工程生产安全事故报告和调查
　　处理 ……………………………… 153
任务单元三　建筑工程项目环境管理
　　　　　　　概述 ……………………… 155
一、环境保护的目的、原则和内容 … 156
二、环境因素的影响 ………………… 156
三、施工现场环境保护的有关规定 … 157
四、建筑工程环境保护措施 ………… 157
任务单元四　文明施工与环境保护 … 158
一、文明施工 ………………………… 158
二、环境事故处理 …………………… 161
任务单元五　职业健康安全管理体系
　　　　　　　与环境管理体系 ……… 164
一、职业健康安全管理体系 ………… 164
二、建筑工程环境管理体系 ………… 164
综合训练题 ………………………………… 165

项目六　建筑工程项目合同管理 ……… 168
任务单元一　建筑工程合同管理概述 … 168
一、合同基础知识 …………………… 168
二、建筑工程合同概述 ……………… 170
三、建筑工程其他相关合同 ………… 174
四、建筑工程项目中的主要合同关系 … 175
五、建筑工程合同管理 ……………… 176
六、FIDIC合同条件简介 …………… 177
任务单元二　建筑工程担保的类型 … 178
一、合同担保 ………………………… 178
二、建筑工程担保 …………………… 180
任务单元三　建筑工程项目合同管理 … 184
一、建筑工程项目施工合同的订立 … 184
二、《建设工程施工合同（示范文本）》
　　简介 ……………………………… 184

三、建筑工程项目施工合同的实施 … 189
四、施工合同变更 …………………… 192
五、施工合同终止 …………………… 194
六、违约与争议 ……………………… 195
任务单元四　建筑工程项目索赔管理 … 197
一、建筑工程项目索赔概述 ………… 197
二、建筑工程项目索赔的分类 ……… 197
三、建筑工程项目索赔的原因 ……… 199
四、建筑工程项目索赔成立的条件及
　　索赔依据 ………………………… 200
五、建筑工程项目索赔的程序 ……… 201
综合训练题 ………………………………… 205

项目七　建筑工程项目信息管理 ……… 210
任务单元一　建筑工程项目信息管理
　　　　　　　概述 ……………………… 210
一、建筑工程项目信息管理的含义和
　　目的 ……………………………… 210
二、建筑工程项目信息管理的任务 … 211
三、建筑工程项目信息的分类和
　　表现形式 ………………………… 212
四、建筑工程项目信息编码的方法 … 213
五、建筑工程项目施工文件档案管理 … 214
任务单元二　项目管理信息系统的意义
　　　　　　　和功能 …………………… 215
一、项目管理信息系统的含义 ……… 215
二、项目管理信息系统的建立 ……… 215
三、项目管理信息系统的功能 ……… 216
四、项目管理信息系统的意义 ……… 217
任务单元三　计算机在建筑工程项目
　　　　　　　管理中的运用 …………… 217
一、工程管理信息化的内涵 ………… 217
二、互联网在建筑工程项目信息处理的

应用 …………………………… 218
　三、计算机在建设工程项目管理中的运用 …219
　综合训练题 ………………………… 225

项目八　建筑工程项目风险管理……… 227
　任务单元一　建筑工程项目风险管理
　　　　　　　概述 ………………… 227
　一、风险及工程风险基本知识 ……… 227
　二、建筑工程风险与风险管理 ……… 230
　任务单元二　建筑工程项目风险识别 …233
　一、风险识别的特点和原则 ………… 233
　二、风险识别的过程 ………………… 234
　三、风险识别的方法 ………………… 236
　任务单元三　建筑工程项目风险评估 …238
　一、风险评估 ………………………… 238
　二、风险量函数 ……………………… 239
　三、风险损失的衡量 ………………… 239
　四、风险概率的衡量 ………………… 240
　五、风险衡量方法 …………………… 241
　任务单元四　建筑工程项目风险应对
　　　　　　　与监控 ………………… 244
　一、风险回避 ………………………… 245
　二、损失控制 ………………………… 246
　三、风险自留 ………………………… 247
　四、风险转移 ………………………… 249

　五、常见的施工项目风险及其防范策略
　　　和措施 …………………………… 250
　综合训练题 ………………………… 253

项目九　建筑工程项目收尾管理……… 255
　任务单元一　建筑工程项目竣工验收 …255
　一、工程项目竣工验收的定义 ……… 255
　二、竣工验收的依据、要求和条件 … 256
　三、施工项目竣工验收阶段管理的程序
　　　和主要工作 ……………………… 257
　四、竣工资料的管理 ………………… 258
　五、竣工验收组织 …………………… 259
　六、工程竣工结算 …………………… 260
　任务单元二　建筑工程项目回访及保修… 261
　一、建筑工程项目的回访和保修概述 … 261
　二、工程项目回访 …………………… 262
　三、施工项目保修 …………………… 262
　任务单元三　建筑工程项目后评价 … 264
　一、建筑工程项目后评价概述 ……… 264
　二、建筑工程项目后评价的内容 …… 266
　三、项目后评价的基本方法 ………… 267
　四、项目后评价的工作程序 ………… 269
　综合训练题 ………………………… 270

参考文献………………………………… 272

项目一 建筑工程项目管理概论

学习目标

1. 了解建筑工程项目管理的产生与发展。
2. 熟悉项目与建筑工程项目的概念及分类;建筑工程项目管理的类型及任务;项目经理的职责、权限。
3. 掌握建筑工程项目的概念及特点;建筑工程项目管理的内容;项目经理部组织形式。

引 例

【背景材料】

据《梦溪笔谈》记载,宋真宗时,汴梁皇宫起火。一夜之间,大片的宫室、楼台、殿阁、亭榭变成了废墟。为了修复这些宫殿,宋真宗派当时的晋国公丁渭主持修复工程。当时,要完成这项重大的建筑工程,面临着三个大问题:

第一,需要把大量的废墟垃圾清理掉;

第二,要运来大批木材和石料;

第三,要运来大量新土。

丁渭研究了工程之后,制订了施工方案,简单归纳起来,就是这样一个过程:挖沟(取土)→引水入沟(水道运输)→填沟(处理垃圾)。

按照这个方案施工,不但节约了许多时间和经费,而且使工地秩序井然,使城内的交通和生活秩序不受施工太大的影响。此方案确实很具有科学性,实可谓"丁渭施工,一举三得",因此成为我国古代项目管理实践中较为典型的案例。

任务单元一 建筑工程项目管理基础知识

一、项目

1. 项目的概念

"项目"一词来源于人类有组织的活动,其表现形式多种多样,中国的长城、埃及的金字塔以及古罗马的尼姆水道都是人类历史上运作大型复杂项目的范例。对于项目,目前还没有统一的定义,不同的机构、不同的行业各自有对项目定义的不同表达。

德国国家标准 DIN69901 认为,项目是指在总体上符合如下条件的唯一性任务:

(1)具有一定的目标；

(2)具有时间、财务、人力和其他限制条件；

(3)具有专门的组织。

美国项目管理协会(Project Management Institute，PMI)将项目定义为："项目是为完成某一独特的产品或服务所做的一次性努力。"美国项目管理协会(PMI)对项目管理所需的知识、技能和工具进行了概括性的描述，形成了PMBOK(Project Management Body Of Knowledge)，即项目管理知识体系。

美国项目管理专业资质认证委员会主席 Paul Grace 说过："在当今社会中，一切都是项目，一切也将成为项目。"

综上所述，项目可定义为：项目(Project)是在一定约束条件下(时间、资源、质量标准)完成的，具有明确目标的非常规性、非重复性的一次性任务。

以下活动都可以称为一个项目：建造一栋建筑物；开发一项新产品；计划举行一项大型活动(如策划组织婚礼、大型国际会议等)；策划一次自驾车旅游；ERP 的咨询、开发、实施与培训等。这些都是项目，都是在一定的约束条件下完成的，也都是一次性的任务。

2. 项目的特征

(1)项目实施的一次性。项目是一次性的任务，任何项目都有自身的特点，不可能有两个完全相同的项目存在，这是项目最主要的特征。区别一种或一系列活动是不是项目，其重要的标准就是辨别这些活动是否生产或提供特殊的产品和服务，这就是项目的一次性。每一个项目的产品和服务都是唯一的、独特的。一次性决定了项目有确定的起点和终点，不可能进行完全的照搬和复制。有些项目即使产品或者服务相似，但由于时间、地点、内外部环境的不同，项目的实施过程和项目本身也具有独特的性质。只有充分认识到项目的一次性特征，才能有针对性地根据项目自身的特征情况进行科学而有效的管理，保证项目的成功。

(2)项目目标的明确性。项目的目标必须是明确的，在项目成立之初目标便已确定，并且在项目的进行中目标一般不会发生太大的变化，因此，项目比较明显的特征就是目标的明确性。同时由于项目涉及多个主题、过程与活动等，也反映了项目的多目标性。这主要体现在项目的成果性目标和约束性目标两个方面。成果性目标是指项目应实现按时交付产品和服务的目标，约束性目标是指要在一定的时间、人力和成本下完成项目。例如，某建筑工程的质量目标是争创"鲁班奖"，除明确目标之外，目标还必须是可以实现的，实现不了目标的项目是无法进行管理的。

(3)项目作为管理对象的整体性。项目是个系统，由各种相互联系的要素组成。从系统论的角度来说，每一个项目都是一个整体，都是按照其目标来配置资源，追求整体的效益，做到数量、质量、结构的整体优化。由于项目是实现特定目标而展开的多项任务的集合，是一系列活动的过程，所以，强调项目的整体性，就是要重视项目过程与目标的统一，重视时间与内容的统一。

(4)项目的约束性。任何项目都是在一定的约束条件下进行的。任何项目都具有一定的约束条件，如资源条件的约束(人力、物力、财力)和人为的约束，其中时间、成本、质量是普遍存在的约束条件。时间约束是指每一个项目都有明确的开始和结束。当项目的目标都已经达到时，该项目就结束了；当项目的目标确定不能达到时，该项目就会终止。时间约束是相对的，并不是说每个项目持续的时间都短，而是仅指项目具有明确的开始和结束时间，有些项目需要持续几年，甚至更长时间。项目的实施是企业或者组织调用各种资源和人力来实施的，但这些资源都是有限的，而且组织为维持日常的运作不会把所有的人力、物力和财力放在这一个项目上，投入的仅仅是有限的资源。

(5)项目的不确定性。在日常运作中，人们拥有较为成熟的丰富的经验，对产品和服务的认识比较丰富，但在某项目实行的过程中，所面临的风险就比较多，一方面，是因为经验不丰富，环境不确定；另一方面，就是生产的产品和服务具有独特性，在生产之前对这一过程并不熟悉。因此，在项目实行的过程中，所面临的风险比较多，具有明显的不确定性。

二、建设工程项目

(一)建设工程项目基础知识

1. 建设工程项目的概念

工程项目是项目中数量最大的一类，凡是最终成果是"工程"的项目均可称为工程项目。工程项目属于投资项目中最重要的一类，是一种投资行为与建设行为相结合的投资项目。

投资与建设是分不开的，投资是项目建设的起点，没有投资，就不可能进行建设；反过来，没有建设行为，投资的目的就不可能实现。建设过程实质上是投资的决策和实施过程，是投资目的的实现过程，是把投入的资金转换为实物资产的经济活动过程。

对一个工程项目范围的认定标准，是具有一个总体设计或初步设计的。凡属于一个总体设计或初步设计的项目，不论是主体工程还是相应的附属配套工程，不论是由一个还是由几个施工单位施工，不论是同期建设还是分期建设，都视为一个工程项目。

建设工程项目是指按照一定的投资，经过决策和实施的一系列程序，在一定的约束条件下以形成固定资产为明确目标的一次性事业。其主要是由以房屋建筑工程和以公路、铁路、桥梁等为代表的土木工程共同构成，如修建一座水电站、兴建一条高速公路或建造一幢大楼。一个建设工程项目必须在一个总体设计或初步设计范围内，由一个或若干个互有内在联系的单项工程所组成，经济上实行统一核算，行政上实行统一管理。

2. 建设工程项目的特点

建设工程项目除了具有一般项目的基本特点外，还有自身的特点。建设工程项目的特点表现在以下几个方面。

(1)具有明确的建设任务，如建设一个住宅小区或建设一座发电厂等。

(2)具有明确的质量、进度和费用目标。

(3)建设成果和建设过程固定在某一地点。

(4)建设产品具有唯一性的特点。

(5)建设产品具有整体性的特点。

3. 建设工程项目的分类

(1)按自然属性划分。建设工程是指为人类生活、生产提供物质技术基础的各类建筑物和工程设施的统称。按照自然属性可分为建筑工程、土木工程和机电工程三类，涵盖房屋建筑工程、铁路工程、公路工程、水利工程、市政工程、煤炭矿山工程、水运工程、海洋工程、民航工程、商业与物质工程、农业工程、林业工程、粮食工程、石油天然气工程、海洋石油工程、火电工程、水电工程、核工业工程、建材工程、冶金工程、有色金属工程、石化工程、化工工程、医药工程、机械工程、航天与航空工程、兵器与船舶工程、轻工工程、纺织工程、电子与通信工程和广播电影电视工程等。

(2)按建设性质划分。建设工程项目按建设性质划分可分为新建、扩建、迁建和恢复项目。

1)新建项目，是指根据国民经济和社会发展的近远期规划，按照规定的程序立项，从无到有、"平地起家"的建设项目。现有企业、事业和行政单位一般不应有新建项目。有的单位如果原有基础薄弱需要再兴建的项目，其新增加的固定资产价值超过原有全部固定资产价值（原值）

3倍以上时，才可算新建项目。

2) 扩建项目，是指现有企业、事业单位在原有场地内或其他地点，为扩大产品的生产能力或增加经济效益而增建的生产车间、独立的生产线或分厂的项目；事业和行政单位在原有业务系统的基础上扩充规模而进行的新增固定资产投资项目。

3) 迁建项目，是指原有企业、事业单位，根据自身生产经营和事业发展的要求，按照国家调整生产力布局的经济发展战略的需要或出于环境保护等其他特殊要求，搬迁到异地而建设的项目。

4) 恢复项目，是指原有企业、事业和行政单位，因在自然灾害或战争中使原有固定资产遭受全部或部分报废，需要进行投资重建来恢复生产能力和业务工作条件、生活福利设施等的建设项目。这类项目，不论是按原有规模恢复建设，还是在恢复过程中同时进行扩建，都属于恢复项目。但对尚未建成投产或交付使用的项目，受到破坏后，若仍按原设计重建的，原建设性质不变；如果按新设计重建，则根据新设计内容来确定其性质。

基本建设项目按其性质分为上述四类，一个基本建设项目只能有一种性质，在项目按总体设计全部建成以前，其建设性质是始终不变的。更新改造项目包括挖潜工程、节能工程、安全工程、环境保护工程等。

(3) 按建设规模划分。为适应对工程建设项目分级管理的需要，国家规定基本建设项目分为大型、中型、小型三类；更新改造项目分为限额以上和限额以下两类。不同等级标准的工程建设项目，国家规定的审批机关和报建程序也不尽相同。

划分项目等级的原则包括：①按批准的可行性研究报告（初步设计）所确定的总设计能力或投资总额的大小，依据国家颁布的《基本建设项目大中小型划分标准》进行分类。②凡生产单一产品的项目，一般按产品的设计生产能力划分；生产多种产品的项目，一般按其主要产品的设计生产能力划分；产品分类较多，不易分清主次、难以按产品的设计能力划分时，可按投资总额划分。③对国民经济和社会发展具有特殊意义的某些项目，虽然设计能力或全部投资不够大、中型项目标准，但经国家批准已列入大、中型计划或国家重点建设工程的项目，也按大、中型项目管理。④更新改造项目一般只按投资额分为限额以上和限额以下项目，不再按生产能力或其他标准划分。⑤基本建设项目的大、中、小型和更新改造项目限额的具体划分标准，根据各个时期经济发展和实际工作中的需要而有所变化。

现行国家的有关规定包括：①按投资额划分的基本建设项目，属于生产性建设项目中的能源、交通、原材料部门的工程项目，投资额达到5 000万元以上的为大中型项目；其他部门和非工业建设项目，投资额达到3 000万元以上的为大中型建设项目。②按生产能力或使用效益划分的建设项目，以国家对各行各业的具体规定作为标准。③更新改造项目只按投资额标准划分，能源、交通、原材料部门投资额达到5 000万元及其以上的工程项目和其他部门投资额达到3 000万元及其以上的项目为限额以上项目，否则为限额以下项目。

(4) 按投资作用划分。建设工程项目按投资作用划分可分为生产性建设项目和非生产性建设项目。

1) 生产性建设项目，是指直接用于物质资料生产或直接为物质资料生产服务的工程建设项目。其主要包括：①工业建设，包括工业、国防和能源建设；②农业建设，包括农、林、牧、渔、水利建设；③基础设施建设，包括交通、邮电、通信建设，地质普查、勘探建设等；④商业建设，包括商业、饮食、仓储、综合技术服务事业的建设。

2) 非生产性建设项目，是指用于满足人民物质和文化、福利需要的建设和非物质资料生产部门的建设。其主要包括：①办公用房，国家各级党政机关、社会团体、企业管理机关的办公用房；②居住建筑，住宅、公寓、别墅等；③公共建筑，科学、教育、文化艺术、广播电视、卫生、博览、体育、社会福利事业、公共事业、咨询服务、宗教、金融、保险等建设;④其他建设,不属于上述各类的其他非生产性建设。

(5)按投资效益划分。建设工程项目按投资效益划分可分为竞争性项目、基础性项目和公益性项目。

1)竞争性项目,是指投资效益比较高、竞争性比较强的一般性建设项目。这类建设项目应以企业作为基本投资主体,由企业自主决策、自担投资风险。

2)基础性项目,是指具有自然垄断性、建设周期长、投资额大而收益低的基础设施和需要政府重点扶持的一部分基础工业项目,以及直接增强国力的符合经济规模的支柱产业项目。对于这类项目,主要应由政府集中必要的财力、物力,通过经济实体进行投资。同时,还应广泛吸收地方、企业参与投资,有时还可吸收外商直接投资。

3)公益性项目,主要包括科技、文教、卫生、体育和环保等设施,公检法等政权机关以及政府机关、社会团体办公设施,国防建设等。公益性项目的投资主要由政府用财政资金安排。

(6)按投资来源划分。建设工程项目按投资来源划分可分为政府投资项目和非政府投资项目。

4. 建设工程项目及其组成

建设工程项目可以分为单项工程、单位工程、分部工程和分项工程。

(1)单项工程。单项工程是指在一个工程项目中,具有独立的设计文件,竣工后可以独立发挥生产能力或效益的一组配套齐全的工程项目。例如,学校的教学楼、食堂、水塔、桥梁等都是单项工程。

(2)单位工程。单位工程是指具有独立的设计文件和独立的施工条件,但是竣工以后不能够独立发挥效益的单体工程。

在房屋建设项目中,一个独立的、单一的建筑物(构筑物)均可称为一个单位工程。对于建筑规模较大的单位工程,可将其能形成独立使用功能的部分作为一个子单位工程。室外工程根据专业类别和工程规模划分为室外建筑环境和室外安装两个单位工程,并又分成附属建筑、室外环境、给水排水与采暖和电气子单位工程。

(3)分部工程。分部工程是单位工程的组成部分,应按专业性质、建筑部位确定,是指按照工程部位、设备种类和型号或主要工种工程不同所作的分类。例如,一般房屋建筑单位工程可划分为地基与基础、主体结构、屋面、装饰装修工程和给水排水及采暖、建筑电气、通风与空调、电梯、智能建筑等分部工程。

当分部工程较大、较复杂时,可按材料种类、施工特点、施工程序、专业系统及类别等划分为若干子分部工程。

(4)分项工程。分项工程是分部工程的组成部分,一般按主要工程、材料、施工工艺、设备类别等进行划分。例如,土方开挖工程、土方回填工程、钢筋工程、模板工程、混凝土工程、砖砌体工程、木门窗制作与安装工程、玻璃幕墙工程等。分项工程可由一个或若干检验批组成,检验批可根据施工及质量控制和专业验收需要按楼层、施工段、变形缝等进行划分。

(二)建设工程项目的生命周期

项目的生命周期描述了项目从开始到结束所经历的各个阶段,最一般的划分是将项目分为"识别需求、提出解决方案、执行项目、结束项目"四个阶段。实际工作中根据项目所属的不同领域再进行具体的划分。例如,在建筑业中一般将项目分为立项决策、计划和设计、建设、移交和运行等阶段。建设工程项目的生命周期包括整个项目的决策、设计、建造、使用以及最终清理的全过程。向前延伸到可行性研究阶段,向后拓展到运行管理(物业管理、资产管理、运行维护)阶段。项目立项是项目决策的标志,项目的实施阶段包括设计前的准备阶段、设计阶段、施工阶段、动用前准备阶段和保修期,具体如图1-1所示。

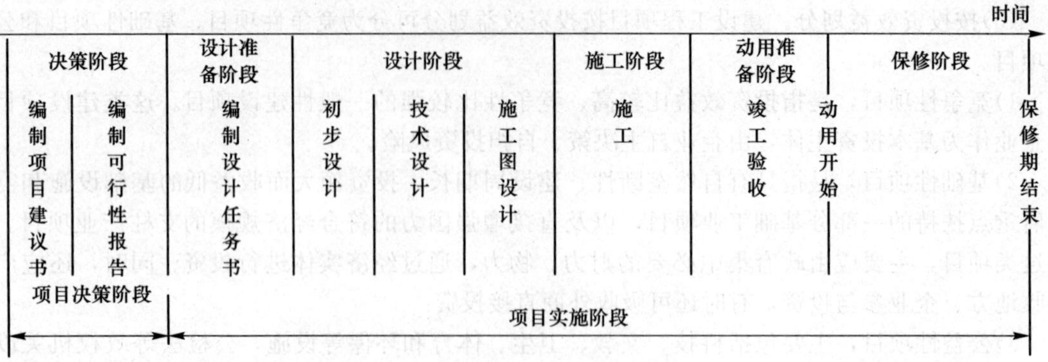

决策阶段		设计准备阶段	设计阶段			施工阶段	动用准备阶段	保修阶段
编制项目建议书	编制可行性报告	编制设计任务书	初步设计	技术设计	施工图设计	施工	竣工验收	动用开始 ··· 保修期结束
项目决策阶段		项目实施阶段						

图1-1 建设工程项目的生命周期

(三)建设工程项目管理

一般而言,项目管理是一种具有特定目标、资源及时间限制和复杂的专业工程技术背景的一次性管理事业,即通过一个临时性的专门的柔性组织,对项目进行高效率的计划、组织、指导和控制,以实现项目全过程的动态管理和项目目标的综合协调与优化。

具体而言,建设工程项目管理是以建设工程项目为对象,在既定的约束条件下,为实现最令人满意的项目目标,根据建设工程项目的内在规律,对从项目构思到项目完成(指工程项目竣工并交付使用)的全过程进行的计划、组织、协调、控制等一系列活动,以确保建设工程项目按照规定的费用目标、时间目标和质量目标完成。

英国皇家特许建造协会(CIOB)对其作了如下表述:自项目开始至项目完成,通过项目策划和项目控制,以使项目的费用目标、进度目标和质量目标得以实现。

在项目实施过程中,主客观条件的变化是绝对的,不变则是相对的;在项目进展过程中,平衡是暂时的,不平衡则是永恒的,因此,在项目实施过程中必须随着情况的变化进行项目目标的动态控制,动态控制原理图如图1-2所示。

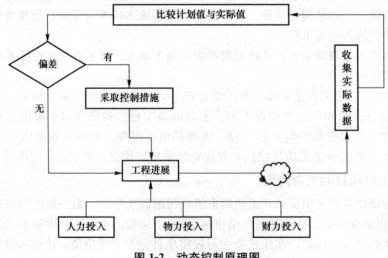

图1-2 动态控制原理图

(四)建筑工程项目的概念

建筑工程项目是建设工程项目的一个专业类型,这里主要指把建设工程项目中的建筑安装施工任务独立出来形成的一种项目。建筑工程项目是建筑施工企业对一个建筑产品的施工过程及成果,也就是建筑施工企业的生产对象。这里所指的"建筑工程项目"可能是一个建设项目的施工,也可能是其中的一个单项工程或单位工程的施工。

三、建筑工程项目管理

(一)建筑工程项目管理的概念

建筑工程项目管理是针对建筑工程而言的,即在一定约束条件下,以建筑工程项目为对象,以最优实现建筑工程项目目标为目的,以建筑工程项目经理负责制为基础,以建筑工程承包合同为纽带,对建筑工程项目进行高效率的计划、组织、协调、控制和监督的系统管理活动。

(二)建筑工程项目管理的类型

在建筑工程项目的生产过程中,一个项目往往由许多参与方承担不同的建设任务,而各参与方的工作性质、工作任务和利益各有不同,因此就形成了不同类型的项目管理。由于业主方在整个建筑工程项目生产过程中负总责,是建筑工程项目生产过程的总组织者和总协调者,因此,对于一个建筑工程项目而言,虽然有代表不同利益方的项目管理,但是,业主方的项目管理是建筑工程项目管理的核心。

按照建筑工程项目不同参与方的工作性质和组织特征进行划分,项目管理可以分成如下类型,即业主方的项目管理、设计方的项目管理、施工方的项目管理、供货方的项目管理、建设项目总承包方的项目管理。

(1)业主方的项目管理。业主方的项目管理是全过程全方位的,包括项目实施阶段的各个环节。主要包括组织协调、合同管理、信息管理以及投资、质量、进度三大目标控制。

(2)设计方的项目管理。设计单位受业主方委托承担工程项目的设计任务,以设计合同所界定的工作目标及其责任义务作为该项工程设计管理的对象、内容和条件,将业主或建设法人的建设意图、住房建设法律法规要求、建设条件作为输入,经过智力的投入进行建设项目技术经济方案的综合创作,编制出用以指导建设项目施工安装活动的设计文件,通常简称"设计方项目管理"。

(3)施工方的项目管理。施工企业的项目管理简称施工方项目管理,即施工企业通过工程施工投标取得工程施工承包权,按与业主签订工程承包合同界定的工程范围组织项目管理,内容是对施工全过程进行计划、组织、指挥、协调和控制。

(4)供货方的项目管理。从建设项目管理的系统分析角度看,物资供应工作也是工程项目实施的一个子系统,它有明确的任务和目标、明确的制约条件以及项目实施子系统的内在联系。因此,供货单位的项目管理通常简称"供货方项目管理"。

(5)建设项目总承包方的项目管理。业主在项目决策之后,通过招标择优选定总承包商全面负责建筑工程项目的实施全过程,直至最终交付使用功能和质量标准符合合同文件规定的工程项目,即为建筑工程项目总承包模式。建筑工程项目总承包有多种形式,比如设计和施工任务综合的承包,设计、采购与施工任务综合的承包等。

建筑工程项目管理的各参与方由于工作性质、工作任务不尽相同,其项目管理目标和主要任务也存在差异,具体见表1-1。

表 1-1 项目管理各参与方项目管理目标和主要任务比较

比较内容	业主方	设计方	施工方	供货方	总承包方
服务对象	服务于业主的利益	项目的整体利益和设计方本身的利益	项目的整体利益和施工方本身的利益	项目的整体利益和供货方本身的利益	项目的整体利益和总承包方本身的利益
项目管理目标	项目的投资目标、进度目标和质量目标	设计的成本目标、进度目标、质量目标和项目的投资目标	施工的成本目标、进度目标和质量目标	供货的成本目标、进度目标和质量目标	项目的总投资目标和总承包方的成本目标、进度目标、质量目标
阶段	项目实施阶段的全过程	主要在设计阶段进行，也涉及其他阶段	主要在施工阶段进行，也涉及其他阶段	主要在施工阶段进行，也涉及其他阶段	项目实施阶段的全过程
项目管理任务	安全管理；投资控制；进度控制；质量控制；合同管理；信息管理；组织和协调。安全管理是项目管理中最重要的任务	设计成本控制和与设计工作有关的工程造价控制；设计方的进度控制、质量控制、合同管理、信息管理；与设计工作有关的安全管理及组织和协调	施工安全管理；施工成本控制；施工进度控制；施工质量控制；施工合同管理；施工信息管理；与施工有关的组织与协调	供货的安全管理；供货方的成本控制；供货的进度控制；供货的质量控制；供货合同管理；供货信息管理；与供货有关的组织与协调	安全管理；投资控制和总承包方的成本控制；进度控制；质量控制；合同管理；信息管理；与建设工程项目总承包方有关的组织和协调

(三)建筑工程项目管理的程序

(1)编制项目管理规划大纲。项目管理规划分为项目管理规划大纲和项目管理实施规划。当承包人以编制施工组织设计代替项目管理规划时，施工组织设计应满足项目管理规划的要求。

项目管理规划大纲由企业管理层在投标之前编制，旨在作为投标依据，满足招标文件要求及签订合同要求的文件，其具体内容如下：

1)项目概况；
2)项目实施条件分析；
3)项目投标活动及签订施工合同的策略；
4)项目管理目标；
5)项目组织结构；
6)质量目标和施工方案；
7)工期目标和施工总进度计划；
8)成本目标；
9)项目风险预测和安全目标；
10)项目现场管理和施工平面图；
11)投标和签订施工合同；

12)文明施工及环境保护。

(2)编制投标书并进行投标。

(3)签订施工合同。

(4)选定项目经理。由企业采用适当的方式选聘称职的施工项目经理。

(5)项目经理接受企业法定代表人的委托参与组建项目经理部。根据施工项目经理部组织原则,选用适当的组织形式,组建施工项目管理机构,明确项目经理的责任、权限和义务。

(6)企业法定代表人与项目经理签订项目管理目标责任书。项目管理目标责任书是由企业法定代表人根据施工合同和经营管理目标的要求明确规定项目经理部应达到的成本、质量、进度和安全等控制目标的文件。

(7)项目经理部编制项目管理实施规划。项目管理实施规划由项目经理组织项目经理部在工程开工之前编制完成,是旨在指导施工项目实施阶段的管理文件,其具体内容如下:

1)项目概况;
2)总体工作计划;
3)组织方案;
4)技术方案;
5)进度计划;
6)质量计划;
7)职业健康安全与环境管理计划;
8)成本计划;
9)资源需求计划;
10)风险管理计划;
11)信息管理计划;
12)项目沟通管理计划;
13)项目收尾管理计划;
14)项目现场平面布置图;
15)项目目标控制措施;
16)技术经济指标。

(8)进行项目开工前的准备工作。

(9)施工期间按项目管理实施规划进行管理。

(10)在项目竣工验收阶段进行竣工结算,清理各种债权债务,移交资料和工程。

(11)进行工程项目经济分析。

(12)作出项目管理总结报告并送企业管理层有关职能部门审计。

(13)企业管理层组织考核委员会。

(14)对项目管理工作进行考核评价,并兑现项目管理目标责任书中的奖惩承诺。

(15)项目经理部解体。

(16)在保修期满前,根据工程质量保修书的约定进行项目回访保修。

项目管理规划

(四)建筑工程项目管理的内容

在建筑工程项目管理的过程中,为了取得各阶段目标和最终目标的实现,在进行各项活动时都要加强管理,具体内容包括:建立项目管理组织、目标管理、资源管理、合同管理、采购管理、信息管理、风险管理、沟通管理、安全管理和后期管理等，下面一一进行具体的说明。

1. 建立项目管理组织

（1）由企业采用适当的方式选聘称职的施工项目经理。

（2）根据施工项目组织原则选用适当的组织形式，组建施工项目管理机构，明确责任权限和义务。

（3）在遵守企业规章制度的前提下，根据施工项目管理的需要制定施工项目管理制度。

2. 建筑工程项目的目标管理

建筑工程项目的目标有阶段性目标和最终目标，实现各项目标是其项目管理的目的所在。因此，应当坚持以控制论原理和理论为指导，进行全过程的科学管理。工程项目的控制目标主要包括：进度、质量、成本目标。

由于在项目目标的控制过程中会不断受到各种客观因素的干扰，各种风险因素随时可能发生，故应通过组织协调和风险管理，对项目目标进行动态管理。

3. 建筑工程项目的资源管理

建筑工程项目的资源是项目目标得以实现的保证，主要包括：人力资源、材料、机械设备、资金和技术。建筑工程项目资源管理的内容如下：

（1）分析各项资源的特点。

（2）按照一定原则方法对项目资源进行优化配置并对配置状况进行评价。

（3）对建筑工程项目的各项资源进行动态管理。

4. 建筑工程项目的合同管理

由于建筑工程项目管理是对在市场条件下进行的特殊交易活动的管理，因此，必须依法签订合同，进行履约经营。合同管理的水平直接涉及项目管理及工程施工的技术经济效果和目标实现，因此，要从招投标开始，加强工程承包合同的策划、签订、履行和管理。为了取得经济效益，还必须注意处理好索赔。在具体索赔过程中要讲究方法和技巧，提供充分的证据。

5. 建筑工程项目的采购管理

建筑工程项目在实施过程中，需要采购大量的材料和设备等。施工方应设置采购部门，制定采购管理制度、工作程序和采购计划，施工项目采购工作应符合有关合同、设计文件所规定的数量，技术要求和质量标准，符合进度、安全、环境和成本管理等要求。产品供应和服务单位应通过合格评定。在采购过程中应按规定对产品或服务进行检验，对不符合要求的产品或不合格品应按规定处置。采购资料应真实、有效、完整，具有可追溯性。

6. 建筑工程项目的信息管理

现代化管理要依靠信息。建筑工程项目管理是一项复杂的现代化管理活动，也需要依靠大量的信息及对大量信息的管理。信息管理要依靠计算机辅助进行，依靠网络技术形成项目管理系统，从而使信息管理现代化。要特别注意信息的收集与储存，使本项目的经验和教训得到记录和保留，为以后的项目管理服务，故而认真记录总结，建立档案及保管制度非常重要。

7. 建筑工程项目的风险管理

建筑工程项目在实施过程中不可避免地会受到各种各样不确定性因素的干扰，存在引发项目控制目标不能实现的风险。因此，项目管理人员必须重视工程项目风险管理并将其纳入工程项目管理之中。建筑工程项目风险管理过程应包括施工项目实施全过程的风险识别、风险评估、风险响应和风险控制。

8. 建筑工程项目的沟通管理

沟通管理是指正确处理各种关系。沟通管理为目标控制服务。沟通管理的内容包括人际关系、组织关系、配合关系、供求关系及约束关系的沟通协调。这些关系发生在施工项目管理组织内部，施工项目管理组织与其外部相关单位之间。

9. 建筑工程项目的安全管理

安全管理的关键在于安全思想的建立、安全保证体系的建立、安全教育的加强、安全措施的设计，以及对人的不安全行为和物的不安全状态的控制。要引进风险管理技术，加强劳动保险工作，以转移风险，减少损失。着重做好班前交底工作，定期检查，建立安全生产领导小组，把不安全的事和物控制在萌芽状态。

10. 建筑工程项目的后期管理

根据管理的循环原理，项目的后期管理就是管理的总结阶段。它是对管理计划、执行、检查阶段经验和问题的提炼，也是进行新的管理的信息来源。其经验可作为新的管理制度和标准的源泉，其问题有待于下一循环管理予以解决。由于项目具有一次性特点，因此，其管理更应注意总结，不断提高管理水平并发展建筑工程项目管理学科。

任务单元二　建筑工程项目管理组织理论

建筑工程项目管理的基本原理就是组织论。它是关于组织应当采取何种组织结构才能提高效率的观点、见解和方法的集合。组织论主要研究系统的组织结构模式和组织分工以及工作流程组织，它是人类长期实践的总结，是管理学的重要内容。

一、建筑工程项目组织概述

(一)组织

组织是与人联系在一起的，哪里有许多人在一起工作，哪里就需要组织。所谓组织，是指为了实现某种目标，而由具有合作意愿的人群组成的职务或职位的结构，是人们为了实现共同目标而形成的一个系统集合。

组织有两种含义。

第一种含义是作为名词出现的，指组织机构，组织机构是按一定领导体制、部门设置、层次划分、职责分工、规章制度和信息系统等构成的有机整体，是社会的结合体，可以完成一定的任务，并为此而处理人和人、人和事、人和物的关系。

第二种含义是作为动词出现的，指组织行为，即通过一定权力和影响力，为达到一定目标，对所需资源进行合理配置的行为，目的是处理人和人、人和事、人和物的关系。

管理职能是通过这两种含义的有机结合而产生和起作用的。

(二)建筑工程项目组织

建筑工程项目组织是指业主(或项目管理单位)及其相应的管理组织体系。建设项目立项后，为实现工程项目的组织职能，应根据项目的性质、投资来源、建设规模大小、工程复杂程度等条件，建立相应的项目管理组织，其作用是对项目的建设进度、质量、资金使用等实施有效的控制与管理，保证项目目标的实现。其主要作用如下：

(1)合理的管理组织可以提高项目团队的工作效率；
(2)管理组织的合理确定，有利于项目目标的分解与完成；
(3)合理的项目组织可以优化资源配置，避免资源浪费；
(4)有利于项目工作的管理；
(5)有利于项目内外关系的协调。

综上所述，目标决定组织，建筑工程项目组织是目标能否实现的决定性因素。

1. 设置原则

按照基本程序设置建筑工程项目的组织结构时，一般应当遵循以下原则：

(1)目标性统一原则。项目参加者应就总目标达成一致，即根据工程项目的规模、特点及要求，明确工程项目管理的最终目标。在项目的设计、合同、计划、组织管理规则等文件中贯彻总目标。在项目的全过程中顾及各方面的利益，使项目参加者各方满意。为了达到统一的目标，项目的实施过程必须有统一的指挥、统一的方针和政策。

(2)合理授权原则。首先，依据未完成的任务，预期要取得的结果并进行授权，构成目标、任务、职权之间的逻辑关系，并订立完成工作任务考核的指标。其次，根据要完成的工作任务选择人员，分配职位和任务，分权需要强有力的下层管理人员。然后，采用适当的控制手段，确保下层恰当的使用权力，以防止失控，这时要特别注意保持信息渠道的开放和畅通，使整个组织运作透明。最后，对有效的授权和有工作成效的下层单位给予奖励。谨慎地进行合理授权，其分权的有效性与组织文化有关。

(3)管理跨度与管理层次相统一的原则。组织结构的三要素包括部门设置、管理跨度和管理层次，在这里要特别注意管理跨度和管理层次之间的关系。

任何一个项目的管理都可以分为多个不同的管理层次。管理层次是指从最高管理者到实际工作人员的等级层次的数量。管理组织结构中一般分为三个层次：一是决策层，由项目经理及其助理组成，它的任务是确定项目目标和大政方针；二是中间控制层(包括协调层和执行层)，由专业工程师组成，起着承上启下的作用，具体负责规划的落实、目标控制及合同实施管理；三是作业层(操作层)，是从事操作和完成具体任务的，由熟练的作业技能人员组成。此组织系统正如金字塔式结构，自上而下权责递减，人数递增，如图1-3所示。

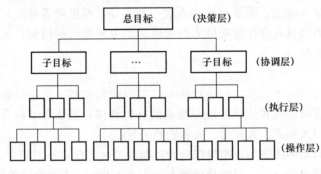

图1-3 管理层次

管理跨度是指一名管理人员所直接管理下级的人数。管理跨度的大小取决于需要协调的工作量。跨度与领导者需要协调的关系数目按几何级数增长。管理跨度的大小弹性很大，影响因素很多。在设计组织结构时应根据管理者的特点，结合工作的性质以及被管理者的素质来确定管理跨度。一般来说，管理层次与管理跨度是相互矛盾的，管理层次过多，势必要降低管理跨度，同样管理跨度增加，同样也会减少管理层次，如图1-4所示。

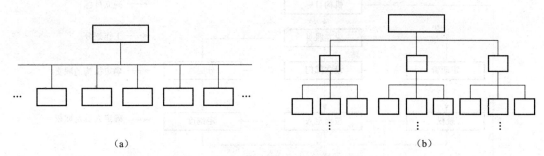

图 1-4 大跨度组织和多层次组织结构图

管理层次多,信息传递容易失真。管理跨度大,上下级同级之间不易沟通、协调。遵循管理跨度适中原则,即要建立一个规模适度、组织结构层次较少、结构简单,能高效率运作的项目组织。

(4)适用性和灵活性原则。选择与项目的范围、项目班组的大小、环境条件及业主的项目战略相应的项目组织结构和管理模式。项目组织结构应考虑到与原组织(企业)的适应性。顾及项目管理者过去的项目管理经验,应充分利用这些经验,选择最合适的组织结构。同时,项目组织结构应有利于项目的所有参与者的交流与合作,便于领导。组织结构简单、人员精简,项目组要保持最小规模,并最大可能地使用现有部门中的职能人员,在履行必要职能的前提下,尽量简化结构、因事设岗、以责定权,达到结构简单、人员少、效率高的目标。

(5)权责对等原则。权责对等即有职有责、责任明确、权力恰当、利益合理。即组织成员有一项责任或工作任务,则他应有为完成这个责任所必需的或由这个责任引申的相应的权力,实践中应通过合同、组织规则、奖励政策等对项目参加者各方的权益提供保护,按照责任、工作量、工作难度、风险程度和最终的工作成果给予相应的报酬或奖励,还应包括公平地分担风险。

(6)保证组织人员和责任的连续性和统一性原则。项目管理组织是动态调整的,不是固化的结构。既要注意结构的稳定,还需要根据项目内部、外部环境条件的变化,按照弹性、流动性的要求适时调整工程项目管理的组织结构。

许多项目工作最好由一个单位或部门全过程、全面负责。项目的主要承担者应对工程的最终效果负责,让他与项目的最终效益挂钩;防止责任的盲区,即出现无人负责的情况和问题,或无人承担的工作任务;减少责任连环,在项目中过多的责任连环会损害组织责任的连续性和统一性;保证项目组织的稳定性,包括项目组织结构、人员、组织规则、程序的稳定性。

(7)执行与监督分设原则。即工程项目管理机构除接受企业的监督外,其内部的质量监督、安全监督等应与施工部门分开设置。

2. 设置程序

建筑工程项目组织应以实现项目的总目标为宗旨进行设置,具体步骤如下:
(1)确定合理的项目目标;
(2)确定项目工作内容;
(3)确定组织目标和组织工作内容;
(4)组织结构设计;
(5)工作岗位与工作职责确定;
(6)人员配置;
(7)工作流程与信息流程;
(8)制定考核标准。
建筑工程项目组织设置程序如图 1-5 所示。

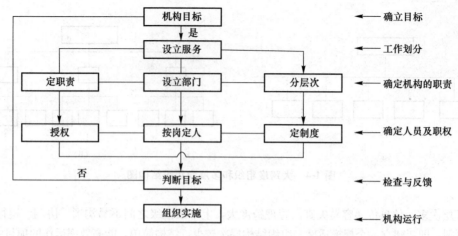

图 1-5 建筑工程项目组织设置程序

二、项目经理部

1. 项目经理部的概念

项目经理部是由项目经理在施工企业的支持下组建的项目管理组织机构。项目经理部由项目经理领导，接受企业职能部门的指导、监督、检查、服务和考核，并负责对项目资源进行合理使用和动态管理，负责施工项目从开工到竣工的全过程管理工作，是履行施工合同的主体机构。

施工现场设置项目经理部，有利于各项管理工作的顺利进行。因此，大中型施工项目，承包人必须在施工现场设立项目经理部，并根据目标控制和管理的需要设立专业职能部门；小型施工项目，一般也应设立项目经理部，但可简化。

项目经理部的组成

2. 项目经理部的地位

项目经理部是施工项目管理的核心，其职能是对施工项目从开工到竣工实行全过程的综合管理。其作用如下：

(1) 对企业来讲，项目经理部既是企业的一个下属单位，又是企业施工项目的管理层。

(2) 项目经理部对劳务作业层担负着管理和服务的双重职能。

(3) 对业主来讲，项目经理部是建设单位成果目标的直接责任者，是业主直接实施监督和管理的对象。

3. 项目经理部的作用

项目经理部负责施工项目从开工准备到竣工验收全过程的施工生产经营管理，是企业在某一工程项目上的管理层，同时对作业层负有管理和服务的双重职能。为了充分发挥项目经理部在项目管理中的主体作用，必须对项目经理部的机构设置加以特别重视，从而发挥其应有功能，具体如下：

(1) 项目经理部是项目经理的办事机构，为项目经理决策提供信息依据，当好参谋，同时又要执行项目经理的决策意图，向项目经理全面负责。

(2) 项目经理部是一个组织体，应完成企业所赋予的基本任务，即项目管理任务。

(3) 项目经理部是代表企业履行工程承包合同的主体，对建设项目和建设单位全过程负责。通过履行主体与管理主体地位的体现，使每个工程项目经理部成为企业进行市场竞争的主体成员。

三、项目经理部的设置

(一)项目经理部设置的基本原则
项目经理部的设置应围绕着完成组织目标来进行,其基本原则具体如下:
(1)根据所设计的项目组织形式设置经理部;
(2)根据项目的规模、复杂程度和专业特点设置;
(3)项目经理部是为特定工程项目组建的,应根据施工工程任务的需要进行调整;
(4)为适应现场施工的需要而设置,项目经理部的人员配置应面向施工项目现场;
(5)应建立有益于组织运转的管理制度。

(二)项目经理部的设置步骤
建立项目经理部应遵循下列步骤:
(1)根据企业批准的"项目管理规划大纲",确定项目经理部的管理任务和组织形式;
(2)确定项目经理部的层次,设立职能部门与工作岗位;
(3)确定人员及其职责、权限;
(4)根据项目管理目标责任书进行目标分解与责任划分;
(5)制定工作制度、考核制度与奖惩制度。

(三)项目经理部的规模等级
目前,国家对项目经理部的设置规模尚无具体规定。结合有关企业推行施工项目管理的实际,一般按项目的使用性质和规模分类,有些试点单位把项目经理部分为三个等级,具体见表1-2。

表1-2 项目经理部的规模等级

施工项目经理部等级	施工项目规模		
	群体工程建筑面积/万 m²	单位工程建筑面积/万 m²	各类工程项目投资/万元
一级	15及以上	10及以上	8 000及以上
二级	10~15	5~10	3 000~8 000
三级	2~10	1~5	500~3 000

(四)项目经理部的部门设置和人员配置
项目经理部是企业管理的重心,同时也是成本核算的中心,代表企业履行合同,因此,在项目经理部的部门设置和人员配置上应体现上述指导思想,具体配置见表1-3。

表1-3 项目经理部的部门设置和人员配置

等级	人数	项目领导	职能部门	主要工作
一级 二级 三级	30~45 20~30 15~20	项目经理 总工程师 总经济师 总会计师	经营核算部门	预算、资金收支、成本核算、合同、索赔、劳动分配等
			工程技术部门	生产调度、施工组织设计、进度控制、技术管理、劳动力配置计划、统计等
			物资设备部门	材料工具询价、采购、计划供应、运输、保管、管理、机械设备租赁及配套使用等
			监控管理部门	施工质量、安全管理、消防、保卫、文明施工、环境保护等
			测试计量部门	计量、测量、试验等

(五)项目经理部的组织形式

项目经理部的组织形式即组织结构模式,可用组织结构图来描述,组织结构图反映一个组织系统中各组成部门之间的组织关系(指令关系)。在组织结构图中,矩形框表示工作部门,指令关系用单向箭线表示。组织结构模式是一种静态的组织关系。常用的组织结构模式包括直线式组织结构模式、职能式组织结构模式、直线职能式组织结构模式、矩阵式组织结构模式和事业部式组织结构模式等。它们各有其适用范围、使用条件和特点,可根据工程项目的性质、规模及复杂程度选择合适的项目组织形式组建项目经理部。这几种常用的组织结构模式既可以在企业管理中运用,也可以在建设项目管理中运用。

1. 直线式组织结构模式

直线式组织结构模式最早起源于军事组织,其结构形式最为简单。在这种组织结构模式中没有设置职能部门,项目管理组织中的各种职能均按直线排列,每一个工作部门只能对其直接的下属部门下达工作指令,每一个工作部门也只有一个直接的上级部门,因此,每一个工作部门只有唯一的指令源,避免了由于矛盾的指令而影响组织系统的运行。直线式组织结构模式如图 1-6 所示。

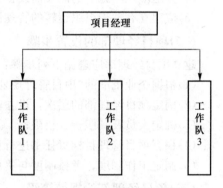

图 1-6 直线式组织结构模式

直线式组织结构模式的优点包括项目组织机构简单、隶属关系明确、权力集中、命令统一、职责分明、决策迅速,整个组织易于管理和协调。其缺点是管理层次多,指令传递时间长,即在一个较大的组织系统中,由于直线式组织结构模式的指令路径过长,有可能会造成组织系统在一定程度上运行的困难;所有行动必须接受上一级的指令,组织成员的主动性和积极性受到影响,实行的是没有职能机构的"个人管理",要求项目经理是"全能"式人物,对项目经理的综合素质要求较高。因此,采用直线式组织结构模式时,组织结构的层次不宜过多,否则会妨碍信息的有效沟通。

2. 职能式组织结构模式

项目的职能式组织结构模式是传统的项目组织形式。在这种组织结构模式下设置若干职能部门,可加强项目管理目标控制的职能分工,充分发挥职能机构的专业管理作用。在职能式组织结构模式中,每一个职能部门可根据它的管理职能对其直接和非直接的下属工作部门下达工作指令,每一个部门也要接受来自其直接的和非直接的上级部门的工作指令,因此,在职能式组织结构模式中存在多个指令源。职能式组织结构模式如图 1-7 所示。

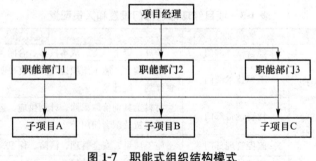

图 1-7 职能式组织结构模式

目前，我国多数企业、学校、事业单位等采用这种方式。职能式组织结构模式的优点是加强了项目管理目标控制的职能分工，充分发挥了职能机构的专业管理作用。其缺点是容易产生矛盾的指令，沟通和协调比较缓慢。

3. 直线职能式组织结构模式

直线职能式组织结构模式是根据项目目标及具体情况将直线式与职能式组织结构模式结合起来的一种组织结构模式。结构形式呈直线状且设有职能部门或职能人员，按项目目标去实施项目的成本控制、进度控制和质量控制。

在这种组织结构模式中，每个项目成员都有一个直接的上级，以保证组织的直线指挥系统能够充分发挥作用。这种组织中的管理人员基本上是按照专业化分工和划分部门的，故组织中除了直线指挥系统之外，还有一系列的职能管理部门负责实施组织各方面的职能管理工作。但职能部门只是直线指挥人员的参谋，他们只对下级部门进行业务指导，而不能对下级部门直接指挥和发布指令。直线职能式组织结构模式如图1-8所示。

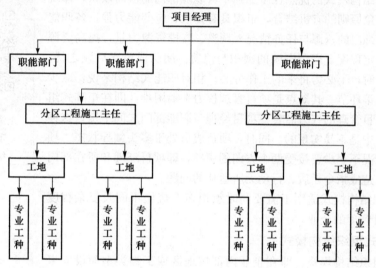

图1-8 直线职能式组织结构模式

在直线职能式组织结构模式下，项目经理对项目全权负责，统一指挥、职责清楚，而项目组所有成员直接对项目经理负责，项目从职能部门分离，实现了专业化的管理和统一指挥，有利于集中各方面的专业管理力量，积累经验，强化管理。直线职能式组织结构模式既保持了直线式的统一指挥、职责明确等优点，又体现了职能式的目标管理专业化等优点。其缺点是职能部门可能与指挥部门产生矛盾、信息传递缓慢和不容易进行适应环境变化的调整。

4. 矩阵式组织结构模式

在矩阵式组织结构模式中，项目管理组织由公司职能、项目两套系统组成，并呈矩阵状，参加项目的人员由各职能部门负责安排，而这些人员在项目部工作期间，在项目工作内容上服从项目团队的安排，人员不独立于职能部门之外，是一种暂时的、半松散的组织形式，项目团队成员之间的沟通不需通过其职能部门领导，项目经理往往直接向公司领导汇报工作。矩阵式组织结构模式如图1-9所示。

Ajax快速运输项目公司的直线职能式组织结构模式

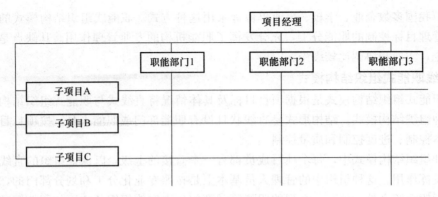

图 1-9　矩阵式组织结构模式

矩阵式组织结构模式的优点在于加强了各职能部门的横向联系，体现了职能原则与对象原则的有机结合，组织具有弹性、应变能力强。各职能部门可根据自己部门的资源与任务情况来调整、安排资源力量，提高资源利用率，可在一定程度上避免资源的囤积与浪费。团队成员无后顾之忧。当项目工作结束时，不必为将来的工作分心。相对职能式结构来说，减少了工作层次与决策环节。其缺点是项目管理权力平衡困难，即在矩阵式组织结构模式中项目管理的权力需要在项目经理与职能部门之间平衡，这种平衡在实际工作中是不易实现的。同时，项目成员处于多头领导状态。项目成员在正常情况下至少要接受两个方向的领导，即项目经理和所在部门的负责人，容易造成指令矛盾、行动无所适从的问题。

矩阵式组织结构模式适用于需要同时承担多个规模不同及复杂程度不同的工程项目管理的企业。

上海地铁一期工程项目的矩阵式组织结构模式

5. 事业部式组织结构模式

事业部式组织结构模式，即在企业内部按地区或工程类型而设立事业部，各事业部具有自己特有的产品或市场，根据企业的经营方针和基本决策进行管理，对企业承担经济责任，而对其他部门是独立的。各事业部有一切必要的权限，是独立的分权组织，实行独立核算，即集中决策和分散经营。在企业承揽工程类型多或工程任务所在地区分散或经营范围多样化时，采取事业部式组织结构模式有利于提高企业管理效率。需要注意的是，一个地区只有一个项目，没有后续工程时，不宜设立事业部。事业部与地区市场同寿命，地区没有项目时，该事业部应当撤销。事业部式组织结构模式如图 1-10 所示。

组织结构模式特点比较

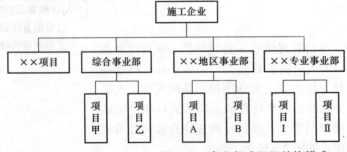

图 1-10　事业部式组织结构模式

当企业向大型化、智能化发展并实行作业层和经营管理层分离时，事业部式组织结构模式可以提高项目应变能力，积极调动各方积极性，有利于延伸企业的经营职能，提高企业应变能力。但是，事业部式组织结构模式相对来说比较分散，协调难度较大，应通过制度加以约束，在企业内部设立事业部，要求企业具有较强的约束机制和综合管理能力。因此，事业部式组织结构模式主要适用于大型施工企业在一个地区有长期的市场或拥有多种专业施工能力。

(六)项目经理部组织形式的选择

一般来讲，施工企业可以按照下列思路选择项目经理部的组织形式：

(1)人员素质高，管理基础强，可以承担复杂项目的大型综合企业，宜采用矩阵式、事业部式组织形式。

(2)简单项目、小型项目、承包内容单一的项目，宜采用直线职能式或直线式组织形式。

(3)在同一个企业内部，可以根据具体情况将几种不同的组织形式结合使用，如事业部式与矩阵式、直线职能式与事业部式结合，但一般情况下不能将职能式与矩阵式混用，以免造成混乱。

四、项目经理部的运行

1. 项目经理部的规章制度

规章制度是为保证组织任务的完成和目标的实现而作出的规定，是关于例行性活动应当遵循的方法、程序、要求及标准。它是完善施工项目组织关系、保证组织机构正常运行的基本手段。项目经理部的规章制度主要包括：

(1)项目管理人员岗位责任制度；
(2)项目技术管理制度；
(3)项目质量管理制度；
(4)项目安全管理制度；
(5)项目计划、统计与进度管理制度；
(6)项目成本核算制度；
(7)项目材料、机械设备管理制度；
(8)项目现场管理制度；
(9)项目分配与奖励制度；
(10)项目例会及施工日志制度；
(11)项目分包及劳务管理制度；
(12)项目组织协调制度；
(13)项目信息管理制度。

2. 项目经理部的运行程序

(1)中标后，由公司确定项目经理及项目班子，由项目经理参与组建项目经理部。

(2)项目经理与公司法定代表人签订《项目管理目标责任书》，确认项目的工作范围、质量标准、预算及进度计划的标准和限制。

(3)项目经理部编制"项目管理实施规划"，明确人员安排和职责。

(4)进行开工前的各项施工准备工作。

(5)组织工程分包、材料采购、施工机械租赁，选择或批准分包施工队伍、租赁商，签订工程分包、机械租赁合同。

(6)组织项目竣工验收、工程资料移交工作。
(7)组织竣工结算、分包结算工作，清理各种债权债务。
(8)进行经济活动分析，写出项目管理工作总结和项目审计申请报告，接受项目审计、考核。
(9)项目经理部的解体和善后工作。

3. 项目经理部的解体

项目经理部是施工现场管理的一次性且具有弹性的施工生产经营管理机构，随项目的开始而产生，随项目的完成而解体。在工程项目竣工且审计完成后，其使命便宣告结束，项目经理部要根据工作需要向企业工程管理部提交项目经理部解体申请报告，按规定程序予以解体，企业必须高度重视项目经理部的解体和善后工作。

项目经理部的解体有利于企业公平公正地评价项目管理的实际效果；有利于适应不同类型的施工项目对管理层的需求，便于施工项目管理层的重组和匹配；有利于打破传统的管理模式，改变传统的思想观念；有利于促进施工项目管理的发展和管理人才的职业化。

项目经理部的解体应具备下列条件：
(1)工程已经竣工验收；
(2)与各分包单位已经结算完毕；
(3)已协助企业管理层与发包人签订了"工程质量保修书"；
(4)"项目管理目标责任书"已经履行完成，经企业管理层审核合格；
(5)已与企业管理层办理了有关手续，例如在文件上签字，档案资料的移交，财目的清结，材料设备的回收，人员的遣散、移交及现场环卫等。
(6)现场清理完毕。

项目经理部解体时若项目经理部与企业有关职能部门发生矛盾，由企业经理裁决；项目部与劳务、专业分公司及作业队发生矛盾时，按业务分工由企业劳动人事管理部门、经营部门和工程管理部门裁决。所有仲裁的依据原则上是双方签订合同内的有关签证。

任务单元三　建筑工程项目经理

一、建筑工程项目经理概述

1. 建筑工程项目经理的含义

一个工程项目是一项一次性的整体活动，在完成这个任务的过程中必须有一个最高的责任者和组织者，这就是我们通常所说的项目经理。

建筑工程项目经理(construction project manager)，简称项目经理，是指企业为建立以建筑工程项目管理为核心的质量、安全、进度和成本的责任保证体系，全面提高工程项目管理水平而设立的重要管理岗位，是受企业法定代表人委托对工程项目施工过程全面负责的项目管理者。

项目经理一经任命产生后，其身份是企业法定代表人在工程项目的全权委托代理人，直接对企业经理负责，双方经过协商，签订《项目管理目标责任书》，若无特殊原因，在项目未完成前不宜随意更换。

2. 建筑工程项目经理的地位

项目经理是企业法定代表人在工程项目上的委托授权代理人，是施工过程全面负责的项目管理者，在项目管理中处于中心地位，具体体现在以下几个方面：

(1)施工项目经理是项目实施阶段的第一责任人，是项目实施过程的控制者；

(2)施工项目经理是施工责、权、利的主体；

(3)施工项目经理是各种信息的集散中心；

(4)施工项目经理是协调各方面关系的桥梁和纽带。

3. 注册建造师执业资格制度

建造师分为一级建造师(Constructor)和二级建造师(Associate Constructor)。建造师是以专业技术为依托、以工程项目管理为主业的执业注册人员。建造师是懂管理、懂技术、懂经济、懂法规，综合素质较高的复合型人员，既要有理论水平，也要有丰富的实践经验和较强的组织能力。

一级建造师执业资格实行统一大纲、统一命题、统一组织的考试制度，由人力资源和社会保障部、住房和城乡建设部共同组织实施，原则上每年举行一次考试。取得建造师执业资格证书的人员，必须经过登记、注册方可以建造师名义执业。建造师执业资格注册有效期一般为3年。建造师必须接受继续教育，更新知识，不断提高业务水平。建造师注册受聘后，可以建造师的名义担任建筑工程项目施工的项目经理，从事其他施工活动的管理，从事法律、行政法规或国务院建设行政主管部门规定的其他业务。

一级建造师的执业技术能力是：具有一定的工程技术、工程管理理论和相关经济理论水平，并具有丰富的施工管理专业知识；能够熟练掌握和运用与施工管理业务相关的法律、法规、工程建设强制性标准和行业管理的各项规定；具有丰富的施工管理实践经验和资历，有较强的施工组织能力，能保证工程质量和安全生产；有一定的外语水平。

二级建造师的执业技术能力是：了解工程建设的法律、法规、工程建设强制性标准及有关行业管理的规定；具有一定的施工管理专业知识；具有一定的施工管理实践经验和资历，有一定的施工组织能力，能保证工程质量和安全生产。

一级建造师可以担任特级、一级建筑业企业资质的建筑工程项目施工的项目经理；二级建造师可以担任二级及以下建筑业企业资质的建筑工程项目施工的项目经理。

4. 建造师与项目经理的关系

建造师的执业范围包括三个方面，即担任建筑工程项目施工的项目经理；从事其他施工活动的管理工作；法律、行政法规或国务院建设行政主管部门规定的其他业务。

2003年2月27日《国务院关于取消第二批行政审批项目和改变一批行政审批项目管理方式的决定》(国发〔2003〕5号)规定，取消建筑施工企业项目经理资质核准，由注册建造师代替，并设立过渡期。

原建设部《关于建筑业企业项目经理资质管理制度向建造师执业资格制度过渡有关问题的通知》(建市〔2003〕86号)规定："过渡期内，凡持有项目经理资质证书或者建造师注册证书的人员，经其所在企业聘用后均可担任工程项目施工的项目经理。过渡期满后，大、中型工程项目施工的项目经理必须由取得建造师注册证书的人员担任；但取得建造师注册证书的人员是否担任工程项目施工的项目经理，由企业自主决定。"

在全面实施建造师执业资格制度后，仍然要坚持落实项目经理岗位责任制，项目经理岗位是保证工程项目建设质量、安全、工期的重要岗位。

建造师是专业人士的名称，项目经理是工作岗位的名称。建造师执业的覆盖面较大，可涉及工程建设项目管理的许多方面，担任项目经理只是建造师执业中的一项；项目经理则限于企业内某一特定工程的项目管理。建造师选择工作的权力相对自主，可在社会市场上有序流动，有较大的活动空间；项目经理岗位则是企业设定的，项目经理是企业法人代表授权或聘用的、一次性的工程项目施工管理者。

在国际上,建造师的执业资格非常宽,可以在施工企业、政府管理部门、建设单位、工程咨询单位、设计单位、教学和科研单位等执业。

5.《项目管理目标责任书》

项目经理作为一种工作岗位,应根据企业法定代表人通过《项目管理目标责任书》授权的范围、时间和内容,对施工项目自开工准备至竣工验收,实施全过程、全方位管理。

《项目管理目标责任书》(responsibility documents of construction Project management)是由企业法定代表人根据施工合同和经营管理目标要求,明确规定项目经理部应达到的成本、质量、进度和安全等控制目标的文件。它一般包括以下内容:

(1)企业各业务职能部门与项目经理之间的关系;
(2)项目经理部使用作业队伍的方式,项目所需材料、机械设备的供应方式;
(3)项目应达到的进度目标、质量目标、安全目标和成本目标等;
(4)在企业制度规定以外的、由法人代表向项目经理委托的事项;
(5)企业对项目经理部人员进行奖惩的依据、标准、办法以及应承担的风险;
(6)项目经理解职和项目经理部解体的条件及方法。

二、建筑工程项目经理的素质

项目经理必须具备符合从事该工程项目管理的资质条件,包括其学历、经历、知识结构、组织能力、实践经验、工作业绩、思想作风、职业道德和身体状况等,具体来说,分为以下几个方面。

(一)政治素质

(1)具有高度的政治思想觉悟,能正确处理好各方利益关系;
(2)遵守国家的法律法规,服从企业的领导和监督;
(3)有强烈的事业心和责任感,敢于承担风险,实事求是,开拓进取;
(4)具有良好的道德品质和团队意识,诚实守信,公道正直,以身作则;
(5)密切联系群众,发扬民主作风,大公无私、作风正派、克己奉公、不谋私利。

(二)能力素质

1. 领导能力

(1)具有指导和教练式的领导方式;
(2)制定目标、规则、结果评价办法,队员在自己的职责范围内自主决策;
(3)营造相互信任、乐观、主动、充满乐趣的环境;
(4)多表扬、赞赏、奖励,少批评,多倾听;
(5)身体力行,言行一致。

2. 人员开发能力

(1)重视队员的训练和培养,营造学习环境;
(2)向队员阐述自我发展的重要意义;
(3)鼓励队员创新、承担风险。

3. 沟通能力

(1)增进理解、聚焦共同目标、增强凝聚力、提高工作效率、减少浪费;
(2)具有主持会议的技巧。

4. 人际交往能力

(1)树立平等意识，了解队员的个人兴趣，关心队员的生活困难；

(2)慎重处理队员的矛盾。

5. 处理压力的能力

(1)敢于承担责任，保护队员；

(2)激励队员克服困难。

6. 解决问题的能力

(1)尽早发现问题；

(2)对影响项目目标的重大问题，集体讨论，项目经理决策；

(3)洞察全局的能力，考虑问题对其他部分的影响。

7. 应变能力

(1)建立变化的文件记录和批准审核工作程序；

(2)专人负责评估变化的影响；

(3)充分讨论、沟通，使用户了解实情，减少变化。

(三)知识素质

(1)项目经理应当接受过良好的教育，具有相应的学历水平及相应的职业和岗位资格证书，并在工作中注意更新知识、不断提高；

(2)掌握建筑施工技术知识、经营管理知识，掌握施工项目管理的基本规律和基本知识；

(3)懂得基本经济理论，了解国家的方针、政策，特别是有关经济方面的法令、法规和法律知识；

(4)受过有关项目经理的专门培训，取得相关资质证书。

(四)身体素质

(1)项目经理必须具有健康的身体、充沛的精力且思维敏捷、记忆力良好；

(2)项目经理要有坚强的毅力和意志、健康的情感、良好的个性。

(五)实践经验

(1)项目经理必须具有相应的施工项目管理经验以及必要的业绩；

(2)项目经理要有一定的施工实践经历，有处理实际问题的能力。

三、建筑工程项目经理的任务

项目经理的总任务是保证施工项目按照合同规定和预定目标，高效、优质、低耗地完成，使客户满意。在项目经理权限范围内，优化配置各生产要素，实现项目效益。具体的工作任务如下：

(1)组织项目经理部，确定机构形式和结构分层，合理配备人员，制定规章制度，明确管理人员的职责，组织领导项目经理部的运行；

(2)制定项目管理总目标、阶段性目标以及总体控制计划，并实施控制，保证项目管理目标的全面实现；

(3)对项目管理中的重大问题及时决策，严格管理，保证合同的顺利实施；

(4)制定岗位责任制等各项规章制度，有序地组织项目开展工作；

(5)在委托权限范围内，代表本企业法人代表进行有关签证；

(6)协调项目组织与相关单位之间的协作关系,协调技术与质量控制、成本控制、进度控制之间的关系;

(7)建立完善的内部及对外信息管理系统,确保信息畅通无阻,工作高效进行。

综上所述,项目经理与职能经理的角色存在着很大的区别,具体见表1-4。

表 1-4　项目经理与职能经理角色的比较

比较项目	项目经理	职能经理
扮演角色	"帅"/为工作找到适当的人去完成	"将"/直接指导他人完成工作
知识结构	通才/具有丰富经验及知识	专才/技术专业领域专家
管理方式	目标管理	过程管理
工作方式	系统的方法	分析的方法
工作手段	个人实力/责大权小	职位实力/权责对等
主要任务	规定项目任务何时开始,何时达到最终目标,整个过程需多少经费	规定谁负责任务,技术工作如何完成,完成任务需多少经费

四、建筑工程项目经理的职责

项目经理的职责总体上是组织、计划和控制,一般来讲,项目经理应当履行下列职责:

(1)代表企业实施施工项目管理,贯彻执行国家法律、法规、方针、政策和强制性标准,执行企业的管理制度,维护企业的合法权益;

(2)履行《项目管理目标责任书》规定的任务;

(3)组织编制项目管理实施规划;

(4)对进入现场的生产要素进行优化配置和动态管理;

(5)建立质量管理、安全和环境管理体系并组织实施;

(6)在授权范围内负责与企业管理层、劳务作业层、各协作单位、发包人、分配人和监理工程师等的协调,解决项目中出现的问题;

(7)按《项目管理目标责任书》处理项目经理部与国家、企业、分包单位以及职工之间的利益分配;

(8)进行现场文明施工管理,发现和处理突发事件;

(9)参与工程竣工验收,准备结算资料和分析总结,接受审计;

(10)处理项目经理部的善后工作;

(11)协助企业进行项目检查、鉴定和评奖申报。

五、建筑工程项目经理的权限

在承担工程项目施工的管理过程中,项目经理的权限是由企业法人代表人授予,以委托代理形式一次性确定下来。一般来说,项目经理应具有以下权限:

(1)参与企业进行的施工项目投标;

(2)以企业法定代表人的身份处理与所承担的工程项目有关的外部关系,并受托签署有关合同;

(3)参与组建项目经理部,确定项目经理部的组织结构,选择、聘任管理人员,确定管理人

员的职责,并定期进行考核、评价和奖惩;

(4)在企业财务制度规定的范围内,根据企业法定代表人授权和施工项目管理的需要,决定资金的投入和使用,制定内部计酬办法;

(5)在授权范围内,按物资采购程序文件的规定,参与选择物资供应单位;

(6)根据企业法定代表人授权或按照企业的规定,选择施工作业队伍;

(7)主持项目经理部工作,组织制定施工项目的各项管理制度;

(8)根据企业法定代表人授权,协调、处理与施工项目管理有关的内部与外部事项。

六、建筑工程项目经理的利益

施工企业应当确立、维护项目经理的地位和正当权利,并做到分配合理、奖惩分明,对于项目经理的奖惩,主要体现在物质兑现和精神奖励两个方面。一般来讲,项目经理应当享有以下利益:

(1)获得基本工资、岗位工资和绩效工资;

(2)除按《项目管理目标责任书》可获得物质奖励外,还可以获得表彰、记功和优秀项目等荣誉称号;

(3)企业应转变观念,有资质的项目经理可在全国人才市场流动,双向选择;

(4)有条件的企业应经常选择优秀项目经理参加全国项目管理研究班或到国外考察和短期培训,不断提高他们的能力;

(5)经考核和审计,未完成《项目管理目标责任书》确定的项目管理责任目标或造成亏损的,应按其中有关条款承担责任,并接受经济或行政处罚。

七、建筑工程项目经理的选聘和培养

建筑工程项目经理的选聘要注意采取合适的方式,同时选择程序应具有审查和监督机制。目前,我国最常用的选聘方式是经理委任制,也可以采用自荐制和竞争招聘制。

其中,经理委任制是根据《建设工程项目经理职业资格管理规则》,经企业人事部门推荐,并征得本人同意,由企业法定代表人直接签发建筑工程项目经理聘任书。

自荐制是由本人提出申请,企业人事部门根据《建设工程项目经理职业资格管理规则》规定审核,经领导办公会议研究同意后,由法定代表人签发建筑工程项目经理聘任书。

竞争招聘制是根据工程项目的需要,企业按照《建设工程项目经理职业资格管理规则》和有关规定程序,向内部或外部发布招聘建筑工程项目经理公告,并对报名参加竞选人进行考核和评价,中选后由企业法定代表人签发建筑工程项目经理聘任书。

项目经理需具备的能力可以通过下述渠道获得:通过工作、书本等获取经验;自我批评总结,改正错误;与具备相应技能的项目经理探讨;参加培训;参加组织团体等。

八、项目经理负责制

工程项目施工应建立以项目经理为首的生产经营管理系统,实行项目经理负责制。项目经理在工程项目施工中处于中心地位,对工程项目施工负有全面管理的责任。

项目经理负责制(responsibility system of construction project manager)指企业制定的,以项目经理为责任主体,确保项目管理目标实现的责任制度。具体来说,是以施工项目为对象,以项目经理全面负责为前提，以《项目管理目标责任书》为依据，以创优质工程为目标，以求得项目产品的最佳经济效益为目的，实行从施工项目开工到竣工验收的一次性全过程的管理制度。

项目经理负责制的特点包括：①对象终一性，即以施工项目为对象，实行项目产品形成过程的一次性全面负责；②主体直接性，即经理负责、全员管理、标价分离、指标考核、项目核算；③内容全面性，即全过程的目标责任制；④责任风险性，即经济利益与责任风险同在。

项目经理责任制有利于项目经理、企业、职工三者之间的责、权、利、效关系，有利于对项目进行法制管理，有利于管理规范化、科学化和提高产品质量，有利于提高经济效益和社会效益。

实行项目经理责任制的条件包括：①项目任务落实，开工手续齐全，具有切实可行的项目管理规划大纲或施工组织总设计；②各种工程技术资料、施工图纸、劳动力配备、三大主材落实，能按计划提供；③有一批懂法律、会管理、敢负责并掌握施工项目管理技术的人才，组织一个精干、得力和高效的项目管理班子；④建立企业业务工作系统化管理，企业具有为项目经理部提供人力、材料、设备及生活设施等各项服务的功能。

任务单元四　建设工程项目管理的产生与发展

一、项目管理的产生

工程项目的存在有着久远的历史，中国作为世界文明古国，历史上有许多举世瞩目的项目，如秦始皇统一中国后对长城进行的修筑、战国时期李冰父子设计修建的都江堰水利工程、北宋真宗年间皇城修复的"丁渭工程"、河北的赵州桥、北京的故宫等都是中华民族历史上运作大型复杂项目的范例。从今天的角度来看，这些项目都堪称极其复杂的大型项目。但由于当时的科学技术水平和人们认识能力的限制，历史上的项目管理是经验性的、不系统的管理，不是现代意义上的项目管理。

项目管理协会的建立

随着社会生产力的高速发展，项目规模越来越大，技术越来越复杂，参与单位越来越多，受到时间和资金的限制越来越严格，迫切需要新的管理手段和方法。第二次世界大战爆发后，战争需要新式武器、探测需要雷达设备等，这些从未做过的项目接踵而至，不但技术复杂，参与的人员众多，而且时间又非常紧迫，经费上也有很大的限制，因此，人们开始关注如何有效地实行项目管理来实现既定的目标。"项目管理"这个词就是从这时才开始被认识的。随着现代项目规模越来越大，投资越来越高，涉及专业越来越广泛，项目内部关系越来越复杂，传统的管理模式已经不能满足运作好一个项目的需要，于是产生了对项目进行管理的模式，并逐步发展成为主要的管理手段之一。

第二次世界大战前夕，横道图已成为计划和控制军事工程与建设项目的重要工具。横道图由Henry. L. Gantt于1900年前后发明，故又称为甘特（Gantt）图。甘特图直观而有效，便于监督和控制项目的进展状况，时至今日，仍是管理项目尤其是建筑项目的常用方法。但是由于其无法直观地揭示工作之间的逻辑关系，因此在大型项目中应用较少。20世纪50年代，人们将网络技术[CPM（关键路径法）和PERT（计划评审技术）]应用于项目的工期计划和控制中，取得了很大的成功。代表项目是北极星导弹研制和阿波罗登月计划。20世纪60年代，利用大型计算机进行网络计划的分析计算已经成熟，人们可以用计算机进行工期计划和控制。20世纪70年代，计算机网络分析程序已经十分成熟，人们将信息系统方法引入项目管理中，提出项目管理信息系统。这使人们对网络技术有了更深刻的理解，扩大了项目管理研究的深度和广度，在工期计算的基础上实现了用计算机进行资源和成本的计划、优化和控制。20世纪80年代初，计算机得到普及，使得项目管理的理论和方法应用走向更广阔的领域。项目管理在中小企业和项目管理公司得到了普及应用。20世纪80年代以来，人们进一步扩大了项目管理的研究领域，包括合同管理、界面管理、风险管理、项目组织行为和沟通。在计算机应用上则加强了决策支持系统、专家系统和互联网技术的应用。

二、项目管理在我国的发展历程

20世纪60年代初期，华罗庚教授引进和推广了网络计划技术，并结合我国"统筹兼顾，全面安排"的指导思想，将这一技术称为"统筹法"。

1965年，华罗庚教授带领中国科技大学部分老师和学生到西南三线建设工地推广应用统筹法，在修铁路、架桥梁、挖隧道等工程项目管理上取得了成功。1966年，华罗庚教授在《统筹方法平话及其补充》一书中提出了一套较系统的、适合我国国情的项目管理方法，包括调查研究、绘制箭头图、找主要矛盾线以及在设定目标条件下优化资源配置等。1980年后，华罗庚教授和他的助手们开始将统筹法应用于国家特大型项目，例如，1980年启动的"两淮煤矿开发"项目以及1984年启动的"准噶尔露天煤矿煤、电、运同步建设"项目等。自此，统筹法由局部和企业层级发展到国家的大规模项目的管理层面。我国项目管理学科的发展就是起源于华罗庚教授推广"统筹法"的结果，中国项目管理学科体系也是由于统筹法的应用而逐渐形成的。

1980年5月我国恢复了在世界银行的合法席位，开始享受会员国的合法权利，并履行会员国应尽的义务。从此，我国开始有计划、有步骤地利用世界银行贷款。初期，第一批贷款项目主要用于大学教育和山东、河南等省农业盐碱地、沙疆的治理，而且多用于仪器、设备采购及人才培训。鲁布革水电站是1982年国务院批准的向世界银行贷款的第二批备选项目之一。

鲁布革水电站工程位于云南省罗平县与贵州省兴义市交界的黄泥河下游河段。工程以单一发电为开发目标，装机60万kW，安装4台15万kW发电机组。鲁布革工程由首部枢纽拦河大坝、发电引水系统和厂房枢纽三部分组成。

其中，鲁布革水电站引水系统工程是我国第一个利用世界银行贷款，并按世界银行规定进行国际竞争性招标和项目管理的工程。其于1982年开始国际招标，1984年11月正式开工，1988年7月竣工。鲁布革水电站也是我国第一个使用世界银行贷款、部分工程实行国际招标的水电建设工程。其被誉为我国水电建设对外开放的一个窗口。该工程创造了著名的"鲁布革工程项目管理经验"，受到了中央领导的重视，并号召建筑企业学习。

原国家计委等五单位于1987年7月28日以"计施〔1987〕2002号"发布《关于批准第一批推广鲁布革工程管理经验试点企业有关问题的通知》之后，于1988年8月17日发布"建施综字第7号"通知，确定了15个试点企业共66个项目。1991年9月原建设部提出了《关于加强分类指导、专题突破、分部实施、全面深化施工管理体制综合改革试点工作的指导意见》，把试点工作转变为全行业推进的综合改革。比如在二滩水电站、三峡水利枢纽建设和其他大型工程建设中，都采用了项目管理这一有效手段，并取得了良好的效果。

20世纪90年代初，在西北工业大学等单位的倡导下成立了我国第一个跨学科的项目管理专业学术组织——中国优选法统筹法与经济数学研究会项目管理研究委员会(Project Management Research Committee, China, PMRC)，PMRC的成立是中国项目管理学科体系开始走向成熟的标志。

从2000年3月开始，中国建筑业协会工程项目管理专业委员会组成了《建设工程项目管理规范》编写委员会，开始编写规范，该规范于2002年开始实施。标志着我国工程项目管理的水平提高到了一个新的高度。

2002年12月5日，原人事部、原建设部联合印发了《建造师执业资格制度暂行规定》（人发〔2002〕111号）明确规定："我国的建造师是指从事建设工程项目总承包和施工管理关键岗位的专业技术人员。"

2003年2月27日《国务院关于取消第二批行政审批项目和改变一批行政审批项目管理方式的决定》规定："取消建筑施工企业项目经理资质核准，由注册建造师代替，并设立过渡期。"按照原建设部颁布的《建筑业企业资质等级标准》，一级建造师可以担任特级、一级建筑业企业资质的建设工程项目施工的项目经理；二级建造师可以担任二级及以下建筑业企业资质的建设工程项目施工的项目经理。

2004年原建设部《建设工程项目管理试行办法》的出台，进一步加快了培育工程总承包企业和工程项目管理公司的进程。

项目管理的实践是永无止境的，项目管理的变革和发展也是必然的。广大工程建设者应当不断追赶项目管理的国际先进水平，加快我国工程项目管理发展的步伐，创造出更多的改革经验，使我国的建筑市场发展得更加完善。

【案例1-1】 鲁布革水电站引水系统工程是我国第一个利用世界银行贷款，并按世界银行规定进行国际竞争性招标和项目管理的工程。

一、鲁布革工程介绍

鲁布革水电站位于云南罗平和贵州兴义交界的黄泥河下游，整个工程由首部枢纽拦河大坝、发电引水系统和厂房枢纽三部分组成。昆明水电勘测设计院承担项目的设计工作。1981年6月经国家批准，鲁布革水电站被列为重点建设工程，总投资8.9亿美元，要求1990年全部建成。

其中，鲁布革引水系统工程进行了国际竞争性招标，标底价为14 958万元，工期为1 597天，8家企业进行了投标。在国际竞争性招标中，日本大成公司以比标底价低43%的标价中标。引水系统工程于1984年正式开工，1988年竣工，极大地缩短了工期。

二、鲁布革工程经验

1. 工程采购实行公开竞争性招标

因为鲁布革工程项目建设利用世界银行贷款，按世界银行规定，引水系统工程的施工按照FIDIC（国际咨询工程师联合会）组织推荐的程序进行国际竞争性招标。

2. 工程招标采用严格资格预审条件下的低价中标原则

本工程的资格预审分两阶段进行：第一阶段资格预审，招标人通过初步审查，淘汰了12家企业；第二阶段资格预审，与世界银行磋商第一阶段预审结果，中外公司组成联合投标公司进行谈判。最终有8家公司进行了投标。按照国际惯例确定报价最低的大成、前田和英波吉洛公司3家为评标对象。经各方专家多次评议讨论，最后由标价最低的日本大成公司中标，我们与之签订合同。

3. 出资人、融资机构对招标过程乃至项目管理过程实行监督审查

世界银行推荐澳大利亚SMEC公司和挪威AGN公司作为咨询单位，分别对首部枢纽工程、引水系统工程和厂房工程提供咨询服务，还两次委派特别咨询团对鲁布革工程进展情况进行现

场检查。

4. 大成公司按照现代项目管理方法实施项目

　　日本大成公司采取了现代项目管理方法实施项目，主要体现在：管理层与作业层分离；总包与分包管理相结合；项目矩阵制组织与资源动态配置；科学管理与关键线路控制方法。

5. 设计施工一体化

　　日本公司通过施工图设计和施工组织设计的结合，进行方案优化。

6. 项目法人制度与"工程师"监理制度

　　鲁布革工程管理局承担项目业主代表和工程师的建设管理职能，对外资承包单位按FIDIC合同条款执行，管理局的总工程师执行总监职责。鲁布革工程管理局代表投资方对工程的投资计划、财务、质量、进度、设备采购等实行统一管理。

综合训练题

一、单项选择题

1. 项目的（　　）控制是项目管理的核心任务。
    A. 进度　　　　　　B. 成本　　　　　　C. 投资　　　　　　D. 目标
2. 建设工程项目生产过程的总集成者是（　　）。
    A. 业主方　　　　　B. 总承包商　　　　C. 政府　　　　　　D. 咨询工程师
3. 项目实施期管理的主要任务是（　　）。
    A. 确定项目的范围　　　　　　　　　　B. 确定项目的定义
    C. 实现项目的目标　　　　　　　　　　D. 沟通与协调
4. （　　）是项目管理中最重要的任务。
    A. 投资控制　　　　B. 合同管理　　　　C. 质量管理　　　　D. 安全管理
5. 建设工程项目管理是自项目开始至项目完成，通过（　　），以使项目的费用目标、进度目标和质量目标得以实现。
    A. 预算管理和施工管理　　　　　　　　B. 前馈控制和后馈控制
    C. 投资管理和项目策划　　　　　　　　D. 项目策划和项目控制
6. 投资方、开发方和由咨询公司提供的代表业主方利益的项目管理服务都属于（　　）的项目管理。
    A. 业主方　　　　　B. 监理工程师　　　C. 施工单位　　　　D. 甲方
7. 项目的投资目标、进度目标和质量目标之间的关系是（　　）。
    A. 相互独立　　　　　　　　　　　　　B. 完全矛盾
    C. 对立统一关系　　　　　　　　　　　D. 有时相互联系、有时毫无关系
8. 设计方的项目管理工作主要在（　　）阶段进行。
    A. 准备　　　　　　　　　　　　　　　B. 设计
    C. 施工　　　　　　　　　　　　　　　D. 动用前准备阶段或者在保修期
9. 供货方项目管理的目标包括供货方的成本目标、供货的进度目标和供货的（　　）。
    A. 投资目标　　　　B. 财务目标　　　　C. 销售额目标　　　D. 质量目标
10. 供货方的项目管理工作涉及（　　）全过程。
    A. 设计阶段到动用前准备阶段

B. 设计阶段到保修期
C. 设计前的准备阶段到动用前准备阶段
D. 设计前的准备阶段到保修期

11. 项目管理最基本的方法论是（　　）。
    A. 项目目标的动态控制　　　　　　B. 项目目标的静态控制
    C. 项目目标的前馈控制　　　　　　D. 项目目标的后馈控制

12. 建造师是一种专业人士的名称，而项目经理则是一个（　　）的名称。
    A. 专业人士　　　　　　　　　　　B. 工作岗位
    C. 技术岗位　　　　　　　　　　　D. 职业

13. （　　）在承担工程项目施工的管理过程中，应当按照建筑施工企业与建设单位签订的工程承包合同，与本企业法定代表人签订项目承包合同。
    A. 工长　　　B. 项目经理　　　C. 监理工程师　　　D. 承包商

14. 在建设工程项目施工中处于中心地位，对建设工程项目施工负有全面管理责任的是（　　）。
    A. 项目总监理工程师　　　　　　　B. 派驻施工现场的业主代表
    C. 施工企业项目经理　　　　　　　D. 施工现场技术负责人

15. 取得建造师注册证书的人员是否担任工程项目施工的项目经理，应由（　　）决定。
    A. 政府主管部门　　　　　　　　　B. 业主
    C. 施工企业　　　　　　　　　　　D. 行业协会

16. 以下对施工企业项目经理任务的表述，不正确的选项是（　　）。
    A. 施工企业项目经理和建设单位签订工程承包合同
    B. 施工企业项目经理与本企业法定代表人签订项目承包合同
    C. 项目经理的权力需要企业法定代表人授权
    D. 项目经理负责组织项目管理班子

17. 工程项目施工应建立以（　　）为首的生产经营管理系统。
    A. 设计　　　B. 监理　　　C. 业主　　　D. 项目经理

18. 建设工程项目的组织结构如采用矩阵组织结构模式，则每一个工作部门的指令有（　　）个。
    A. 1　　　B. 2　　　C. 3　　　D. 4

19. （　　）式组织结构的每一个部门只有一个指令源。
    A. 职能　　　B. 直线　　　C. 矩阵　　　D. 事业部

20. 由建筑业企业项目经理资质管理制度向建造师执业资格制度过渡的时间定为（　　）年。
    A. 2　　　B. 3　　　C. 5　　　D. 8

二、多项选择题

1. 按建设工程项目不同参与方的工作性质和组织特征划分，项目管理可分为（　　）。
    A. 业主方的项目管理　　　　　　　B. 设计方的项目管理
    C. 施工方的项目管理　　　　　　　D. 供货方的项目管理
    E. 监理方的项目管理

2. 业主方项目管理服务于业主的利益，其项目管理的目标包括（　　）。
    A. 项目的投资目标　　　　　　　　B. 项目的进度目标
    C. 项目的质量目标　　　　　　　　D. 项目的成本目标
    E. 项目的利润目标

3. 建设工程项目的全寿命周期包括(   )。
   A. 决策阶段　　　　　　　　　　B. 实施阶段
   C. 使用阶段　　　　　　　　　　D. 可行性研究阶段
   E. 设计阶段

4. 设计方作为项目建设的一个参与方,其项目管理的目标包括(   )。
   A. 投资目标　　　　　　　　　　B. 设计的成本目标
   C. 设计的进度目标　　　　　　　D. 设计的质量目标
   E. 利润目标

5. 施工方项目管理的任务包括(   )。
   A. 施工安全管理　　　　　　　　B. 施工成本控制
   C. 施工进度控制　　　　　　　　D. 施工合同管理
   E. 设计信息管理

6. 建设工程项目的实施阶段包括(   )。
   A. 设计阶段　　　　　　　　　　B. 设计准备阶段
   C. 可行性研究阶段　　　　　　　D. 施工阶段
   E. 动用前准备阶段

7. 以下关于直线式组织结构模式的描述中,正确的是(   )。
   A. 指令路径较短　　　　　　　　B. 指令源是唯一的
   C. 不能跨部门下达指令　　　　　D. 只适用于大型工程项目
   E. 允许越级指挥

项目二　建筑工程项目施工成本管理

学习目标

1. 了解施工项目成本的概念、施工项目成本管理的概念与原则。
2. 熟悉施工项目成本的构成、施工项目成本管理的内容、施工项目成本核算的原则和要求。
3. 掌握施工项目成本计划的编制原则和方法、施工项目成本控制的方法和降低成本的措施、施工项目成本分析的方法。

某住宅工程成本控制案例

引例

【背景材料】

某住宅小区建筑面积为 41 465 m²，由 3 栋框剪小高层（12 层）和 3 栋砖混楼（五层）、1 栋框架商业楼组成（五层）。中标价格为 4 710 万元，平均价格为 1 135.89 元/m²。合同形式为固定总价合同，工期 10 个月，质量标准为合格。合同要求：工程款根据确定的工程计量结果，发包人按照每月验收的计价金额的 80% 支付工程进度款，当工程款支付达到合同金额的 85% 时，停止支付，待工程全部竣工验收合格，且工程结算完成后，付工程结算款的 95%，余下的 5% 待工程保修期满后支付。对于费用的增加或减少，按照设计变更单项5 000 元（含 5 000 元）以上调整，5 000 元以下不调整。

另外，业主指定了部分项目和材料的价格。例如：预应力管桩直径 300 mm 为 40 元/m、直径 400 mm 为 50 元/m；60 mm 厚屋面挤塑聚苯板为 30 元/m²；成套外墙保温技术（50 mm 厚挤塑聚苯板）全价为 50 元/m²；花岗岩石材为 40 元/m²；入户三防门为 800 元/樘；玻璃幕墙为 500 元/m²；塑钢门窗为 300 元/m²、地板采暖为 30 元/m²。指定项目由业主和施工方共同商定确认分包商，价格超出部分由业主承担。

对于这样一个项目，我们如何实现成本管理？

任务单元一　建筑工程项目施工成本管理概述

建筑工程项目施工成本管理，就是要在保证工期和质量满足要求的情况下，采取相应管理措施，把成本控制在计划范围内，并进一步寻求最大程度的成本节约。

一、施工成本的基本概念

成本是一种耗费,是耗费劳动的货币表现形式。工程项目是拟建或在建的建筑产品,其成本属于生产成本,是生产过程所消耗的生产资料、劳动报酬和组织生产的管理费用的总和,包括消耗的主辅材料,结构件、周转材料的摊销费或租赁费,施工机械使用费或租赁费,支付给生产工人的工资和奖金,以及在现场进行施工组织与管理所发生的全部费用支出。工程项目成本是产品的主要成分,降低成本以增加利润是项目管理的主要目标之一,成本管理是项目管理的核心。

施工项目成本是指建筑企业以施工项目为成本核算对象的施工过程中所耗费的全部生产费用的总和。包括主、辅材料,结构件,周转材料;生产工人的工资;机械使用费;组织施工管理所发生的费用等。施工项目成本是建筑企业的产品成本,也称为工程成本。

(1)以确定的某一项目为成本核算对象;

(2)为该施工项目施工而发生的耗费,也称为现场项目成本,不包括企业的其他环节发生的成本费用;

(3)核算的内容包括主材料、辅材料、结构件、周转材料费用;生产工人的工资;机械使用费;其他直接费用;组织施工管理所发生的费用等。

二、施工成本的分类

(一)按成本发生的时间来划分

预算成本:指按照建筑安装工程的实物量和国家或地区制定的预算定额单价及取费标准计算的社会平均成本,它是以施工图预算为基础进行分析、归集、计算确定的,是确定工程成本的基础,也是编制计划成本、评价实际成本的依据。施工图预算反映的是社会平均成本水平,其计算公式如下:

施工图预算=工程预算成本+计划利润

施工图预算确定了建筑产品的价格,成本管理就是在施工图预算范围内做文章。

计划成本:指项目经理部在一定时期内,为完成一定建筑安装施工任务而计划支出的各项生产费用的总和。它是成本管理的目标,也是控制项目成本的标准。它是在预算成本的基础上,根据上级下达的降低工程成本指标,结合施工生产的实际情况和技术组织措施而确定的企业标准成本。

实际成本:指为完成一定数量的建筑安装任务,实际所消耗的各类生产费用的总和。

计划成本和实际成本都是反映施工企业成本水平的,它受企业本身的生产技术、施工条件及生产经营管理水平所制约。两者比较,可提示成本的节约和超支,考核企业施工技术水平及技术组织措施的执行情况和企业的经营成果。实际成本与预算成本比较,可以反映工程盈亏情况。预算成本可以理解为外部的成本水平,是反映企业竞争水平的成本。三种成本之间的关系图如图2-1所示。

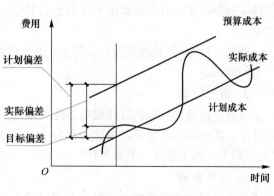

图2-1 成本关系图

(1)实际成本比预算成本低,利润空间大。
(2)实际成本与预算成本相等,只有计划利润空间。
(3)实际成本等于预算成本,没有利润空间。
(4)实际成本高于预算成本+计划利润,施工项目出现亏损。
(5)实际成本与计划成本比较,可以了解成本节约情况。

(二)按生产费用与工程量关系来划分

固定成本:指在一定期间和一定的工程量范围内,发生的成本额不受工程量增减变动的影响而相对固定的成本。如:折旧费、大修理费、管理人员工资。

变动成本:指发生总额随着工程量的增减变动而成正比例变动的费用。如直接用于工程的材料费。

固定成本和变动成本的区别

建筑安装工程费用项目组成(建标〔2013〕44号)

三、施工成本管理的特点和原则

(一)施工成本管理的特点

1. 成本中心

从管理层次上讲,企业是决策中心和利润中心,施工项目是企业的生产场地,大部分的成本耗费在此发生,是成本中心。实际中建筑产品的价格在合同内确定之后,企业剔除产品价格中的经营性利润部分和企业应收取的费用部分,将其余部分以预算成本的形式,把成本管理的责任下达到施工项目,要求施工项目经过科学、合理、经济的管理,降低实际成本,取得相应措施。

例如,1 000万元的合同,扣除300万元计划利润和规费,把剩下来的700万元任务下达到项目经理部。

2. 事先控制

具有一次性的特点,只许成功不许失败。一般在项目管理的起点就要对成本进行预测,制定计划,明确目标,然后以目标为出发点,采取各种技术、经济、管理措施实现目标。即所谓"先算后干,边干边算,干完再算"。

3. 全员参与

施工项目成本管理的过程要求与项目的工期管理、质量管理、技术管理、分包管理、预算管理、资金管理、安全管理紧密结合起来,组成施工项目成本管理的完整网络。施工项目中每一项管理工作，每一个内容都需要相应的管理人员来完成，可以说人人参与了施工项目的成本管理，他们的工作与项目的成本直接或间接，或多或少有关联。成本管理不仅仅是财务部门的事情。

4. 全程监控

对事先所设定的成本目标及相应措施的实施过程自始至终进行监督、控制和调整、修正。如遇到建材价格的上涨、工程设计的修改、因建设单位责任引起的工期延误、资金的到位等变化因素发生，及时调整预算、合同索赔、增减账管理等一系列有针对性的措施。

（二）施工成本管理的原则

(1)成本最低化原则。

(2)全面成本管理原则。全面包括全企业、全员和全过程，简称"三全"。

其中全企业指企业的领导者不但是企业成本的责任人，必然还是工程施工项目成本的责任人。领导者应该制定施工项目成本管理的方针和目标，组织施工项目成本管理体系的建立和维持其正常运转，创造使企业全体员工能充分参与项目成本管理，实现企业成本目标的内部环境。

(3)成本责任制原则。将项目成本层层分解，即分级、分工、分人。

企业的责任是降低企业的管理费用和经营费用，项目经理部的责任是完成目标成本指标和成本降低率指标。项目经理部对目标成本指标和成本降低率指标进行二次目标分解，根据不同岗位、不同管理内容，确定每个岗位的成本目标和所承担的责任，把总目标进行层层分解，落实到每一个人，通过每个指标的完成来保证总目标的实现。否则就会造成有人工作、无人负责的局面。这样的企业是无法搞好的。

(4)成本管理有效化原则。即行政手段、经济手段和法律手段相结合。

(5)成本科学化原则。即在施工项目成本管理中，运用预测与决策方法、目标管理方法、量本利分析法等科学的、先进的技术和方法。

四、施工成本管理的任务

施工成本管理的具体内容包括成本预测、成本计划、成本控制、成本核算、成本分析和成本考核等。施工项目经理部在项目施工过程中，通过对所发生的各种成本信息进行有组织、有系统的预测、计划、控制、核算和分析等工作，促使施工项目各种要素按照一定的目标运行，使施工项目的实际成本能够控制在预定的计划成本范围内。

（一）施工成本预测

施工成本预测就是根据成本信息和施工项目的具体情况，运用一定的专门方法，对未来的成本水平及其可能发展的趋势作出科学的估计，它是在工程施工以前对成本进行的估算。通过成本预测，可以在满足项目业主和本企业要求的前提下，选择成本低、效益好的最佳成本方案，并能够在施工项目成本形成的过程中，针对薄弱环节，加强成本控制，克服盲目性，提高预见性。因此，施工成本预测是施工项目成本决策与计划的依据。施工成本预测，通常是对施工项目计划工期内影响其成本变化的各个因素进行分析，比照近期已完施工项目或将完工施工项目的成本(单位成本)，预测这些因素对工程成本中有关项目(成本项目)的影响程度，预测出工程的单位成本或总成本。

（二）施工成本计划

施工成本计划是以货币形式编制施工项目在计划期内的生产费用、成本水平、成本降低率以及为降低成本所采取的主要措施和规划的书面方案,它是建立施工项目成本管理责任制、开展成本控制和核算的基础。一般来说,一个施工成本计划应包括从开工到竣工所必需的施工成本,它是该施工项目降低成本的指导文件,是设立目标成本的依据。可以说,成本计划是目标成本的一种形式。

(三)施工成本控制

施工成本控制是指在施工过程中,对影响项目施工成本的各种因素加强管理,并采取各种有效措施,将施工中实际发生的各种消耗和支出严格控制在成本计划范围内,随时揭示并及时反馈,严格审查各项费用是否符合标准,计算实际成本和计划成本之间的差异并进行分析,进而采取多种形式,消除施工中的损失浪费现象。施工成本控制应贯穿于施工项目从投标阶段开始直到项目竣工验收的全过程,它是企业全面成本管理的重要环节。施工成本控制可分为事先控制、事中控制(过程控制)和事后控制。在项目的施工过程中,需按动态控制原理对实际施工成本的发生过程进行有效控制。

(四)施工成本核算

施工成本核算包括两个基本环节:一是按照规定的成本开支范围对施工费用进行归集和分配,计算出施工费用的实际发生额;二是根据成本核算对象,采用适当的方法,计算出该施工项目的总成本和单位成本。施工成本管理需要正确及时地核算施工过程中发生的各项费用,计算施工项目的实际成本。施工成本核算所提供的各种成本信息,是成本预测、成本计划、成本控制、成本分析和成本考核等各个环节的依据。施工成本一般以单位工程为成本核算对象,但也可以按照承包工程项目的规模、工期、结构类型、施工组织和施工现场等情况,结合成本管理的要求,灵活划分成本核算对象。

(五)施工成本分析

施工成本分析是在施工成本核算的基础上,对成本的形成过程和影响成本升降的因素进行分析,以寻求进一步降低成本的途径,包括有利偏差的挖掘和不利偏差的纠正。

施工成本分析贯穿于施工成本管理的全过程,它是在成本的形成过程中,主要利用施工成本核算资料(成本信息),与目标成本、预算成本以及类似的施工项目的实际成本等进行比较,了解成本的变动情况,同时也要分析主要技术经济指标对成本的影响,系统地研究成本变动的因素,检查成本计划的合理性,并通过成本分析,深入揭示成本变动的规律,寻找降低施工项目成本的途径,以便有效地进行成本控制。成本偏差的控制,分析是关键,纠偏是核心,要针对分析得出的偏差发生原因,采取切实措施,加以纠正。

(六)施工成本考核

施工成本考核是指在施工项目完成后,对施工项目成本形成中的各责任者,按施工项目成本目标责任制的有关规定,将成本的实际指标与计划、定额、预算进行对比和考核,评定施工项目成本计划的完成情况和各责任者的业绩,并以此给予相应的奖励和处罚。通过成本考核,做到有奖有惩,赏罚分明,才能有效地调动每一位员工在各自施工岗位上努力完成目标成本的积极性,为降低施工项目成本和增加企业的积累,作出自己的贡献。

施工成本管理的每一个环节都是相互联系和相互作用的。成本预测是成本决策的前提,成本计划是成本决策所确定目标的具体化。施工成本控制则是对成本计划的实施进行控制和监督,保证决策的成本目标的

施工成本管理
各流程之间的关系

实现,而成本核算又是对成本计划是否实现的最后检验,它所提供的成本信息又对下一个施工项目成本预测和决策提供基础资料。成本考核是实现成本目标责任制的保证和实现决策目标的重要手段。

五、施工成本管理的措施

为了取得施工成本管理的理想成效,应当从多方面采取措施实施管理,通常可以将这些措施归纳为四个方面:组织措施、技术措施、经济措施、合同措施。

(一)组织措施

组织措施是从施工成本管理的组织方面采取的措施。施工成本控制是全员的活动,如实行项目经理责任制,落实施工成本管理的组织机构和人员,明确各级施工成本管理人员的任务和职能分工、权利和责任。施工成本管理不仅是专业成本管理人员的工作,而且各级项目管理人员都负有成本控制责任。

组织措施的另一方面是编制施工成本控制工作计划,确定合理详细的工作流程。要做好施工采购规划,通过生产要素的优化配置、合理使用、动态管理,有效控制实际成本;加强施工定额管理和施工任务单管理,控制活劳动和物化劳动的消耗;加强施工调度,避免因施工计划不周和盲目调度造成窝工损失、机械利用率降低、物料积压等而使施工成本增加。成本控制工作只有建立在科学管理的基础之上,具备合理的管理体制、完善的规章制度、稳定的作业秩序、完整准确的信息传递,才能取得成效。组织措施是其他各类措施的前提和保障,而且一般不需要增加什么费用,运用得当,可以收到良好的效果。

(二)技术措施

技术措施不仅对解决施工成本管理过程中的技术问题是不可缺少的,而且对纠正施工成本管理目标偏差也有相当重要的作用。因此,运用技术纠偏措施的关键,一是要能提出多个不同的技术方案;二是要对不同的技术方案进行技术经济分析。

施工过程中降低成本的技术措施,包括进行技术经济分析,确定最佳的施工方案;结合施工方法,进行材料使用的比选,在满足功能要求的前提下,通过代用、改变配合比、使用添加剂等方法降低材料消耗的费用;确定最合适的施工机械、设备使用方案;结合项目的施工组织设计及自然地理条件,降低材料的库存成本和运输成本;提倡先进的施工技术的应用、新材料的运用、新开发机械设备的使用等。在实践中,也要避免仅从技术角度选定方案而忽视对其经济效果的分析论证。

(三)经济措施

经济措施是最易被人们所接受和采用的措施。管理人员应编制资金使用计划,确定、分解施工成本管理目标。对施工成本管理目标进行风险分析,并制定防范性对策。对各种支出,应认真做好资金的使用计划,并在施工中严格控制各项开支。及时准确地记录、收集、整理、核算实际发生的成本。对各种变更,及时做好增减账,及时落实业主签证,及时结算工程款。通过偏差分析和未完工工程预测,可发现一些潜在的问题,将引起未完工程施工成本增加,对这些问题,应以主动控制为出发点,及时采取预防措施。由此可见,经济措施的运用绝不仅仅是财务人员的事情。

(四)合同措施

采用合同措施控制施工成本,应贯穿整个合同周期,包括从合同谈判开始到合同终结的全过程。首先,选用合适的合同结构,对各种合同结构模式进行分析、比较,在合同谈判时,要争取选用适合于工程规模、性质和特点的合同结构模式。其次，在合同的条款中应仔细考虑一切影响成本和效益的因素，特别是潜在的风险因素。最后，通过对引起成本变动的风险因素的识别和分析，采取必要的风险对策，如通过合理的方式，增加承担风险的个体数量，降低损失发生的比例，并最终使这些策略反映在合同的具体条款中。在合同执行期间，合同管理的措施是，既要密切注视对方对合同执行的情况，以寻求合同索赔的机会，同时也要密切关注自己履行合同的情况，以防止被对方索赔。

【例2-1】项目经理部对竣工工程现场成本核算的目的是（   ）。
　　A. 考核项目管理绩效　　　　　　B. 寻求进一步降低成本的途径
　　C. 考核企业经营效益　　　　　　D. 分析成本偏差的原因
　　答案：A

【例2-2】作为施工企业全面成本管理的重要环节，施工项目成本控制应贯穿于（   ）的全过程。
　　A. 从项目策划开始到项目开始运营　　B. 从项目设计开始到项目开始运营
　　C. 从项目投标开始到项目竣工验收　　D. 从项目施工开始到项目竣工验收
　　答案：C

【例2-3】施工成本分析是施工成本管理的主要任务之一，下列关于施工成本分析的表述中正确的是（   ）。
　　A. 施工成本分析的实质是在施工之前对成本进行估算
　　B. 施工成本分析是指科学地预测成本水平及其发展趋势
　　C. 施工成本分析是指预测成本控制的薄弱环节
　　D. 施工成本分析应贯穿于施工成本管理的全过程
　　答案：D

【例2-4】施工成本构成的内容包括（   ）。
　　A. 人工费　　　　　　　　　　　B. 材料费
　　C. 利润　　　　　　　　　　　　D. 税金
　　E. 设备工器具购置费
　　答案：AB

任务单元二　施工成本计划

成本计划通常包括从开工到竣工所必需的施工成本，它是以货币形式预先规定项目在进行中的施工生产耗费的计划总水平，是实现降低成本费用的指导性文件。

一、施工成本计划的类型

1. 竞争性成本计划

竞争性成本计划，即工程项目投标及签订合同阶段的估算成本计划。这类成本计划是以招标文件中的合同条件、投标者须知、技术规程、设计图纸或工程量清单等为依据，以有关价格条件说明为基础，结合调研和现场考察获得的情况，根据本企业的工料消耗标准、水平、价格资料和费用指标，对本企业完成招标工程所需要支出的全部费用的估算。

2. 指导性成本计划

指导性成本计划，即选派项目经理阶段的预算成本计划，是项目经理的责任成本目标。它是以合同标书为依据，按照企业的预算定额标准制定的设计预算成本计划，且一般情况下只是确定责任总成本指标。

3. 实施性成本计划

实施性成本计划，即项目施工准备阶段的施工预算成本计划，它是以项目实施方案为依据，以落实项目经理的责任目标为出发点，采用企业的施工定额，通过施工预算的编制而形成的实施性施工成本计划。

二、施工成本计划编制的原则

1. 从实际情况出发

编制成本计划必须根据国家的方针政策，从企业的实际情况出发，充分挖掘企业内部潜力，使降低成本指标既积极可靠，又切实可行。施工项目管理部门降低成本的潜力在于正确合理地选择施工方案，合理组织施工；提高劳动生产率；改善材料供应，降低材料消耗，提高机械利用率，节约施工管理费用等。

2. 与其他计划结合

编制成本计划，必须与施工项目的其他各项计划如施工方案、生产进度、财务计划、材料供应及耗费计划等密切结合，保持平衡。成本计划一方面要根据施工项目的生产、技术组织措施、劳动工资和材料供应等计划来编制，另一方面又影响着其他各种计划指标。每一种计划指标都应考虑适应降低成本的要求，与成本计划密切配合，而不能单纯考虑每一种计划本身的需要。

3. 统一领导、分级管理

编制成本计划，应实行统一领导、分级管理的原则，采取走群众路线的工作方法，应在项目经理的领导下，以财务和计划部门为中心，发动全体职工共同进行，总结降低成本的经验，找出降低成本的正确途径，使成本计划的制定和执行具有广泛的群众基础。

4. 弹性原则

编制成本计划，应留有充分余地，保持计划的一定弹性。在计划期间，项目经理部的内部或外部的技术经济状况和供产销条件，很可能发生一些在编制计划时所未预料的变化，尤其是在材料供应和市场价格方面，给计划拟定带来了很大的困难。因此，在编制计划时应充分考虑到这些情况，使计划保持一定的应变能力。

三、施工成本计划的编制依据

编制施工成本计划，需要广泛收集相关资料并进行整理，以作为施工成本计划编制的依据。在此基础上，根据有关设计文件、工程承包合同、施工组织设计、施工成本预测资料等，按照施工项目应投入的生产要素，结合各种因素的变化和拟采取的各种措施，估算项目生产费用支出的总水平，进而提出施工项目的成本计划控制指标，确定目标总成本。目标总成本确定后，应将总目标分解落实到各个机构、班组、便于进行控制的子项目或工序。最后，通过综合平衡，编制完成施工成本计划。

施工成本计划的编制依据如下：

（1）投标报价文件；

(2）企业定额、施工预算；
(3）施工组织设计或施工方案；
(4）人工、材料、机械台班的市场价；
(5）企业颁布的材料指导价、企业内部机械台班价格、劳动力内部挂牌价格；
(6）周转设备内部租赁价格、摊销损耗标准；
(7）已签订的工程合同、分包合同；
(8）拟采取的降低施工成本的措施；
(9）其他相关材料等。

四、施工成本计划的编制方法

施工成本计划的编制以成本预测为基础，关键是确定目标成本。计划的制定，需结合施工组织设计的编制过程，通过不断地优化施工技术方案和合理配置生产要素，进行工、料、机消耗的分析，制定一系列节约成本的挖潜措施，确定施工成本计划。一般情况下，施工成本计划总额应控制在目标成本的范围内，并使成本计划建立在切实可行的基础上。施工总成本目标确定之后，还需通过编制详细的实施性施工成本计划把目标成本层层分解，落实到施工过程的每个环节，有效地进行成本控制。

1. 按施工成本组成编制施工成本计划的方法

施工成本可以按成本组成分解为人工费、材料费、施工机具使用费、企业管理费，编制按施工成本组成分解的施工成本计划，如图2-2所示。

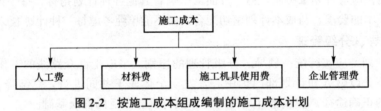

图2-2 按施工成本组成编制的施工成本计划

注意：施工成本中不含规费、利润、税金，因此，施工成本分解要素中也没有间接费一项。

2. 按项目组成编制施工成本计划的方法

大中型工程项目通常是由若干单项工程构成的，而每个单项工程包括了多个单位工程，每个单位工程又是由若干个分部分项工程所构成的。因此，首先要把项目总施工成本分解到单项工程和单位工程中，再进一步分解为分部工程和分项工程，如图2-3所示。

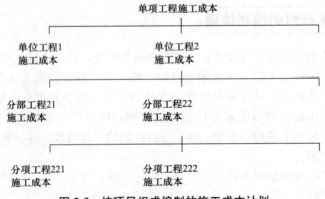

图2-3 按项目组成编制的施工成本计划

在完成施工项目成本目标分解之后,接下来就要具体地分配成本,编制分项工程的成本支出计划,从而得到详细的成本计划表,见表2-1。

表2-1 分项工程成本支出计划表

分项工程编码	工程内容	计量单位	工程数量	计划成本	本分项总计

在编制成本支出计划时,要在项目方面考虑总的预备费,也要在主要的分项工程中安排适当的不可预见费,避免在具体编制成本计划时,可能发现个别单位工程或工程量表中某项内容的工程量计算有较大出入,使原来的成本预算失实,并在项目实施过程中对其尽可能地采取一些措施。

WBS方法应用

3. 按工程进度编制施工成本计划的方法

编制按工程进度的施工成本计划,通常可利用控制项目进度的网络图进一步扩充而得。即在建立网络图时,一方面确定完成各项工作所需花费的时间;另一方面确定完成这一工作的合适的施工成本支出计划。在实践中,将工程项目分解为既能方便地表示时间,又能方便地表示施工成本支出计划的工作是不容易的,通常如果项目分解程度对时间控制合适的话,则对施工成本支出计划可能分解过细,以至于不可能对每项工作确定其施工成本支出计划,反之亦然。因此,在编制网络计划时,应在充分考虑进度控制对项目划分要求的同时,还要考虑确定施工成本支出计划对项目划分的要求,做到二者兼顾。通过对施工成本目标按时间进行分解,在网络计划的基础上,可获得项目进度计划的横道图,并在此基础上编制成本计划。其表示方式有两种:一种是在时标网络图上按月编制的成本计划;另一种是利用时间—成本累积曲线(S形曲线)表示,我们主要介绍时间—成本累计曲线。

时间—成本累积曲线的绘制步骤如下。

(1)确定工程项目进度计划,编制进度计划的横道图。

(2)根据每单位时间内完成的实物工程量或投入的人力、物力和财力,计算单位时间(月或旬)的成本,在时标网络图上按时间编制成本支出计划,见表2-2。

表2-2 单位时间的投资

时间/月	1	2	3	4	5	6	7	8	9	10	11	12
投资/万元	100	200	300	500	600	800	800	700	600	400	300	200

(3)将各单位时间计划完成的投资额累计,得到计划累计完成的投资额,见表2-3。

表2-3 计划累计完成的投资

时间/月	1	2	3	4	5	6	7	8	9	10	11	12
投资/万元	100	200	300	500	600	800	800	700	600	400	300	200
计划累计投资/万元	100	300	600	1 100	1 700	2 500	3 300	4 000	4 600	5 000	5 300	5 500

(4)按各规定时间的投资值,绘制 S 形曲线,如图 2-4 所示。

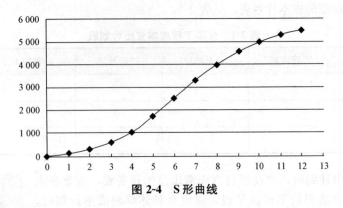

图 2-4　S 形曲线

每一条 S 形曲线都对应某一特定的工程进度计划。因为在进度计划的非关键线路中存在许多有时差的工序或工作,因而 S 形曲线(成本计划值曲线)必然包络在由全部工作都按最早开始时间开始和全部工作都按最迟必须开始时间开始的曲线所组成的"香蕉图"内。项目经理可根据编制的成本支出计划来合理安排资金,同时项目经理也可以根据筹措的资金来调整 S 形曲线,即通过调整非关键线路上的工序项目的最早或最迟开工时间,力争将实际的成本支出控制在计划的范围内。

一般而言,所有工作都按最迟开始时间开始,对节约资金贷款利息是有利的;但同时,也降低了项目按期竣工的保证率,因此,项目经理必须合理地确定成本支出计划,达到既节约成本支出,又能控制项目工期的目的。

【例 2-5】　某钢筋工程计划进度和实际进度 S 形曲线如图 2-5 所示,从图中可以看出(　　)。

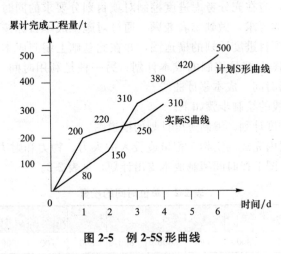

图 2-5　例 2-5S 形曲线

A. 第 1 天末该工程实际拖欠的工程量为 120 t
B. 第 2 天末实际进度比计划进度超前 1 d
C. 第 3 天末实际拖欠的工程量 60 t
D. 第 4 天末实际进度比计划进度拖后 1 d
E. 第 4 天末实际拖欠工程量 70 t
答案:CDE

以上三种编制施工成本计划的方式并不是相互独立的。在实践中，往往是将这几种方式结合起来使用，从而可以取得扬长避短的效果。例如，将按项目分解总施工成本与按施工成本构成分解总施工成本两种方式相结合，横向按施工成本构成分解，纵向按项目分解，或相反。这种分解方式有助于检查各分部分项工程施工成本构成是否完整，有无重复计算或漏算；同时还有助于检查各项具体的施工成本支出的对象是否明确或落实，并且可以从数字上校核分解的结果有无错误。或者还可将按子项目分解总施工成本计划与按时间分解总施工成本计划结合起来，一般纵向按项目分解，横向按时间分解。

S形曲线的应用

【例 2-6】 施工成本计划编制实例。
背景材料：
某建筑公司经过投标，获得了某工程的施工任务，在签订了施工合同后，公司有关部门开始施工前的准备工作，包括项目管理班子的组建和成本计划的编制等。在编制成本计划时，先将施工成本按人工费、材料费、施工机具使用费、企业管理费等进行了分解，并在施工进度计划横道图的基础上，根据每单位时间内完成的实物工程量或投入的人力、物力和财力，计算单位时间计划完成的各种成本，分别绘制了多条S形曲线，作为成本控制的基准。根据背景材料，回答以下问题：

成本计划编制实例

1. 该阶段所编制的成本计划类型属于（　　）。
   A. 竞争性成本计划　　　　　　B. 指导性成本计划
   C. 实施性成本计划　　　　　　D. 按成本分解的成本计划
2. 施工成本计划应满足的要求是（　　）。
   A. 材料、设备进场数量和质量的检查、验收与保管的要求
   B. 任务单管理、限额领料、竣工报告审核的要求
   C. 把施工成本管理责任制与对项目管理者的激励机制结合起来，以增强管理人员的成本意识和控制能力
   D. 组织对施工成本管理目标的要求
3. 绘制S形曲线这种编制成本计划的方法是（　　）。
   A. 按施工成本组成编制
   B. 按子项目组成和工程进度相结合的方法编制
   C. 按工程进度编制
   D. 按施工成本组成和工程进度相结合的方法编制
4. 如果某项目编制施工成本计划时，先将成本按分部分项工程进行划分，又将各分部分项工程成本按人工费、材料费和施工机械使用费等分开编制，这种编制方法属于（　　）。
   A. 按施工成本组成编制施工成本计划
   B. 按项目组成编制施工成本计划
   C. 按工程进度编制施工成本计划
   D. 上述A、B两种方法的综合运用
   答案：1.C, 2.D, 3.C, 4.D

任务单元三　施工成本控制

一、施工成本控制的意义和目的

施工项目的成本控制，通常是指在项目成本的形成过程中，对生产经营所消耗的人力资源、物质资源和费用开支，进行指导、监督、调节和限制，及时纠正将要发生和已经发生的偏差，把各项生产费用，控制在计划成本的范围之内，以保证成本目标的实现。

施工项目的成本目标，有企业下达或内部承包合同规定的，也有项目自行制定的。但这些成本目标，一般只有一个成本降低率或降低额，即使加以分解，也不过是相对明细的降本指标而已，难以具体落实，以致目标管理往往流于形式，无法发挥控制成本的作用。因此，项目经理部必须以成本目标为依据，联系施工项目的具体情况，制定明细而又具体的成本计划，使之成为"看得见、摸得着、能操作"的实施性文件。这种成本计划，应该包括每一个分部分项工程的资源消耗水平，以及每一项技术组织措施的具体内容和节约数量金额，既可指导项目管理人员有效地进行成本控制，又可作为企业对项目成本检查考核的依据。

二、施工成本控制的原则

(一)开源与节流相结合的原则

降低项目成本，需要一面增加收入，一面节约支出。因此，在成本控制中，也应该坚持开源与节流相结合的原则。要求做到：每发生一笔金额较大的成本费用，都要查一查有无与其相对应的预算收入，是否支大于收，在经常性的分部分项工程成本核算和月度成本核算中，也要进行实际成本与预算收入的对比分析，以便从中探索成本节超的原因，纠正项目成本的不利偏差，提高项目成本的降低水平。

(二)全面控制原则

1. 项目成本的全员控制

项目成本是一项综合性很强的指标，涉及企业内部各个部门、各个单位和全体职工的工作业绩。要想降低成本，提高企业的经济效益，必须充分调动企业广大职工"控制成本、关心降低成本"的积极性和参与成本管理的意识。做到上下结合、专业控制与群众控制相结合，人人参与成本控制活动，个个有成本控制指标，积极创造条件，逐步实行成本控制制度。这是能否实现全面成本控制的关键。

2. 全过程成本控制

在工程项目确定以后，自施工准备开始，经过工程施工，到竣工交付使用后的保修期结束，整个过程都要实行成本控制。

3. 全方位成本控制

成本控制不能单纯强调降低成本，必须兼顾各方面的利益，既要考虑国家利益，又要考虑集体利益和个人利益；既要考虑眼前利益，更要考虑长远利益。因此，在成本控制中，决不能片面地为了降低成本而不顾工程质量，靠偷工减料、拼设备等手段，以牺牲企业的长远利益、整体利益和形象为代价,来换取一时的成本降低。

(三)动态控制原则

施工项目是一次性的,成本控制应强调项目的过程控制,即动态控制。因为施工准备阶段的成本控制只是根据施工组织设计的具体内容确定成本目标、编制成本计划、制定成本控制的方案,为今后的成本控制作好准备;而竣工阶段的成本控制,由于成本盈亏已基本成定局,即使发生了问题,也已来不及纠正。因此,施工过程阶段成本控制的好坏,对项目经济效益的取得具有关键的作用。

(四)目标管理原则

目标管理是进行任何一项管理工作的基本方法和手段,成本控制也应遵循这一原则,即目标设定、分解→目标的责任到位和成本执行结果→评价考核和修正目标,从而形成目标成本控制管理的计划、实施、检查、处理的循环。在实施目标管理的过程中,目标的设定应切合实际,要落实到各部门甚至个人;目标的责任应全面,既要有工作责任,更要有成本责任。

(五)例外管理原则

例外管理是西方国家现代管理常用的方法,它起源于决策科学中的"例外"原则,目前则被更多地用于成本指标的日常控制。在工程项目建设过程的诸多活动中,有许多活动是例外的,如施工任务单和限额领料单的流转程序等,通常是通过制度来保证其顺利进行的。但也有一些不经常出现的问题,我们称之为"例外"问题。这些"例外"问题,往往是关键性问题,对成本目标的顺利完成影响很大,必须予以高度重视。例如,在成本管理中常见的成本盈亏异常现象,即盈余或亏损超过了正常的比例;本来是可以控制的成本,突然发生了失控现象;某些暂时的节约,但有可能对今后的成本带来隐患(如由于平时机械维修费的节约,可能会造成未来的停工修理和更大的经济损失)等,都应该视为"例外"问题,进行重点检查,深入分析,并采取相应的积极的措施加以纠正。

(六)责、权、利相结合的原则

要使成本控制真正发挥及时有效的作用,必须严格按照经济责任制的要求,贯彻责、权、利相结合的原则。

在项目施工过程中,项目经理、工程技术人员、业务管理人员以及各单位和生产班组都负有一定的成本控制责任,从而形成整个项目的成本控制责任网络。另外,各部门、各单位、各班组在肩负成本控制责任的同时,还应享有成本控制的权力,即在规定的权力范围内可以决定某项费用能否开支、如何开支和开支多少,以行使对项目成本的实质性控制。项目经理还要对各部门、各单位、各班组在成本控制中的业绩进行定期的检查和考评,并与工资分配紧密挂钩,实行有奖有罚。实践证明,只有责、权、利相结合的成本控制,才是名实相符的项目成本控制,才能收到预期的效果。

三、施工成本控制的依据

1. 工程承包合同

施工成本控制要以工程承包合同为依据,围绕降低工程成本这个目标,从预算收入和实际成本两方面,努力挖掘增收节支潜力,以求获得最大的经济效益。

2. 施工成本计划

施工成本计划是根据施工项目的具体情况制定的施工成本控制方案,既包括预定的具体成本控制目标，又包括实现控制目标的措施和规划，是施工成本控制的指导文件。

3. 进度报告

进度报告提供了每一时刻的工程实际完成量、工程施工成本实际支付情况等重要信息。施工成本控制工作正是通过把实际情况与施工成本计划相比较，找出两者之间的差别，分析偏差产生的原因，从而采取措施改进以后的工作。此外，进度报告还有助于管理者及时发现工程实施中存在的问题，并在事态还未造成重大损失之前采取有效措施，尽量避免损失。

4. 工程变更

在项目的实施过程中，由于各方面的原因，工程变更是很难避免的。工程变更一般包括设计变更、进度计划变更、施工条件变更、技术规范与标准变更、施工次序变更、工程数量变更等。一旦出现变更，工程量、工期、成本都必将发生变化，从而使得施工成本控制工作变得更加复杂和困难。因此，施工成本管理人员就应当通过对变更要求中的各类数据的计算、分析，随时掌握变更情况，包括已发生工程量、将要发生工程量、工期是否拖延、支付情况等重要信息，判断变更以及变更可能带来的索赔额度等。

施工项目成本控制的对象和内容

除上述几种施工成本控制工作的主要依据以外，有关施工组织设计、分包合同等也都是施工成本控制的依据。

四、施工成本控制的方法

施工阶段是控制建设工程项目成本发生的主要阶段，它通过确定成本目标并按计划成本进行施工、资源配置，对施工现场发生的各种成本费用进行有效控制，其具体的控制方法如下。

(一)施工成本的过程控制方法

1. 施工前期的成本控制

首先抓源头，随着市场经济的发展，施工企业处于"找米下锅"的紧张状态，忙于找信息，忙于搞投标，忙于找关系。为了中标，施工企业把标价越压越低。有的工程项目，管理稍一放松，则要发生亏损，有的项目亏损额度较大。因此，做好标前成本预测，科学合理地计算投标价格及投标决策，显得尤为重要。为此，在投标报价时要认真识别招标文件所涉及的每一个经济条款，了解把握业主的资信及履约能力，确有把握再做标。做完后在报出前，要组织有关专业人员进行评审论证，在此基础上，再报企业领导最后决策。

为做好标前成本预测，企业要根据市场行情，不断收集、整理、完善符合本企业实际的内部价格体系，为快速准确地预测标前成本提供有力保证。同时，投标也要发生多种费用，包括标书费、差旅费、咨询费、办公费、招待费等。因此，提高中标率、节约投标费用开支，也成为降低成本开支的一项重要内容。对投标费用，要与中标价相关联的指标挂钩，实施总额控制，规范开支范围和数额，并由一名企业领导专门负责此招标投标工作及管理。

中标后，企业在合同签约时要据理力争，尤其是目前的开发商，在投标阶段已将不利于施工企业的合同条件列入招标文件，并且施工企业在投标时对招标文件已确认，要想改变非常困难。但是，也要充分利用此签约的机会，对相关不利的条款尽量与业主协商，尽可能地做到公平、合理，力争将风险降至最低程度后再与业主签约。签约后，公司要认真组织向机关及项目部相关部门的有关人员进行合同交底，通过不同形式的交底，使项目部的相关管理人员明确本施工合同的全部相关条款、内容，为下一步扩大项目管理的盈利点，减少项目亏损打下基础。

2. 施工准备阶段的成本控制

根据设计图纸和有关技术资料，对施工方法、施工顺序、作业组织形式、机械设备选型、技术组织措施等进行认真的研究分析，并运用价值工程原理，制定出科学先进、经济合理的施工方案。根据企业下达的成本目标，以分部分项工程实物工程量为基础，联系劳动定额、材料消耗定额和技术组织措施的节约计划，在优化的施工方案的指导下，编制详细而具体的成本计划，并按照部门、施工队和班组的分工进行分解，作为部门、施工队和班组的责任成本落实下去，为今后的成本控制做好准备。根据项目建设时间的长短和参加建设人数的多少，编制间接费用预算，并对上述预算进行明细分解，以项目经理部有关部门（或业务人员）责任成本的形式落实下去，为今后的成本控制和绩效考评提供依据。

3. 施工过程中的成本控制

（1）人工费的控制。人工费的控制实行"量价分离"的方法，将作业用工及零星用工按定额工日的一定比例综合确定用工数量与单价，通过劳务合同进行控制。

1）制定先进合理的企业内部劳动定额，严格执行劳动定额，并将安全生产、文明施工及零星用工下达到作业队进行控制。全面推行全额计件的劳动管理方法和单项工程集体承包的经济管理方法，以不超出施工图预算人工费指导为控制目标，实行工资包干制度，认真执行按劳分配的原则，使职工个人所得与劳动贡献一致，充分调动广大职工的劳动积极性，以提高劳动力效率。把工程项目的进度、安全、质量等指标与定额管理结合起来，提高劳动者的综合能力，实行奖励制度。

2）提高生产工人的技术水平和作业队的组织管理水平，根据施工进度、技术要求，合理配备各工种工人的数量，减少和避免无效劳动。不断改善劳动组织，创造良好的工作环境，改善工人的劳动条件，提高劳动效率。合理调节各工序人数安排情况，安排劳动力时，尽量做到技术工不做普通工的工作，高级工不做低级工的工作，避免技术上的浪费，既要加快工程进度，又要节约人工费用。

3）加强职工的技术培训和多种施工作业技能的培训，不断提高职工的业务技术水平和熟练操作程度，培养一专多能的技术工人，提高作业工效。提倡技术革新并推广新技术，提高技术装备水平和工厂化生产水平，提高企业的劳动生产率。

4）实行弹性需求的劳务管理制度。对施工生产各环节上的业务骨干和基本的施工力量，要保持相对稳定。对短期需要的施工力量，要做好预测、计划管理，通过企业内部的劳务市场及外部协作队伍进行调剂。严格做到项目部的定员随工程进度要求及时进行调整，进行弹性管理。要打破行业、工种界限，提倡一专多能，提高劳动力的利用效率。

（2）材料费的控制。材料费控制同样按照"量价分离"的原则，控制材料用量和材料价格。

1）材料用量的控制。在保证符合设计要求和质量标准的前提下，合理使用材料，通过定额管理、计量管理等手段有效控制材料物资的消耗，具体方法如下：

①定额控制。对于有消耗定额的材料，以消耗定额为依据，实行限额发料制度。在规定限额内分期分批领用，超过限额领用的材料，必须先查明原因，经过一定审批手续方可领料。

②指标控制。对于没有消耗定额的材料，则实行计划管理和按指标控制的办法。根据以往项目的实际耗用情况，结合具体施工项目的内容和要求，制定领用材料指标，据以控制发料。超过指标的材料，必须经过一定的审批手续方可领用。

③计量控制。准确做好材料物资的收发计量检查和投料计量检查。

④包干控制。在材料使用过程中，对部分小型及零星材料（如钢钉、钢丝等）根据工程量计算出所需材料量，将其折算成费用，由作业者包干控制。

2）材料价格的控制。材料价格主要由材料采购部门控制。由于材料价格是由买价、运杂费、运输中的合理损耗等组成，因此，控制材料价格，主要是通过掌握市场信息，应用招标和询价等方式控制材料、设备的采购价格。

施工项目的材料物资，包括构成工程实体的主要材料和结构件，以及有助于工程实体形成的周转使用材料和低值易耗品。从价值角度看，材料物资的价值，占建筑安装工程造价的60%~70%，其重要程度自然是不言而喻。由于材料物资的供应渠道和管理方式各不相同，所以控制的内容和所采取的控制方法也有所不同。

(3) 施工机械使用费的控制。合理选择施工机械设备，合理使用施工机械设备对成本控制具有十分重要的意义，尤其是高层建筑施工。据某些工程实例统计，高层建筑地面以上部分的总费用中，垂直运输机械费用占6%~10%。由于不同的起重运输机械各有不同的用途和特点，因此，在选择起重运输机械时，应根据工程特点和施工条件确定采用何种不同起重运输机械的组合方式。在确定采用何种组合方式时，在满足施工需要的同时，还要考虑到费用的高低和综合经济效益。

施工机械使用费主要由台班数量和台班单价两方面决定，为有效控制施工机械使用费支出，主要从以下四个方面进行控制：

1) 合理安排施工生产，加强设备租赁计划管理，减少因安排不当引起的设备闲置；
2) 加强机械设备的调度工作，尽量避免窝工，提高现场设备利用率；
3) 加强现场设备的维修保养，避免因不正确使用造成机械设备的停置；
4) 做好机上人员与辅助生产人员的协调与配合，提高施工机械台班产量。

(4) 施工分包费用的控制。分包工程价格的高低，必然对项目经理部的施工项目成本产生一定的影响。因此，施工项目成本控制的重要工作之一是对分包价格的控制。项目经理部应在确定施工方案的初期就要确定需要分包的工程范围。决定分包范围的因素主要是施工项目的专业性和项目规模。对分包费用的控制，主要是做好分包工程的询价、订立平等互利的分包合同、建立稳定的分包关系网络、加强施工验收和分包结算等工作。

4. 竣工验收阶段的成本控制

(1) 精心安排，干净利落地完成工程竣工扫尾工作。从现实情况看，很多工程一到扫尾阶段，就把主要施工力量抽调到其他在建工程，以至扫尾工作拖拖拉拉，战线拉得很长，机械、设备无法转移，成本费用照常发生，使在建阶段取得的经济效益逐步流失。因此，一定要精心安排(因为扫尾阶段工作面较小，人多了反而会造成浪费)，采取"快刀乱麻"的方法，把竣工扫尾时间缩短到最低限度。

(2) 重视竣工验收工作，顺利交付使用。在验收以前，要准备好验收所需要的各种资料(包括竣工图)，送甲方备查；对验收中甲方提出的意见，应根据设计要求和合同内容认真处理，如果涉及费用，应请甲方签证，列入工程结算。

(3) 及时办理工程结算。一般来说，工程结算造价按原施工图预算增减账。但在施工过程中，有些按实结算的经济业务，是由财务部门直接支付的，项目预算员不掌握资料，往往在工程结算时遗漏。因此，在办理工程结算以前，要求项目预算员和成本员进行一次认真全面的核对。

(4) 在工程保修期间，应由项目经理指定保修工作的责任者，并责成保修责任者根据实际情况提出保修计划(包括费用计划)，以此作为控制保修费用的依据。

(二) 赢得值法

赢得值法(Earned Value Management, EVM)作为一项先进的项目管理技术，最初是美国国防部于1967年确立的，也叫挣值法。到目前为止，国际上先进的工程公司已普遍采用赢得值法进行工程项目的费用、进度综合分析控制。用赢得值法进行费用、进度综合分析控制,基本参数有三项,即已完工作预算费用、计划工作预算费用和已完工作实际费用。

1. 赢得值法的三个基本参数

(1)已完工作预算费用。已完工作预算费用为 BCWP(Budgeted Cost for Work Performed),是指在某一时间已经完成的工作(或部分工作),以批准认可的预算为标准所需要的资金总额。由于业主正是根据这个值为承包人完成的工作量支付相应的费用,也就是承包人获得(挣得)的金额,故称赢得值或挣值。

$$已完工作预算费用(BCWP)=已完成工作量×预算(计划)单价$$

(2)计划工作预算费用。计划工作预算费用,简称 BCWS(Budgeted Cost for Work Scheduled),即根据进度计划在某一时刻应当完成的工作(或部分工作),以预算为标准所需要的资金总额,一般来说,除非合同有变更,BCWS 在工程实施过程中应保持不变。

$$计划工作预算费用(BCWS)=计划工作量×预算(计划)单价$$

(3)已完工作实际费用。已完工作实际费用,简称 ACWP(Actual Cost for Work Performed),即到某一时刻为止,已完成的工作(或部分工作)所实际花费的总金额。

$$已完工作实际费用(ACWP)=已完成工作量×实际单价$$

2. 赢得值法的四个评价指标

在这三个基本参数的基础上,可以确定赢得值法的四个评价指标,它们也都是时间的函数。

(1)费用偏差 CV(Cost Variance)。

$$费用偏差(CV)=已完工作预算费用(BCWP)-已完工作实际费用(ACWP)$$

当费用偏差(CV)为负值时,即表示项目运行超出预算费用;当费用偏差 CV 为正值时,表示项目运行节支,实际费用没有超出预算费用。

(2)进度偏差(SV)(Schedule Variance)。

$$进度偏差(SV)=已完工作预算费用(BCWP)-计划工作预算费用(BCWS)$$

当进度偏差(SV)为负值时,表示进度延误,即实际进度落后于计划进度;当进度偏差(SV)为正值时,表示进度提前,即实际进度快于计划进度。

(3)费用绩效指数(CPI)。

$$费用绩效指数(CPI)=已完工作预算费用(BCWP)/已完工作实际费用(ACWP)$$

当费用绩效指数(CPI)<1 时,表示超支,即实际费用高于预算费用;

当费用绩效指数(CPI)>1 时,表示节支,即实际费用低于预算费用。

(4)进度绩效指数(SPI)。

$$进度绩效指数(SPI)=已完工作预算费用(BCWP)/计划工作预算费用(BCWS)$$

当进度绩效指数(SPI)<1 时,表示进度延误,即实际进度比计划进度拖后;

当进度绩效指数(SPI)>1 时,表示进度提前,即实际进度比计划进度快。

费用(进度)偏差反映的是绝对偏差,结果很直观,有助于费用管理人员了解项目费用出现偏差的绝对数额,并依此采取一定措施,制定或调整费用支出计划和资金筹措计划。但是,绝对偏差有其不容忽视的局限性。如同样是 10 万元的费用偏差,对于总费用 1 000 万元的项目和总费用 1 亿元的项目而言,其严重性显然是不同的。因此,费用(进度)偏差仅适合于对同一项目作偏差分析。费用(进度)绩效指数反映的是相对偏差,它不受项目层次的限制,也不受项目实施时间的限制,因而在同一项目和不同项目比较中均可采用。

在项目的费用、进度综合控制中引入赢得值法,可以克服过去进度、费用分开控制的缺点,即当我们发现费用超支时,很难立即知道是由于费用超出预算,还是由于进度提前。相反,当我们发现费用低于预算时,也很难立即知道是由于费用节省,还是由于进度拖延。而引入赢得值法，即可定量地判断进度、费用的执行效果。

3. 偏差分析方法

偏差分析可以采用不同的表达方法，常用的有横道图法、时标网络图法、表格法、曲线法等。

(1)横道图法。用横道图法进行费用偏差分析，是用不同的横道标识已完工作预算费用、计划工作预算费用和已完工作实际费用，横道的长度与其金额呈正比例。横道图法具有形象、直观、一目了然等优点，它能准确表达出费用的绝对偏差，而且能一眼感受到偏差的严重性。但这种方法反映的信息量少，一般在项目的较高管理层应用。横道图法示例见表2-4。

表2-4 费用偏差分析表（横道图法）

项目编码	项目名称	费用参数数额/万元	费用偏差/万元	进度偏差/万元	原因
011	土方工程	70 / 50 / 60	10	−10	
012	打桩工程	80 / 66 / 100	−20	−34	
013	基础工程	80 / 80 / 60	20	20	
合计		230 / 196 / 220	10	−24	

(2)时标网络图法。时标网络图以水平时间坐标尺度表示工作时间，时标的时间单位根据需要可以是天、周、月等。在时标网络计划中，实箭线表示工作，实箭线的长度表示工作持续时间，虚箭线表示虚工作，波浪线表示工作与其紧后工作的时间间隔。时标网络图示例如图2-6所示。

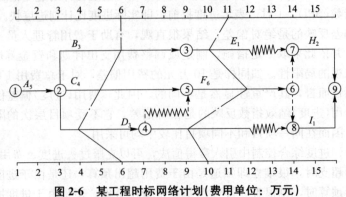

图2-6 某工程时标网络计划（费用单位：万元）

计划工期/月	1	2	3	4	5	6	7	8	9	10	11	12	13	14	15
①已完工作预算费用累计	5	10	20	30	40	50	60	70	80	90	100	106	112	115	118
②已完工作实际费用累计	5	15	25	35	45	53	61	69	77	85	94	103	112	116	120
计划工期/月	1	2	3	4	5	6	7	8	9	10	11	12	13	14	15
①计划工作预算费用累计	5	10	20	30	40	50	60	70	80	90	100	106	112	115	118
②已完工作实际费用累计	5	15	25	35	45	53	61	69	77	85	94	103	112	116	120

图 2-6　某工程时标网络计划(费用单位：万元)(续)

(3)表格法。表格法是进行偏差分析最常用的一种方法。它将项目编码、名称、各费用参数以及费用偏差数总和归纳入一种表格中，并且直接在表格中进行比较。由于各偏差参数都在表中列出，使得费用管理者能够综合地了解并处理这些数据。用表格法分析费用偏差的示例，见表 2-5。

表 2-5　费用偏差分析表(表格法)

项目编码	(1)	011	012	013
项目名称	(2)	土方工程	打桩工程	基础工程
单价	(3)			
计划单价	(4)			
拟完工程量	(5)			
计划工作预算费用	(6)=(4)×(5)	50	66	80
已完工程量	(7)			
已完工作预算费用	(8)=(4)×(7)	60	100	60
实际单价	(9)			
其他款项	(10)			
已完工作实际费用	(11)=(7)×(9)+(10)	70	80	80
费用局部偏差	(12)=(8)−(11)	−10	20	−20
费用局部偏差程度	(13)=(8)÷(11)	0.86	1.25	0.75
费用累计偏差	(14)=$\sum$(12)			
费用累计偏差程度	(15)=$\sum$(8)÷$\sum$(11)			
进度局部偏差	(16)=(8)−(6)	10	34	−20
进度局部偏差程度	(17)=(8)÷(6)	1.2	1.52	0.75
进度累计偏差	(18)=$\sum$(16)			
进度累计偏差程度	(19)=$\sum$(8)÷$\sum$(6)			

用表格法进行偏差分析具有如下优点：
1)灵活、适用性强。可根据实际需要设计表格，进行增减项。
2)信息量大。可以反映偏差分析所需的资料，从而有利于费用控制人员及时采取有针对性的措施，加强控制。

3)表格处理可借助于计算机,从而节约处理大量数据所需的人力,并大大提高速度。

(4)曲线法。曲线法是用投资时间曲线(S形曲线)进行分析的一种方法。通常有三条曲线,即已完工作实际费用曲线、已完工作预算费用曲线、计划工作预算费用曲线,如图2-7所示。已完工作实际费用与已完工作预算费用两条曲线之间的竖向距离表示投资偏差,计划工作预算费用与已完工作预算费用曲线之间的水平距离表示进度偏差。

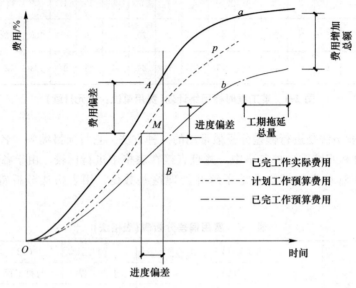

图2-7 三种费用参数曲线

【例2-7】 某工程项目有2 000 m² 缸砖面层地面施工任务,交由某分包商承包,计划于6个月内完工,计划的工作项目单价和计划完成的工作量见表2-6,该工程进行了三个月后,发现工作项目实际已完成的工作量及实际单价与原计划有偏差。

表2-6 工作量表

工作项目名称	平整场地	室内夯填土	垫层	缸砖面砂浆结合	踢脚
单位	100 m²	100 m²	10 m²	100 m²	100 m²
计划工作量(三个月)	150	20	60	100	13.55
计划单价/(元·单位⁻¹)	16	46	450	1 520	1 620
已完成工作量(三个月)	150	18	48	70	9.5
实际单价/(元·单位⁻¹)	16	46	450	1 800	1 650

问题:

(1)试计算并用表格法列出至第三个月末时各工作的计划工作预算费用(BCWS)、已完工作预算费用(BCWP)、已完工作实际费用(ACWP),并分析费用局部偏差值、费用绩效指数(CPI)、进度局部偏差值、进度绩效指数(SPI)。

(2)用横道图法表明各项工作的进展以及偏差情况,分析并在图上标明其偏差情况。

(3)用曲线法表明该项施工任务总的计划和实际进展情况,标明其费用及进度偏差情况。

(备注:各工作项目在三个月内均是以等速、等值进行的)

解:

(1)用表格法分析费用偏差,见表2-7。

表 2-7 缸砖地面施工费用分析表

(1)项目编码		001	002	003	004	005
(2)工作项目名称	计算方法	平整场地	室内夯填土	垫层	缸砖面砂浆结合	踢脚
(3)单位		100 m²	100 m²	10 m²	100 m²	100 m²
(4)计划工作量（三个月）	(4)	150	20	60	100	13.55
(5)计划单价（元/单位）	(5)	16	46	450	1 520	1 620
(6)计划工作预算费用(BCWS)	(6)=(4)×(5)	2 400	920	27 000	152 000	21 951
(7)已完成工作量（三个月）	(7)	150	18	48	70	9.5
(8)已完工作预算费用(BCWP)	(8)=(7)×(5)	2 400	828	21 600	106 400	15 390
(9)实际单价（元/单位）	(9)	16	46	450	1 800	1 650
(10)已完工作实际费用(ACWP)	(10)=(7)×(9)	2 400	828	21 600	126 000	15 675
(11)费用局部偏差	(11)=(8)-(10)	0	0	0	-19 600	-285
(12)费用绩效指数(CPI)	(12)=(8)/(10)	1	1	1	0.844 444	0.981 818
(14)进度局部偏差	(14)=(8)-(6)	0	-92	-5 400	-45 600	-6 561
(15)进度绩效指数(SPI)	(15)=(8)/(6)	1	0.9	0.8	0.7	0.701 107

(2) 用横道图分析费用偏差如图 2-8 所示。

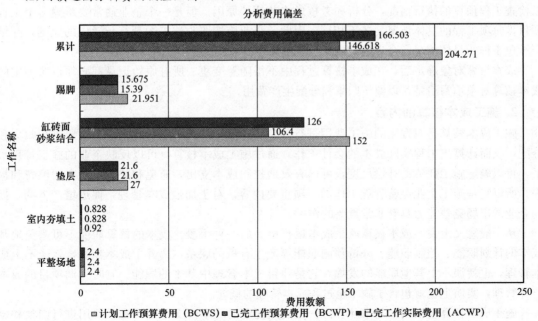

图 2-8 用横道图法分析费用偏差

（3）用曲线法表明该项施工任务在第三个月月末时，费用及进度的偏差情况，如图2-9所示。

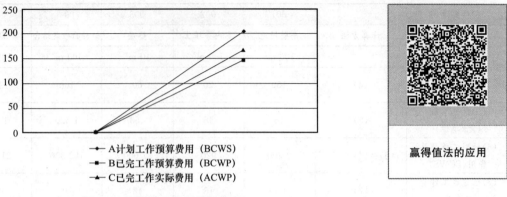

赢得值法的应用

图 2-9 用曲线法分析费用偏差

任务单元四 施工成本核算

一、施工成本核算的对象和内容

1. 施工成本核算对象

施工成本核算对象，是在成本核算时选择的归集施工生产费用的目标。合理确定施工成本核算对象，是正确进行施工成本核算的前提。

一般情况下，企业应以每一单位工程为对象归集生产费用，计算施工成本。这是因为施工图预算是按单位工程编制的，所以，按单位工程核算的实际成本，便于与施工预算成本比较，以检查工程预算的执行情况，分析和考核成本节超的原因。但是一个企业通常要承建多个工程项目，每项工程的具体情况又各不相同，因此，企业应按照与施工图预算相适应的原则，并结合承包工程的具体情况，合理确定成本核算对象。

成本核算对象确定后，在成本核算过程中不得随意变更。所有原始记录都必须按照确定的成本核算对象填写清楚，以便于归集和分配生产费用。

2. 施工成本核算的内容

施工成本核算是对发生的施工费用进行确认、计量，并按一定的成本核算对象进行归集和分配，从而计算出工程实际成本的会计工作。通过施工成本核算，可以反映企业的施工管理水平，可以确定施工耗费的补偿尺度，可以有效地控制成本支出，避免和减少不应有的浪费和损失。所以它是施工企业经营管理工作的一项重要内容，对于加强成本管理，促进增产节约，提高企业的市场竞争能力具有非常重要的作用。

从一般意义上说，成本核算就是成本运行控制的一种手段。成本的核算职能不可避免地和成本的计划职能、控制职能、分析预测职能等产生有机的联系，离开了成本核算，就谈不上成本管理，也就谈不上其他职能的发挥，它是项目成本管理中基本的职能。有时强调项目的成本核算管理，实质上也就包含了施工全过程成本管理的概念。

施工成本核算包括两个基本环节：一是按照规定的成本开支范围对施工费用进行归集和分配，计算出施工费用的实际发生额；二是根据成本核算对象，采用适当的方法，计算出该施工项目的总成本和单位成本。施工成本管理需要正确及时地核算施工过程中发生的各项费用,计算施工项目的实际成本。施工项目成本核算所提供的各种成本信息,是成本预测、成本计划、成本控制、成本分析和成本考核等各个环节的依据。

施工成本一般以单位工程为成本核算对象,但也可以按照承包工程项目的规模、工期、结构类型、施工组织和施工现场等情况,结合成本管理要求,灵活划分成本核算对象。施工成本核算的基本内容包括:

(1)人工费核算;
(2)材料费核算;
(3)周转材料费核算;
(4)结构件费核算;
(5)机械使用费核算;
(6)分包工程成本核算;
(7)项目月度施工成本报告编制。

二、施工成本核算对象的确定

成本核算对象是指在成本计算过程中,为归集和分配费用而确定的费用承担者。成本核算对象一般应根据工程合同的内容、施工生产的特点、生产费用发生情况和管理上的要求来确定。有的工程项目成本核算工作开展不起来,其中的主要原因就是成本核算对象的确定与生产经营管理相脱节。成本核算对象划分要合理,在实际工作中,往往划分得过粗,把相互之间没有联系或联系不大的单项工程或单位工程合并起来,作为一个成本核算对象,不能反映独立施工的工程实际成本水平,不利于考核和分析工程成本的升降情况;当然,成本核算对象如果划分得过细,会出现许多间接费用需要分摊,增加核算工作量,又难以做到成本准确。

(1)建筑安装工程一般应以每一独立编制施工图预算的单位工程为成本核算对象,对大型主体工程(如发电厂房本体)应尽可能以分部工程作为成本核算对象。

(2)规模大、工期长的单位工程,可以将工程划分为若干部位,以分部位的工程作为成本核算对象。

(3)同一工程项目,由同一单位施工、同一施工地点、同一结构类型、开工竣工时间相近、工程量较小的若干个单位工程组成,可以合并作为一个成本核算对象。

三、施工成本核算的程序

(1)对所发生的费用进行审核,以确定应计入工程成本的费用和计入各项期间费用的数额。

(2)将应计入工程成本的各项费用,区分为哪些应当计入的工程成本,哪些应由其他月份的工程成本负担。

(3)将每个月应计入工程成本的生产费用,在各个成本对象之间进行分配和归集,计算各工程成本。

(4)对未完工程进行盘点,以确定本期已完工程成本实际成本。

(5)将已完工程成本转入"工程结算成本"科目中。

(6)结转期间费用。

四、施工成本核算的方法

成本的核算过程，实际上也是各项成本项目的归集和分配过程。成本的归集是指通过一定的会计制度以有序的方式进行成本数据的收集和汇总，而成本的分配是指将归集的间接成本分配给成本对象的过程，也称为间接成本的分摊或分派。

1. 人工费核算

劳动工资部门根据考勤表、施工任务书和承包结算书等，每月向财务部门提供"单位工程用工汇总表"，财务部门据以编制"工资分配表"，按受益对象计入成本和费用。采用计件工资制度的，费用一般能分清为哪个工程项目所发生的；采用计时工资制度的，计入成本的工资应按照当月工资总额和工人总的出勤工日计算的日平均工资及各工程当月实际用工数计算分配；工资附加费可以采取比例分配法；劳动保护费的分配方法同工资是相同的。

2. 材料费核算

应根据发出材料的用途，划分工程耗用与其他耗用的界限，只有直接用于工程所耗用的材料才能计入成本核算对象的"材料费"成本项目，为组织和管理工程施工所耗用的材料及各种施工机械所耗用的材料，应先分别通过"间接费用""机械作业"等科目进行归集，然后再分配到相应的成本项目中。

材料费的归集和分配方法：

(1)凡领用时能点清数量并能分清领用对象的，应在有关领料凭证（领料单、限额领料单）上注明领料对象，将其成本直接计入该成本核算对象。

(2)领用时虽能点清数量，但属于集中配料或统一下料的材料，如油漆、玻璃等，应在领料凭证上注明"工程集中配料"字样，月末根据耗用情况，编制"集中配料耗用计算单"，据以分配计入各成本核算对象。

(3)领料时既不易点清数量，又难以分清耗用对象的材料，如砖、瓦、灰、砂、石等大堆材料，可根据具体情况，由材料员或施工现场保管员，月末通过实地盘点，倒算出本月实耗数量，编制"大堆材料耗用量计算单"，据以计入各成本计算对象。

(4)周转使用的模板、脚手架等周转材料，应根据各受益对象的实际在用数量和规定的摊销方法，计算当月摊销额，并编制"周转材料摊销分配表"，据以计入各成本核算对象。对租用的周转材料，应当按实际支付的租赁费计入各成本核算对象。

(5)施工中的残次材料和包装物品等应尽量收回利用，编制"废料交库单"估价入账，并冲减工程成本。

(6)按月计算工程成本时，月末对已经办理领料手续，但尚未耗用，下月份仍需要继续使用的材料，应进行盘点，办理"假退料"手续，以冲减本期工程成本。

(7)工程竣工后的剩余材料，应填写"退料单"，据以办理材料退库手续，冲减工程成本。期末，企业应根据材料的各种领料凭证，汇总编制"材料费用分配表"，作为各工程材料费核算的依据。

需要说明：企业对在购入材料过程中发生的采购费用，如果未直接计入材料成本，而是进行单独归集的(即计入了"采购费用"或"进货费用"等账户)，在领用材料结转材料成本的同时，还应按比例结转应分摊的进货费用。但按现行会计准则，材料的仓储保管费用，不能计入材料成本，也不需要单独归集，而应该在发生的当期直接计入当期损益，即计入管理费用。

3. 周转材料费核算

(1)周转材料实行内部租赁制，以租费的形式反映消耗情况，按"谁租用谁负担"的原则，核算其项目成本。

(2)按周转材料租赁办法和租赁合同,由出租方与项目经理部按月结算租赁费。租赁费按租用的数量、时间和内部租赁单价计入项目成本。

(3)周转材料在调入移出时,项目经理部都必须加强计量验收制度,如有短缺、损坏,一律按原价赔偿,计入项目成本(短损数＝进场数－退场数)。

(4)租用周转材料的进退场运费,按其实际发生数,由调入项目负担。

(5)对 U 形卡、脚手扣件等零件,除执行租赁制外,考虑到其比较容易散失的因素,故按规定实行定额预提摊耗,摊耗数计入项目成本,相应减少次月租赁基数及租费。单位工程竣工,必须进行盘点,盘点后的实物数与前期逐月按控制定额摊耗后的数量差,按实调整清算计入成本。

(6)实行租赁制的周转材料,一般不再分配负担周转材料差价。

4. 机械使用费核算

(1)机械设备实行内部租赁制,以租赁费形式反映其消耗情况,按"谁租用谁负担"原则,核算其项目成本。

(2)按机械设备租赁办法和租赁合同,由企业内部机械设备租赁市场与项目经理部按月结算租赁费。租赁费根据机械使用台班、停置台班和内部租赁单价计算,计入项目成本。

(3)机械进出场费,按规定由承租项目负担。

(4)项目经理部租赁的各类中小型机械,其租赁费全额计入项目机械费成本。

(5)根据内部机械设备租赁运行规则要求,结算原始凭证由项目经理部指定专人签证开班和停班数,据以结算费用。现场机、电、修等操作工奖金由项目经理部考核支付,计入项目机械成本并分配到有关单位工程。

(6)向外单位租赁机械,按当月租赁费用全额计入项目机械费成本。

5. 分包工程成本核算

(1)包清工程,如前所述纳入"人工费—外包人工费"内核算。

(2)部位分项分包工程,如前所述纳入结构件费内核算。

(3)双包工程,是指将整幢建筑物以包工包料的形式包给外单位施工的工程。可根据承包合同取费情况和发包(双包)合同支付情况,即上下合同差,测定目标营利率。月度结算时,以双包工程已完工程价款作收入,应付双包单位工程款作支出,适当负担施工间接费,预结降低额。为稳妥起见,拟控制在目标营利率的 50%以内,也可在月结成本时作收支持平,竣工结算时,再按实调整实际成本,反映利润。

(4)机械作业分包工程,是指利用分包单位专业化的施工优势,将打桩、吊装、大型土方、深基础等施工项目分包给专业单位施工的形式。对机械作业分包产值统计的范围是,只统计分包费用,而不包括物耗价值。机械作业分包实际成本与此对应,包括分包结账单内除工期费之外的全部工程费。

同双包工程一样,总分包企业合同差,包括总包单位管理费,分包单位让利收益等,在月结成本时,可先预结一部分,或月结时作收支持平处理,到竣工结算时,再作项目效益反映。

(5)上述双包工程和机械作业分包工程由于收入和支出比较容易辨认(计算),所以项目经理部也可以对这两项分包工程采用竣工点交办法,即月度不结盈亏。

施工成本核算方法

任务单元五　施工成本分析

一、施工成本分析的依据

施工成本分析，一方面是根据会计核算、业务核算和统计核算提供的资料，对施工成本的形成过程和影响成本升降的因素进行分析，以寻求进一步降低成本的途径；另一方面，通过对成本的分析，可以从账簿、报表反映的成本现象看清成本的实质，从而增强项目成本的透明度和可控性，为加强成本控制，实现项目成本目标创造条件。

1. 会计核算

会计核算主要是价值核算。会计是对一定单位的经济业务进行计量、记录、分析和检查，作出预测，参与决策，实行监督，旨在实现最优经济效益的一种管理活动。它通过设置账户、复式记账、填制和审核凭证、登记账簿、成本计算、财产清查和编制会计报表等一系列有组织有系统的方法，来记录企业的一切生产经营活动，然后据以提出一些用货币来反映有关各种综合性经济指标的数据。

2. 业务核算

业务核算是各业务部门根据业务工作的需要而建立的核算制度，它包括原始记录和计算登记表。业务核算的范围比会计、统计核算要广，会计和统计核算一般是对已经发生的经济活动进行核算，业务核算不但可以对已经发生的，而且可以对尚未发生或正在发生的经济活动进行核算，看是否可以做，是否有经济效果。

3. 统计核算

统计核算是利用会计核算资料和业务核算资料，把企业生产经营活动客观现状的大量数据，按统计方法加以系统整理，表明其规律性。

二、施工成本分析的方法

(一)成本分析的基本方法

1. 比较法

比较法又称为"指标对比分析法"，其是通过技术经济指标的对比，检查目标的完成情况，分析产生差异的原因，进而挖掘内部潜力的方法，通常有以下形式：

(1)将实际指标与目标指标对比。以此检查目标完成的情况，分析影响目标完成的积极因素和消极因素，以便及时采取措施，保证成本目标的实现。在进行实际指标与目标指标对比时，还应注意目标本身有无问题。如果目标本身出现问题，则应调整目标，重新正确评价实际工作的成绩。

(2)本期实际指标与上期实际指标对比。通过本期实际指标与上期实际指标对比，可以看出各项技术经济指标的变动情况，反映施工管理水平的提高程度。

(3)与本行业平均水平、先进水平对比。通过这种对比，可以反映本项目的技术管理和经济管理与行业的平均水平和先进水平的差距，进而采取措施赶超先进水平。

【例 2-8】 某项目本年度"三材"的目标为 100 000 元，实际节约 120 000 元，上年节约 95 000 元，本企业先进水平节约 130 000 元。根据上述资料编制分析表，见表 2-8。

表 2-8 实际指标与目标指标、上期指标、先进水平对比表　　　　　　元

指标	本年目标数	上年实际数	企业先进成本	本年实际数	差异数		
					与目标比	与上年比	与先进比
"三材"节约额	100 000	95 000	130 000	120 000	+20 000	+25 000	-10 000

2. 因素分析法

因素分析法又称为连锁置换法或连环替代法。因素分析法是将某一综合性指标分解为各个相互关联的因素，通过测定这些因素对综合性指标差异额的影响程度进行分析评价计划指标执行情况的方法。在成本分析中采用因素分析法，就是将构成成本的各种因素进行分解，测定各个因素变动对成本计划完成情况的影响程度，据此对企业的成本计划执行情况进行评价，并提出进一步的改进措施。在进行分析时，首先要假定若干因素中的一个因素发生了变化，而其他因素则不变，然后逐个替换，并分别比较其计算结果，以确定各个因素变化对成本的影响程度。因素分析法的计算步骤如下：

(1)将要分析的某项经济指标分解为若干个因素的乘积。在分解时应注意经济指标的组成因素应能够反映形成该项指标差异的内在构成原因，否则，计算的结果就不准确。如材料费用指标可分解为产品产量、单位消耗量与单价的乘积。但它不能分解为生产该产品的天数、每天用料量与产品产量的乘积。因为这种构成方式不能全面反映产品材料费用的构成情况。

(2)计算经济指标的实际数与基期数(如计划数、上期数等)，从而形成了两个指标体系。这两个指标的差额，即实际指标减基期指标的差额，就是所要分析的对象。各因素变动对所要分析的经济指标完成情况影响合计数，应与该分析对象相等。

(3)确定各因素的替代顺序。在确定经济指标因素的组成时，其先后顺序就是分析时的替代顺序。在确定替代顺序时，应从各个因素相互依存的关系出发，使分析的结果有助于分清经济责任。替代的顺序一般是先替代数量指标，后替代质量指标；先替代实物量指标，后替代货币量指标；先替代主要指标，后替代次要指标。

(4)计算替代指标。其方法是以基期数为基础，用实际指标体系中的各个因素，逐步顺序地替换。每次用实际数替换基数指标中的一个因素，就可以计算出一个指标。每次替换后，实际数保留下来，有几个因素就替换几次，就可以得出几个指标。在替换时要注意替换顺序，应采取连环的方式，不能间断，否则，计算出来的各因素的影响程度之和，就不能与经济指标实际数与基期数的差异额(即分析对象)相等。

(5)计算各因素变动对经济指标的影响程度。其方法是将每次替代所得到的结果与这一因素替代前的结果进行比较，其差额就是这一因素变动对经济指标的影响程度。

(6)将各因素变动对经济指标影响程度的数额相加，应与该项经济指标实际数与基期数的差额(即分析对象)相等。

【例 2-9】 某工程浇筑一层结构商品混凝土，目标成本为 397 800 元，实际成本为 412 080 元，比目标成本增加 14 280 元。根据表 2-9 的资料，用因素分析法分析其成本增加的原因。

表 2-9　商品混凝土目标成本与实际成本对比表

项目		计划	实际	差额
因素	产量/m³	500	510	+7 956
	单价/元	780	800	+10 404
	损耗率/%	2	1	−4 080
成本/元		397 800	412 080	+14 280

【解】分析对象：$C_a - C_p =$ 实际成本−计划成本$= 14\ 280$（元）

已知：成本＝产量×单价×(1+损耗率)

$$\text{计划指标 } C_p = 500 \times 780 \times 1.02 = 397\ 800\ (\text{元})$$
$$\text{第一次替代（产量因素）} C_1 = 510 \times 780 \times 1.02 = 405\ 756\ (\text{元})$$
$$\text{第二次替代（单价因素）} C_2 = 510 \times 800 \times 1.02 = 416\ 160\ (\text{元})$$
$$\text{实际指标（损耗率因素）} C_3 = 510 \times 800 \times 1.01 = 412\ 080\ (\text{元})$$

各因素变动对指标 N 的影响数额按下式计算：

$$\text{由于产量因素变动的影响} = 405\ 756 - 397\ 800 = +7\ 956\ (\text{元})$$
$$\text{由于单价因素变动的影响} = 416\ 160 - 405\ 756 = +10\ 404\ (\text{元})$$
$$\text{由于损耗率因素变动的影响} = 412\ 080 - 416\ 160 = -4\ 080\ (\text{元})$$

产量增加使成本增加了 7 956 元，单价提高使成本增加了 10 404 元，而损耗率下降使成本减少了 4 080 元。

各因素的影响程度之和＝7 956＋10 404−4 080＝14 280（元），与实际成本和目标成本的总差额相等。

为了使用方便，企业也可以通过运用因素分析表来求出各因素的变动对实际成本的影响程度，其具体形式见表 2-10。

表 2-10　商品混凝土成本变动因素分析　　　　　　　　　　　　　　元

顺序	循环替换计算	差异	因素分析
计划数	500×780×1.02＝397 800	—	—
第一次替换	510×780×1.02＝405 756	+7 956	由于产量增加 10 m³，使成本增加了 7 956 元
第二次替换	510×800×1.02＝416 160	+10 404	由于单价提高 20 元，使成本增加了 10 404 元
第三次替换	510×800×1.01＝412 080	−4 080	由于损耗率下降 1%，使成本减少了 4 080 元
合计	7 956＋10 404−4 080＝14 280	+14 280	由于三因素综合变动，使成本增加了 14 280 元

应当说明的是，采用因素分析法时应注意以下问题：

(1) 注意因素分解的关联性。

(2) 注意因素替代的顺序性。

(3)注意顺序替代的连环性。即计算每一个因素变动时,都在前一次计算的基础上进行,并采用连环比较的方法确定因素变化的影响结果。

(4)注意计算结果的假定性。连环替代法计算的各因素变动的影响数,会因替代计算的顺序不同而有差别,即其计算结果只是在某种假定前提下的结果,为此,财务分析人员在具体运用此方法时,应注意力求使这种假定是合乎逻辑的假定,是具有实际经济意义的假定,这样,计算结果的假定性,就不会妨碍分析的有效性。

3. 差额计算法

差额计算法是因素分析法的一种简化形式,它利用各个因素的目标值与实际值的差额来计算其对成本的影响程度。

$$差额＝计划值－实际值$$

我们仍以上述例2-9为例讲解,用差额计算法分析其成本增加的原因。

分析对象:$C_a - C_p$＝实际成本－计划成本＝14 280(元)

已知:成本＝产量×单价×(1＋损耗率)

　　　　由于产量因素变动的影响＝(510－500)×780×1.02＝＋7 956(元)
　　　　由于单价因素变动的影响＝510×(800－780)×1.02＝＋10 404(元)
　　　　由于损耗率因素变动的影响＝510×800×(1.01－1.02)＝－4 080(元)

各因素的影响程度之和＝7 956＋10 404－4 080＝14 280(元),与实际成本和目标成本的总差额相等。

4. 比率法

比率法是指用两个以上的指标的比例进行分析的方法,常用的比率法有以下三种:

(1)相关比率法。由于项目经济活动的各个方面是互相联系,互相依存,又互相影响的,因而将两个性质不同而又相关的指标加以对比,求出比率,并以此来考察经营成果的好坏。例如,产值和工资是两个不同的概念,但它们的关系又是投入与产出的关系。在一般情况下,都希望以最少的人工费支出完成最大的产值。因此,用产值工资率指标来考核人工费的支出水平,就很能说明问题。

(2)构成比率法。构成比率法又称为比重分析法或结构对比分析法。通过构成比率,可以考察成本总量的构成情况以及各成本项目占成本总量的比重,同时也可看出量、本、利的比例关系(即预算成本、实际成本和降低成本的比例关系),从而为寻求降低成本的途径指明方向。

(3)动态比率法。动态比率法就是将同类指标不同时期的数值进行对比分析,求出比率,以分析该项指标的发展方向和发展速度。动态比率的计算,通常采用基期指数和环比指数两种方法。

(二)综合成本的分析方法

综合成本是指涉及多种生产要素,并受多种因素影响的成本费用,如分部分项工程成本、月度成本、季度成本、年度成本等。由于这些成本都是随着项目施工的进展而逐步形成的,与生产经营有着密切的关系。因此,做好上述成本的分析工作,无疑将促进项目的生产经营管理,提高项目的经济效益。

1. 分部分项工程成本分析

分部分项工程成本分析是施工项目成本分析的基础。分部分项工程成本分析的对象为已完分部分项工程。分析的方法是:进行预算成本、计划成本和实际成本的"三算"对比,分别计算实际偏差和目标偏差,分析偏差产生的原因,为今后的分部分项工程成本寻求节约途径。

分部分项工程成本分析的资料来源是:预算成本来自施工图预算,计划成本来自施工预算,实际成本来自施工任务单的实际工程量、实耗人工和限额领料单的实耗材料。

由于施工项目包括很多分部分项工程,不可能也没有必要对每一个分部分项工程都进行成本分析。特别是一些工程量小、成本费用微不足道的零星工程。但是,对于那些主要分部分项工程,则必须进行成本分析,而且要做到从开工到竣工进行系统的成本分析。这是一项很有意义的工作,因为通过主要分部分项工程成本的系统分析,可以基本上了解项目成本形成的全过程,为竣工成本分析和今后的项目成本管理提供一份宝贵的参考资料。分部分项工程成本分析表见表2-11。

表2-11 分部分项工程成本分析表

单位工程:
分部分项工程名称:　　　　工程量:　　　　施工班组:　　　　施工日期:

工料名称	规格	单位	单价	预算成本		计划成本		实际成本		实际与预算比较		实际与计划比较	
				数量	金额	数量	金额	数量	金额	数量	金额	数量	金额
		合计											
实际与预算比较(预算=100)%													
实际与计划比较(计划=100)%													
节超原因说明													

2. 月(季)度成本分析

月(季)度的成本分析,是施工项目定期的、经常性的中间成本分析。对于有一次性特点的施工项目来说,有着特别重要的意义。因为,通过月(季)度成本分析,可以及时发现问题,以便按照成本目标指示的方向进行监督和控制,保证项目成本目标的实现。月(季)度成本分析的依据是当月(季)的成本报表。分析的方法通常有以下几个方面:

(1)通过实际成本与预算成本的对比,分析当月(季)的成本降低水平;通过累计实际成本与累计预算成本的对比,分析累计的成本降低水平,预测实现项目成本目标的前景。

(2)通过实际成本与计划成本的对比,分析计划成本的落实情况,以及目标管理中的问题和不足,进而采取措施,加强成本管理,保证计划成本的落实。

(3)通过对各成本项目的成本分析,可以了解成本总量的构成比例和成本管理的薄弱环节。例如:在成本分析中,发现人工费、施工机具使用费等项目大幅度超支,就应该对这些费用的收支配比关系认真研究,并采取对应的增收节支措施,防止今后再超支。如果是属于预算定额规定的"政策性"亏损,则应从控制支出着手,把超支额压缩到最低限度。

(4)通过主要技术经济指标的实际与计划的对比,分析产量、工期、质量、"三材"节约率、机械利用率等对成本的影响。

(5)通过对技术组织措施执行效果的分析,寻求更加有效的节约途径。

(6)分析其他有利条件和不利条件对成本的影响。

3. 年度成本分析

企业成本要求一年结算一次,不得将本年成本转入下一年度。而项目成本则以项目的寿命周期为结算期,要求从开工、竣工到保修期结束连续计算,最后结算出成本总量及其盈亏。由于项目的施工周期一般都比较长,除要进行月(季)度成本的核算和分析外,还要进行年度成本的核算和分析。这不仅是为了满足企业汇编年度成本报表的需要,同时也是项目成本管理的需要。因为通过年度成本的综合分析,可以总结一年来成本管理的成绩和不足,为今后的成本管理提供经验和教训,从而可对项目成本进行更有效的管理。

年度成本分析的依据是年度成本报表。年度成本分析的内容,除月(季)度成本分析的六个方面以外,重点是针对下一年度的施工进展情况,规划切实可行的成本管理措施,以保证施工项目成本目标的实现。

4. 竣工成本的综合分析

凡是有几个单位工程而且是单独进行成本核算(即成本核算对象)的施工项目,其竣工成本分析应以各单位工程竣工成本分析资料为基础,再加上项目经理部的经营效益(如资金调度、对外分包等所产生的效益)进行综合分析。如果施工项目只有一个成本核算对象(单位工程),就以该成本核算对象的竣工成本资料作为成本分析的依据。

单位工程竣工成本分析,应包括以下三方面内容:

(1)竣工成本分析;

(2)主要资源节超对比分析;

(3)主要技术节约措施及经济效果分析。

通过以上分析,可以全面了解单位工程的成本构成和降低成本的来源,对今后同类工程的成本管理具有参考价值。

综合训练题

一、单项选择题

1. 成本管理责任体系中,组织管理层的职能是( )。
   A. 只负责对经营管理费用的控制
   B. 只负责对生产成本的控制
   C. 发挥现场生产成本控制中心的管理职能
   D. 贯穿于项目投标、实施和结算过程,体现效益中心的管理职能

2. 在施工过程中,对影响施工成本的各种因素加强管理,并采取各种有效措施,将施工中实际发生的各项消耗和支出严格控制在成本计划范围内,指的是( )。

A. 施工成本预测　　　　　　　　　　B. 施工成本分析
　　C. 施工成本控制　　　　　　　　　　D. 施工成本核算
3. 施工成本核算中的"三同步"是指（　　）。
　　A. 计划成本、目标成本和实际成本同步
　　B. 形象进度、产值统计、实际成本归集同步
　　C. 成本核算资料（成本信息）与目标成本、预算成本同步
　　D. 形象进度、统计施工产值和实际成本归集均应是相同的数值
4. 对成本的形成过程和影响成本升降的因素进行分析，以寻求进一步降低成本的途径，指的是（　　）。
　　A. 施工成本控制　　　　　　　　　　B. 施工成本分析
　　C. 施工成本核算　　　　　　　　　　D. 施工成本考核
5. 下列属于施工成本管理组织措施的是（　　）。
　　A. 确定最佳的施工方案　　　　　　　B. 确定合理详细的工作流程
　　C. 确定和分解施工成本管理目标　　　D. 选用合适的合同结构
6. 将项目总施工成本分解到单项工程和单位工程中，再进一步分解为分部工程和分项工程，该种施工成本计划的编制方式属于（　　）。
　　A. 按施工成本组成编制　　　　　　　B. 按项目组成编制
　　C. 按工程进度编制　　　　　　　　　D. 按合同结构编制
7. 施工成本控制要以（　　）为依据，围绕降低工程成本这个目标，从预算收入和实际成本两方面，努力挖掘增收节支潜力，以求获得最大的经济效益。
　　A. 工程承包合同　　　　　　　　　　B. 施工成本计划
　　C. 进度报告　　　　　　　　　　　　D. 施工组织设计
8. 在施工成本控制的步骤中，控制工作的核心是（　　）。
　　A. 预测估计完成项目所需的总费用
　　B. 分析比较结果，以确定偏差的严重性和原因
　　C. 采取适当措施纠偏
　　D. 检查纠偏措施的执行情况
9. 施工成本控制的步骤中，最具实质性的一步是（　　）。
　　A. 预测　　　　B. 比较　　　　C. 分析　　　　D. 纠偏
10. 针对成本偏差，需要进行纠偏，其首先要确定的是（　　）。
　　A. 成本计划的修正　　　　　　　　　B. 纠偏的主要对象
　　C. 纠偏的经济措施　　　　　　　　　D. 纠偏的组织措施
11. 赢得值法评价指标之一的费用偏差反映的是（　　）。
　　A. 统计偏差　　B. 平均偏差　　C. 绝对偏差　　D. 相对偏差
12. 施工成本分析的依据中，对经济活动进行核算，其范围最广的是（　　）。
　　A. 会计核算　　B. 成本核算　　C. 统计核算　　D. 业务核算
13. 在综合成本分析方法中，可作为施工项目成本分析基础的是（　　）。
　　A. 月（季）度成本分析　　　　　　　B. 分部分项工程成本分析
　　C. 年度成本分析　　　　　　　　　　D. 单位工程竣工成本分析
14. 在分部分项工程成本分析中，目标成本应来自（　　）。
　　A. 概算成本　　B. 投标报价　　C. 施工预算　　D. 实际成本
15. 以项目实施方案为依据，落实项目经理责任目标为出发点，采用企业的施工定额，通

过编制施工预算而形成的施工成本计划是一种( )成本计划。
  A. 竞争性   B. 参考性   C. 实施性   D. 战略性
16. 实施性施工成本计划应当以( )为主要依据编制。
  A. 预算定额   B. 施工定额   C. 概算定额   D. 估算指标
17. 以工程承包合同、施工组织设计、要素市场价格等为依据编制，对实现降低施工成本任务具有直接指导作用的文件是( )。
  A. 施工成本分析报告   B. 施工成本计划
  C. 施工成本核算资料   D. 施工成本预测报告
18. 施工成本管理的任务不包括( )。
  A. 成本预测   B. 成本措施
  C. 成本分析   D. 成本核算

背景材料：
某建筑公司组建蓝天工程项目部，负责蓝天大厦的工程施工。施工项目经理部按照公司制定的材料消耗量定额，实施施工成本的全过程管理，并根据工程实际，合理安排施工生产、加强机械调度等，采取各种措施控制成本。

根据背景材料，回答以下问题：

19. 进行施工成本的控制，施工项目经理部对水泥、木材等用量的控制适宜采用的方法是( )。
  A. 限额发料   B. 领用指标   C. 计划管理   D. 作业包干
20. 在施工成本的控制过程中，施工项目经理部除对人工费、材料费和施工机械使用费进行控制外，还需控制的有( )。
  A. 工程设计费用   B. 工程监理费用
  C. 业主建设管理成本   D. 工程分包费用
21. 施工项目经理部在对施工机械使用费支出的控制过程中，采取合理安排施工生产、加强机械调度工作等成本控制措施，主要是控制机械的( )。
  A. 台班单价   B. 台班数量
  C. 台班保养费   D. 台班质量

背景材料：
某地下工程合同约定，计划1月份开挖土方80 000 m^3，2月份开挖160 000 m^3，合同单价均为85元/m^3；计划3月份完成混凝土工程量500 m^3，4月份完成450 m^3，合同单价均为600元/m^3。而至各月底，经确认的工程实际进展情况为：1月份实际开挖土方90 000 m^3，2月份开挖180 000 m^3，实际单价均为72元/m^3；3月份和4月份实际完成的混凝土工程量均为400 m^3，实际单价700元/m^3。

根据背景材料，回答以下问题

22. 到1月底，该工程的费用偏差(CV)为( )万元。
  A. 117   B. −117   C. 85   D. −85
23. 到2月底，该工程以工作量表示的进度偏差(SV)为( )万元。
  A. 170   B. −170   C. 255   D. −255
24. 到3月底，该工程的费用绩效指数为( )。
  A. 0.800   B. 1.176   C. 0.857   D. 1.250
25. 到4月底，该工程的进度绩效指数为( )。
  A. 0.857   B. 1.117   C. 1.125   D. 1.167

二、多项选择题

1. 下列关于施工成本控制的说法，正确的选项有（　　）。
   A. 施工成本控制应贯穿于项目从投标开始到工程竣工验收的全过程
   B. 施工成本控制应对成本的形成过程进行分析，并寻求进一步降低成本的途径
   C. 施工成本控制需按动态控制原理对实际施工成本的发生过程进行有效控制
   D. 进度报告和工程变更及索赔资料是施工成本控制过程中的动态资料
   E. 合同文件和成本计划是成本控制的目标

2. 施工成本控制可分为（　　）。
   A. 主动控制　　　　　　　　　　B. 事中控制
   C. 事先控制　　　　　　　　　　D. 被动控制
   E. 事后控制

3. 经济措施是最易为人们所接受和采用的措施，如（　　）等。
   A. 加强施工调度，避免因施工计划不周和盲目调度造成窝工损失使施工成本增加
   B. 管理人员应编制资金使用计划，确定、分解施工成本管理目标
   C. 对各种变更，及时做好增减账，及时落实业主签证
   D. 认真做好资金的使用计划，并在施工中严格控制各项开支
   E. 结合项目的施工组织设计及自然地理条件，降低材料的库存成本和运输成本

4. 下列属于建筑公司施工成本核算的基本内容是（　　）。
   A. 材料费核算　　　　　　　　　B. 周转材料费核算
   C. 结构件费核算　　　　　　　　D. 辅助材料费核算
   E. 机械使用费核算

5. 关于施工成本管理的各个任务，下列说法正确的有（　　）。
   A. 一个施工项目成本计划应包括从开工到竣工所必需的成本
   B. 施工成本控制的工作之一是计算实际成本和预测成本之间的差异并进行分析
   C. 项目经理应该把施工项目成本分析的重点放在影响施工项目成本升降的内部因素上，而不是外部因素上
   D. 运用技术纠偏措施的关键之一就是要能提出多个不同的技术方案
   E. 施工成本计划的编制依据不应包括企业的财务历史资料

6. 下列施工成本管理措施中，属于组织措施的有（　　）。
   A. 实行项目经理责任制
   B. 防止和处理好与业主和分包商之间的索赔
   C. 对施工成本管理目标进行风险分析，并制定防范性对策
   D. 编制工作计划和工作流程图
   E. 对不同的技术方案进行技术经济分析

7. 根据项目管理的需要，实施性成本计划可按（　　）分别编制施工成本计划。
   A. 施工成本组成　　　　　　　　B. 子项目组成
   C. 工程进度　　　　　　　　　　D. 竞争性成本
   E. 指导性成本

8. 下列属于编制施工成本计划的依据是（　　）。
   A. 施工预算　　　　　　　　　　B. 成本预算
   C. 分包合同　　　　　　　　　　D. 物资采购合同
   E. 设计方案

9. 如果将按子项目分解项目总施工成本与按施工成本构成分解项目总施工成本两种方法相结合,有助于( )。
   A. 既方便地表示时间,又能表示出施工成本支出计划
   B. 检查各分部分项工程施工成本构成是否完整
   C. 横向按施工成本构成分解,纵向按项目分解
   D. 检查各项具体的施工成本支出对象是否明确或落实
   E. 从数字上校核分解的结果有无错误
10. 按工程进度编制施工成本计划时的主要做法有( )。
   A. 通常利用控制项目进度的网络图进一步扩充而得
   B. 除确定完成工作所需时间外,还要确定完成这一工作的成本支出
   C. 将按项目分解的成本计划与按成本构成分解的成本计划相结合
   D. 要求同时考虑进度控制和成本支出对项目划分的要求,做到两者兼顾
   E. 应考虑进度控制对项目划分的要求,不必考虑成本支出对项目划分的要求

三、简答题

1. 简述施工项目成本管理的含义和作用。
2. 施工项目成本控制的基本原则有哪些?
3. 施工项目成本控制的方法有哪些?
4. 施工项目成本核算的内容有哪些?
5. 施工项目成本分析的方法有哪些?

四、综合题

某工程计划进度与实际进度如图 2-10 所示。图中实线表示计划进度(进度线上方的数据为每周预算费用),虚线表示实际进度(进度线上方的数据为每周实际费用),假定各分项工程每周计划进度与实际进度均为匀速进度,而且各分项工程实际完成总工程量与计划完成总工程量相等。

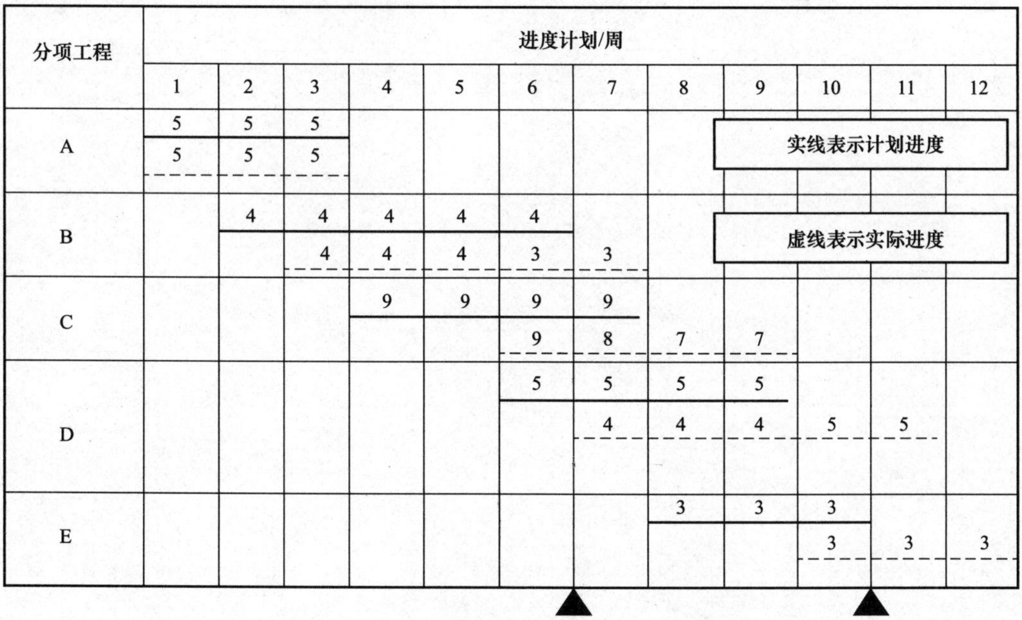

分项工程	进度计划/周											
	1	2	3	4	5	6	7	8	9	10	11	12
A	5 5 5 5 5 5							实线表示计划进度				
B				4 4 4 4 4 4 4 4 3 3				虚线表示实际进度				
C						9 9 9 9 9 8 7 7						
D						5 5 5 5 4 4 4 5 5						
E								3 3 3 3 3 3				

图 2-10 某工程计划进度与实际进度

问题：
1. 计算每周投资数据，并将结果填入表内。
2. 绘制该工程三种投资曲线，即：
(1) 计划工作预算费用曲线；
(2) 已完工作实际费用曲线；
(3) 已完工作预算费用曲线。
3. 分析第6周末和第10周末的费用偏差和进度偏差。

项目三 建筑工程项目进度管理

学习目标

1. 了解影响建筑工程进度的因素，计算机辅助建设项目进度控制的意义。
2. 熟悉施工进度计划的编制方法，施工进度计划实施中的检查方式和方法，网络计划与横道计划的优缺点，双代号网络图的绘图规则和绘制方法。
3. 掌握进度控制的措施，施工进度控制的工作内容，施工进度计划的调整方法及其相应措施，网络计划时间参数的计算方法，关键线路和关键工作的确定方法；双代号时标网络计划的绘制与应用，实际进度与计划进度的比较方法（横道图比较法、S形曲线比较法、香蕉曲线比较法、前锋线比较法、列表比较法），进度计划实施中的调整方法。

引 例

【背景材料】

某项建筑工程可分解为15个工作，根据工作的逻辑关系绘成的双代号时标网络图如图3-1所示。工程实施至第12天末进行检查时，A、B、C三项工作已完成，D、G工作分别实际完成5天的工作量，E工作完成了4天的工作量，请分析判断：

(1)按工作最早完成时刻计，D、E、G三项工作是否已推迟？各为多少天？

(2)哪一个工作对工程如期完成会构成威胁？工期是否要推迟？可能推迟多少天？

(3)当J、K、L三个工作不能缩短持续时间的情况下，要调整哪些工作的持续时间最有可能使工程如期竣工？

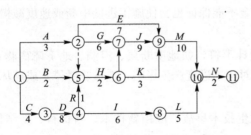

图3-1 某工程双代号时标网络图

三峡大坝工程

任务单元一　建筑工程项目进度管理概述

一、建筑工程项目进度管理的概念

建筑工程项目进度控制与成本控制、质量控制一样,是项目施工中的重点控制内容之一。它是保证施工项目按期完成,合理安排资源供应、节约工程成本的重要措施。

建筑工程项目进度管理,即在经确认的进度计划的基础上实施工程各项具体工作,在一定控制期内检查实际进度完成情况,并将其与进度计划相比较,若出现偏差,便分析产生的原因和对工期的影响程度,找出必要的调整措施,修改原计划,不断如此循环,直至工程项目竣工验收。施工项目进度控制的总目标是确保施工项目的既定目标工期的实现,或者在保证施工质量和不因此而增加施工实际成本的条件下,适当缩短施工工期。

二、影响建筑工程项目进度的因素

由于建筑工程项目自身的特点,尤其是较大和复杂的工程项目,工期较长,影响进度的因素较多。编制计划和执行控制施工进度计划时必须充分认识和估计到这些因素,才能克服其影响,使施工进度尽可能按计划进行。当出现偏差时,应考虑有关影响因素,分析产生的原因。其主要影响因素如下。

1. 有关单位的影响

建筑工程项目的主要施工单位对施工进度起决定性作用,但是建设单位与业主,设计单位,银行信贷单位,材料设备供应部门,运输部门,水、电供应部门及政府有关主管部门都可能给施工某些方面造成困难而影响施工进度。其中,设计单位的图纸设计不及时和有错误以及有关部门或业主对设计方案的变动是经常发生和影响最大的因素。材料和设备不能按期供应,或质量、规格不符合要求,都将使施工停顿。资金不能保证也会使施工进度中断或速度减慢等。

2. 施工条件的变化

工程地质条件和水文地质条件与勘察设计不符,如地质断层、溶洞、地下障碍物、软弱地基以及恶劣的气候、暴雨、高温和洪水等都对施工进度产生影响,造成临时停工或破坏。

3. 技术失误

施工单位采用技术措施不当,施工中发生技术事故;应用新技术、新材料、新结构缺乏经验,不能保证质量等都要影响施工进度。

4. 施工组织管理不利

流水施工组织不合理、劳动力和施工机械调配不当、施工平面布置不合理等将影响施工进度计划的执行。

5. 意外事件以及不可抗力因素

施工中如果出现意外事件,如战争、严重自然灾害、火灾、重大工程事故、工人罢工等,都会影响施工进度计划。

三、建筑工程项目进度控制的原理

1. 动态控制原理

建筑工程项目进度控制是一个不断进行的动态控制,也是一个循环进行的过程。它是从项目施工开始,实际进度就出现了运动的轨迹,也就是计划进入执行的动态。实际进度按照计划进度进行时,两者相吻合,当实际进度与计划进度不一致时,便产生超前或落后的偏差。分析偏差的原因,采取相应的措施,调整原来计划,使两者在新的起点上重合,继续按其进行施工活动,并且尽量发挥组织管理的作用,使实际工作按计划进行。但是在新的干扰因素的作用下,又会产生新的偏差。施工进度计划控制就是采用这种动态循环的控制方法,如图3-2所示。

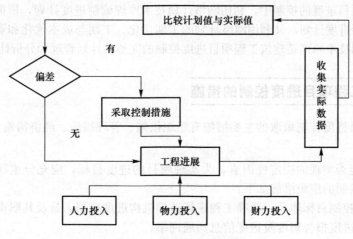

图 3-2 动态控制原理图

2. 系统原理

建筑工程项目计划系统为了对项目实行进度计划控制,首先必须编制各种进度计划。其中,有建筑工程项目总进度计划、单位工程进度计划、分部分项工程进度计划、季度和月(旬)作业计划,这些计划组成一个进度计划系统。在执行计划时,从月(旬)作业计划开始实施,逐级按目标控制,从而达到对建筑工程项目进行整体进度控制的目标。施工组织各级负责人,由项目经理、施工队长、班组长及其所属全体成员组成了建筑工程项目实施的完整组织系统。该组织系统为了保证施工项目进度的,还有一个项目进度的检查控制系统。不同层次人员负有不同进度控制职责,分工协作,形成一个纵、横连接的建筑工程项目控制组织系统。实施是计划控制的落实,控制是保证计划按期实施。

3. 信息反馈原理

信息反馈是建筑工程项目进度控制的主要环节,施工的实际进度通过信息反馈给基层施工项目进度控制的工作人员,在分工的职责范围内,经过对其加工,再将信息逐级向上反馈,直到主控制室,主控制室整理统计各方面的信息,经比较分析作出决策,调整进度计划,仍使其符合预定工期目标。若不应用信息反馈原理不断地进行信息反馈,则无法进行计划控制。施工项目进度控制的过程就是信息反馈的过程。

4. 弹性原理

建筑工程项目进度计划工期长、影响进度的原因多,其中,有的已被人们掌握,根据统计经验估计出影响的程度和出现的可能性,并在确定进度目标时,进行实现目标的风险分析。计划编制者具备了这些知识和实践经验之后，编制建筑工程项目进度计划时就会留有余地，使建筑工程项目进度计划具有弹性。在进行进度控制时，便可以利用这些弹性，缩短有关工作的时间，或者改变它们之间的搭接关系，使在检查之前拖延的工期，通过缩短剩余计划工期的方法，仍然达到预期的计划目标。这就是建筑工程项目进度控制中对弹性原理的应用。

5. 封闭循环原理

项目的进度计划控制的全过程是计划、实施、检查、比较分析、确定调整措施、再计划。从编制项目施工进度计划开始，经过实施过程中的跟踪检查，收集有关实际进度的信息，比较和分析实际进度与施工计划进度之间的偏差，找出产生原因和解决办法，确定调整措施，再修改原进度计划，形成一个封闭的循环系统。

6. 网络计划技术原理

在建筑工程项目进度的控制中，利用网络计划技术原理编制进度计划，根据收集的实际进度信息，比较和分析进度计划，又利用网络计划的工期优化、工期与成本优化和资源优化的理论调整计划。网络计划技术原理是建筑工程项目进度控制的完整的计划管理和分析计算理论基础。

四、建筑工程项目进度控制的措施

建筑工程项目进度控制采取的主要措施有组织措施、管理措施、经济措施、技术措施等。

1. 组织措施

组织是目标能否实现的决定性因素，为实现项目的进度目标，应充分重视健全项目管理的组织体系。进度控制的组织措施如下：

(1)建立进度控制目标体系，明确工程现场监理机构进度控制人员及其职责分工；

(2)建立工程进度报告制度及进度信息沟通网络；

(3)建立进度计划审核制度和进度计划实施中的检查分析制度；

(4)建立进度协调会议制度，包括协调会议举行的时间、地点、参加人员等；

(5)建立图纸审查、工程变更和设计变更管理制度。

2. 管理措施

工程项目进度控制的管理措施涉及管理的思想、管理的方法、管理的手段、承发包模式、合同管理和风险管理等。进度控制的管理措施如下：

(1)用工程网络计划方法编制进度计划；

(2)承发包模式(直接影响工程实施的组织和协调)、合同结构、物资采购模式选择；

(3)分析影响进度的风险，采取风险管理措施；

(4)重视信息技术在进度控制中的应用。

3. 经济措施

经济措施是指实现进度计划的资金保证措施及可能的奖惩措施。进度控制的经济措施如下：

(1)资金需求计划；

(2)资金供应条件(也是工程融资的重要依据，包括资金总供应量、资金来源、资金供应的时间)；

(3)经济激励措施；

(4)考虑加快工程进度所需资金；

(5)对工程延误收取误期损失赔偿金。

4. 技术措施

技术措施是指切实可行的施工部署及施工方案等。工程项目进度控制的技术措施涉及对实现进度目标有利的设计技术和施工技术的选用。进度控制的技术措施如下：

(1)对设计技术与工程进度关系做分析比较；

(2)有无改变施工技术、施工方法和施工机械的可能性；

(3)审查承包商提交的进度计划，使承包商能在合理的状态下施工；

(4)编制进度控制工作细则，指导监理人员实施进度控制；

(5)采用网络计划技术及其他科学适用的计划方法，并结合计算机的应用，对建筑工程进度实施动态控制。

五、建筑工程项目进度控制的目的及任务

进度控制的目的是通过控制以实现工程的进度目标。在工程施工实践中，必须树立和坚持一个最基本的工程管理原则，即在确保工程质量的前提下，控制工程的进度。

项目各参与方进度控制的目的和时间范畴各不相同，具体如下：

(1)业主方进度控制的任务是控制整个项目实施阶段的进度，包括控制设计准备阶段的工作进度、设计工作进度、施工进度、物资采购工作进度，以及项目动工前准备阶段的工作进度。

(2)设计方进度控制的任务是依据设计任务委托合同对设计工作进度的要求控制设计工作进度，这是设计方履行合同的义务。另外，设计方应尽可能使设计工作的进度与招标、施工和物资采购等工作进度相协调。

在国际上，设计进度计划主要是各设计阶段的设计图纸(包括有关的说明)的出图计划，在出图计划中标明每张图纸的出图日期。

(3)施工方进度控制的任务是依据施工任务委托合同对施工进度的要求控制施工进度，这是施工方履行合同的义务，在进度计划编制方面，施工方应视项目的特点和施工进度控制的需要，编制深度不同的控制性、指导性和实施性施工的进度计划，以及按不同计划周期(年度、季度、月度和旬)的施工计划等控制施工进度。

(4)供货方进度控制的任务是依据供货合同对供货的要求控制供货进度，这是供货方履行合同的义务。供货进度计划应包括供货的所有环节，如采购、加工制造、运输等。

任务单元二　建筑工程项目进度计划的编制

一、建筑工程项目进度计划的分类

1. 按项目范围(编制对象)划分

(1)施工总进度计划。施工总进度计划是以整个建设项目为对象来编制的，它确定各单项工程的施工顺序和开、竣工时间以及相互衔接关系，施工总进度计划属于概略的控制性进度计划，综合平衡各施工阶段工程的工程量和投资分配。其内容如下：

1)编制说明，包括编制依据、编制步骤和内容。

2)进度总计划表，可以采用横道图或者网络图形式。

3)分期分批施工工程的开、竣工日期，工期一览表。

4)资源供应平衡表，即为满足进度控制而需要的资源供应计划。

(2)单位工程施工进度计划。单位工程施工进度计划是对单位工程中的各分部分项工程的计划安排,并以此为依据确定施工作业所必需的劳动力和各种技术物资供应计划。其内容如下:

1)编制说明,包括编制依据、编制步骤和内容。

2)单位工程进度计划表。

3)单位工程施工进度计划的风险分析及控制措施,包括由于不可预见的因素,如不可抗力、工程变更等原因致使计划无法按时完成时而采取的措施。

(3)分部分项工程进度计划。分部分项工程进度计划是针对项目中某一部分或某一专业工种的计划安排。

2. 按项目参与方划分

按照项目参与方划分,可分为业主方进度计划、设计方进度计划、施工方进度计划、供货方进度计划、建设项目总承包方进度计划。

3. 按时间划分

按照时间划分,可分为年度进度计划、季度进度计划及月、旬作业计划。

4. 按计划表达形式划分

按照计划表达形式划分,可分为文字说明计划、图表形式计划(横道图、网络图)。

上述分类形式具体如图3-3所示。

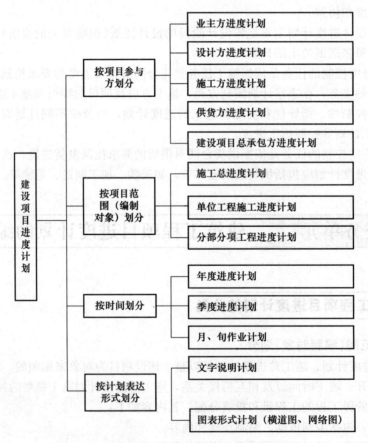

图3-3 施工进度计划分类

二、建筑工程项目进度计划的编制步骤

建筑工程项目进度计划系统是由多个相互关联的进度计划组成的系统,它是项目进度控制的依据。由于各种进度计划编制所需要的必要资料是在项目进展过程中逐步形成的,因此,项目进度计划系统的建立和完善也有一个过程,它是逐步形成的。根据项目进度计划不同的需要和不同的用途,各参与方可以构建多个不同的建筑工程项目进度计划系统,其内容如下:

(1)不同计划深度的进度计划组成的计划系统(施工总进度计划、单位工程施工进度计划)。

(2)不同计划功能的进度计划组成的计划系统(控制性、指导性、实施性进度计划)。

(3)不同项目参与方的进度计划组成的计划系统(业主方、设计方、施工方、供货方进度计划)。

(4)不同计划周期的进度计划组成的计划系统(年度进度计划,季度进度计划,月、旬作业计划)。

(一)施工总进度计划的编制步骤

1. 收集编制依据

(1)工程项目承包合同及招标投标书(工程项目承包合同中的施工组织设计、合同工期、开竣工日期及有关工期提前或延误调整的约定、工程材料、设备的订货、供货合同等)。

(2)工程项目全部设计施工图纸及变更洽商(建设项目的扩大初步设计、技术设计、施工图设计、设计说明书、建筑总平面图及变更洽商等)。

(3)工程项目所在地区位置的自然条件和技术经济条件(施工地质、环境、交通、水电条件等,建筑施工企业的人力、设备、技术和管理水平等)。

(4)施工部署及主要工程施工方案(施工顺序、流水段划分等)。

(5)工程项目需要的主要资源(劳动力状况、机具设备能力、物资供应来源条件等)。

(6)建设方及上级主管部门对施工的要求。

(7)现行规范、规程及有关技术规定(国家现行的施工及验收规范、操作规程、技术规定和技术经济指标)。

(8)其他资料(如类似工程的进度计划)。

2. 确定进度控制目标

根据施工合同确定单位工程的先后施工顺序,确定作为进度控制目标的工期。

3. 计算工程量

根据批准的工程项目一览表,按单位工程分别计算各主要项目的实物工程量。工程量的计算可以按照初步设计图纸和有关定额手册或资料进行。

4. 确定各单位工程施工工期

各单位工程的施工期限应根据合同工期确定,影响单位工程施工工期的因素很多,比如建筑类型、结构特征和工程规模,施工方法、施工技术和施工管理水平,劳动力和材料供应情况,以及施工现场的地形、地质条件等。各单位工程的工期应根据现场具体条件,综合考虑上述影响因素后予以确定。

5. 确定各单位工程搭接关系

(1)同一时期施工的项目不宜过多,以避免人力、物力过于分散。

(2)尽量做到均衡施工,以使劳动力、施工机械和主要材料的供应在整个工期范围内达到均衡。

(3)尽量提前建设可供工程施工使用的永久性工程,以节省临时工程费用。

(4)对于某些技术复杂、施工工期较长、施工困难较多的工程,应安排提前施工,以利于整个工程项目按期交付使用。

(5)施工顺序必须与主要生产系统投入生产的先后次序相吻合,同时还要安排好配套工程的施工时间,以保证建成的工程能迅速投入生产或交付使用。

(6)应注意季节对施工顺序的影响,使施工季节不影响工程工期,不影响工程质量。

(7)注意主要工种和主要施工机械能连续施工。

6. 编制施工总进度计划

首先,根据各施工项目的工期与搭接时间,以工程量大、工期长的单位工程为主导,编制初步施工总进度计划;其次,按照流水施工与综合平衡的要求,检查总工期是否符合要求,资源使用是否均衡且供应是否能得到满足,调整进度计划;最后,编制正式的施工总进度计划。

(二)单位工程施工进度计划的编制步骤

单位工程施工进度计划是施工单位在既定施工方案的基础上,根据规定的工期和各种资源供应条件,对单位工程中的各分部分项工程的施工顺序、施工起止时间及衔接关系进行合理安排。

1. 确定对单位工程施工进度计划的要求

研究施工图、施工组织设计、施工总进度计划,调查施工条件,以确定对单位工程施工进度计划的要求。

2. 划分施工过程

任何项目都是由许多施工过程所组成的,施工过程是施工进度计划的基本组成单元。在编制单位工程施工进度计划时,应按照图纸和施工顺序将拟建工程的各个施工过程列出,并结合施工方法、施工条件、劳动组织等因素,加以适当调整。施工过程划分应考虑以下因素:

(1)施工进度计划的性质和作用。一般来说,对规模大、工程复杂、工期长的建筑工程,编制控制性施工进度计划,施工过程划分可粗一些,综合性可大一些,一般可按分部工程划分施工过程。如:开工前准备、打桩工程、基础工程、主体结构工程等。

对中小型建筑工程以及工期不长的工程,编制实施性计划,其施工过程划分可细一些、具体些,要求把每个分部工程所包括的主要分项工程均——列出,起到指导施工的作用。

(2)施工方案及工程结构。不同的结构体系,其施工过程划分及其内容也各不相同。

(3)结构性质及劳动组织。施工过程的划分与施工班组的组织形式有关。如玻璃与油漆的施工,如果是单一工种组成的施工班组,可以划分为玻璃、油漆两个施工过程;同时为了阻止流水施工的方便或需要,也可合并成一个施工过程,这时施工班组是由多工种混合的混合班组。

(4)对施工过程进行适当合并,达到简明清晰。将一些次要的、穿插性的施工过程合并到主要施工过程中去,将一些虽然重要但是工程量不大的施工过程与相邻的施工过程合并,同一时期由同一工种施工的施工项目也可以合并在一起,将一些关系比较密切、不容易分出先后的施工过程进行合并。

(5)设备安装应单独列项。民用建筑的水、暖、煤、卫、电等房屋设备安装是建筑工程的重要组成部分,应单独列项;工业厂房的各种机电等设备安装也要单独列项。

(6)明确施工过程对施工进度的影响程度。有些施工过程直接在拟建工程上进行作业,占用时间、资源,对工程的完成与否起着决定性的作用。它在条件允许的情况下,可以缩短或延长工期。这类施工过程必须列入施工进度计划,如砌筑、安装、混凝土的养护等。另外,有些施工过程不占用拟建工程的工作面,虽需要一定的时间和消耗一定的资源,但不占用工期,所以不列入施工进度计划,如构件制作和运输等。

3. 编排合理的施工顺序

施工顺序一般按照所选的施工方法和施工机械的要求来确定。设计施工顺序时,必须根据工程的特点、技术上和组织上的要求以及施工方案等进行研究。

4. 计算各施工过程的工程量

施工过程确定之后,应根据施工图纸、有关工程量计算规则及相应的施工方法,分别计算各个施工过程的工程量。

5. 确定劳动量和机械需要量及持续时间

根据计算的工程量和实际采用的施工定额水平,即可进行劳动量和机械台班量的计算。

(1)劳动量的计算。劳动量也叫劳动工日数,凡是以手工操作为主的施工过程,其劳动量均可按下式计算:

$$P_i = Q_i / S_i \tag{3-1}$$

或者

$$P_i = Q_i H_i \tag{3-2}$$

式中 P_i——某施工过程所需劳动量(工日);

Q_i——该施工过程的工程量(m^2、m、t 等);

S_i——该施工过程采用的产量定额(m^2/工日、m/工日、t/工日等);

H_i——该施工过程采用的时间定额(工日/m^2、工日/m、工日/t 等)。

【例 3-1】 某单层工业厂房的柱基坑土方量为 3 240 m^3,采用人工挖土,查劳动定额得产量定额为 3.9 m^3/工日,试计算完成基坑挖土所需的劳动量。

【解】 $P = Q/S = 3\ 240/3.9 = 830.8$(工日)

取 831 个工日。

当某一施工过程是由两个或两个以上不同分项工程合并而成时,其总劳动量应按下式计算:

$$P_{总} = \sum P_i = P_1 + P_2 + \cdots + P_n \tag{3-3}$$

【例 3-2】 某钢筋混凝土基础工程,其支模板、绑扎钢筋、浇筑混凝土三个施工过程的工程量分别为 719.6 m^2、6.284 t、287.3 m^3,查劳动定额得时间定额分别为 0.253 工日/m^2、5.28 工日/t、0.833 工日/m^3,试计算完成钢筋混凝土基础所需劳动量。

【解】 $P_{模} = 719.6 \times 0.253 = 182.1$(工日)

$P_{筋} = 6.284 \times 5.28 = 33.2$(工日)

$P_{混凝土} = 287.3 \times 0.833 = 239.3$(工日)

$P_{基} = P_{模} + P_{筋} + P_{混凝土} = 182.1 + 33.2 + 239.3 = 454.6$(工日)

取 455 个工日。

当某一施工过程是由同一工种,但不同做法、不同材料的若干个分项工程合并组成时,可以先按下式计算其综合产量定额。

$$\overline{S} = \frac{\sum_{i=1}^{n} Q_i}{\sum_{i=1}^{n} P_i} = \frac{Q_1 + Q_2 + \cdots + Q_n}{P_1 + P_2 + \cdots + P_n} = \frac{Q_1 + Q_2 + \cdots + Q_n}{\dfrac{Q_1}{S_1} + \dfrac{Q_2}{S_2} + \cdots + \dfrac{Q_n}{S_n}} \tag{3-4}$$

$$H = 1/S$$

式中 S——某施工过程的综合产量定额;

H——某施工过程的综合时间定额;

$\sum Q_i$——总工程量;

$\sum P_i$——总劳动量(工日);

Q_1、Q_2、Q_n——同一施工过程的各分项工程的工程量;

P_1、P_2、P_n——同一施工过程的各分项工程的产量定额;

S_1、S_2、S_n——同一施工过程的各分项工程的产量定额。

【例3-3】 某工程外墙面装饰有外墙涂料、面砖、剁假石三种做法,其工程量分别为 930.5 m²、490.3 m²、185.3 m²,采用的产量定额分别为 7.56 m²/工日、4.05 m²/工日、3.05 m²/工日。试计算它们的综合产量定额。

【解】 $S = (930.5+490.3+185.3)/(930.5/7.56+490.3/4.05+185.3/3.05)$

$= 1606.1/304.90 = 5.27 (m²/工日)$

(2)机械台班量的计算。凡是采用以机械为主的施工过程,可采用下式计算其所需的机械台班数。

$$P_{机械} = Q_{机械}/S_{机械} \tag{3-5}$$

或

$$P_{机械} = Q_{机械} H_{机械} \tag{3-6}$$

式中 $P_{机械}$——某施工过程需要的机械台班数;

$Q_{机械}$——机械完成的工程量;

$S_{机械}$——机械的产量定额(m³/台班、t/台班等);

$H_{机械}$——机械的时间定额(台班/m³、台班/t 等)。

在实际计算中,$S_{机械}$ 或 $H_{机械}$ 的采用应根据机械的实际情况、施工条件等因素考虑确定,以便准确地计算所需的机械台班数。

【例3-4】 某工程基础挖土采用 W—100 型反铲挖土机,挖方量为 3 010 m³,经计算采用的机械台班产量为 120 m³/台班,计算挖土机所需台班量。

【解】 $P_{机械} = Q_{机械}/S_{机械} = 3010/120 = 25.08 (台班)$

取25个台班。

(3)持续时间。施工项目工作持续时间的计算方法一般有经验估计法、定额计算法和倒排计划法。

1)经验估计法。根据过去的经验进行估计,一般适用于采用新工艺、新技术、新结构、新材料等的工程。先估计出完成该施工项目的最乐观时间(A)、最悲观时间(B)和最可能时间(C)三种施工时间,然后按下式确定该施工项目的工作持续时间。

$$T = A + 4C + B/6 \tag{3-7}$$

2)定额计算法。根据施工项目需要的劳动量或机械台班量,以及配备的劳动人数或机械台数,来确定其工作持续时间。

$$T_i = P_i/(R_i \times b) \tag{3-8}$$

式中 T_i——以某手工操作为主的施工项目持续时间(天);

P_i——该施工项目所需的劳动量(工日);

R_i——该施工项目所配备的施工班组人数(人)或机械配备台数(台);

b——每天采用的工作班制(1~3班制)。

在应用上述公式时,必须先确定 R_i、b 的数值。

在确定施工班组人数时,应考虑最小劳动组合人数、最小工作面和可能安排的施工人数等因素。其中最小劳动组合即某一施工过程进行正常施工所必需的最低限度的班组人数及其合理组合。最小工作面即施工班组为保证安全生产和有效的操作所必需的工作面。可能安排的人数即施工单位所能配备的人数。

一般情况下,当工期允许、劳动力和机械周转使用不紧迫、施工工艺上无连续施工要求时,可采用一班制施工。当组织流水施工时,为了给第二天连续施工创造条件,某些施工准备工作或施工过程可考虑在夜班进行，即采用二班制施工。当工期较紧或为了提高施工机械的使用率及加快机械的周转使用，或工艺上要求连续施工时，某些施工项目可考虑二班制甚至三班制施工。

3) 倒排计划法。倒排计划法是根据流水施工方式及总工期要求，先确定施工时间和工作班制，再确定施工班组人数或机械台数。

根据 $R_i = P_i/(T_i \times b)$，如果计算得出的施工人数或机械台数对施工项目来说是过多或过少了，应根据施工现场条件、施工工作面大小、最小劳动组合、可能得到的人数和机械等因素合理确定。如果工期太紧，施工时间不能延长，则可考虑组织多班组、多班制的施工。

6. 编排施工进度计划

编制施工进度计划可使用网络计划图，也可使用横道计划图。

施工进度计划初步方案编制后，应检查各施工过程之间的施工顺序是否合理、工期是否满足要求、劳动力等资源需要量是否均衡，然后再进行调整，正式形成施工进度计划。

7. 编制劳动力和物资计划

有了施工进度计划后，还需要编制劳动力和物资需要量计划，附于施工进度计划之后。

三、建筑工程进度计划的表示方法

建筑工程进度计划的表示方法有多种，常用的有横道图和网络图两类。

(一) 横道图

横道图进度计划法（简称横道计划）是传统的进度计划方法，横道图是按时间坐标绘出的，横向线条表示工程各工序的施工起止时间先后顺序，整个计划由一系列横道线组成。横道图计划表中的进度线（横道）与时间坐标相对应，形象简单易懂，在相对简单、短期的项目中，横道图都得到了最广泛的运用。如图3-4所示。

编码	项目名称	时间/月	费用强度/(万元·月$^{-1}$)	工程进度/月											
				01	02	03	04	05	06	07	08	09	10	11	12
11	场地平整	1	20	—											
12	基础施工	3	15		—	—	—								
13	主体工程施工	5	30					—	—	—	—	—			
14	砌筑工程施工	3	20							—	—	—			
15	屋面工程施工	2	30									—	—		
16	楼地面施工	2	20										—	—	
17	室内设施安装	1	30											—	
18	室内装饰	1	20												—
19	室外装饰	1	10												—
20	其他工程	1	10												...

图3-4 横道图

横道图进度计划法的优点是比较容易编辑，简单、明了、直观、易懂；结合时间坐标，各项工作的起止时间、作业时间、工作进度、总工期都能一目了然；流水情况表示得很清楚。

但是，作为一种计划管理的工具，横道图有它的不足之处。首先，不容易看出工作之间的相互依赖、相互制约的关系；其次，反映不出哪些工作决定了总工期，更看不出各工作分别有无伸缩余地(即机动时间),有多大的伸缩余地;再次,由于它不是一个数学模型,不能实现定量分析,无法分析工作之间相互制约的数量关系;最后,横道图不能在执行情况偏离原定计划时,迅速而简单地进行调整和控制,更无法实行多方案的优选。

横道图的编制程序如下:①将构成整个工程的全部分项工程纵向排列填入表中;②横轴表示可能利用的工期;③分别计算所有分项工程施工所需要的时间;④如果在工期内能完成整个工程,则将第③项所计算出来的各分项工程所需工期安排在图表上,编排出日程表。这个日程的分配是为了要在预定的工期内完成整个工程,对各分项工程的所需时间和施工日期进行试算分配。

(二)网络图

与横道图相反,网络图计划方法(简称网络计划)能明确地反映出工程各组成工序之间的相互制约和依赖关系,可以用它进行时间分析,确定出哪些工序是影响工期的关键工序,以便施工管理人员集中精力抓施工中的主要矛盾,减少盲目性。而且它是一个定义明确的数学模型,可以建立各种调整优化方法,并可利用电子计算机进行分析计算。

在实际施工过程中,应注意横道计划和网络计划的结合使用。即在应用电子计算机编制施工进度计划时,先用网络方法进行时间分析,确定关键工序,进行调整优化,然后输出相应的横道计划用于指导现场施工。

网络计划技术的产生和发展

1. 网络计划的编制程序

在项目施工中用来指导施工、控制进度的施工进度网络计划,就是经过适当优化的施工网络。其编制程序如下:

(1)调查研究。就是了解和分析工程任务的构成和施工的客观条件,掌握编制进度计划所需的各种资料,特别要对施工图进行透彻研究,并尽可能对施工中可能发生的问题作出预测,考虑解决问题的对策等。

(2)确定方案。主要是指确定项目施工总体部署,划分施工阶段,制定施工方法,明确工艺流程,决定施工顺序等。这些一般都是施工组织设计中施工方案说明中的内容,且施工方案说明一般应在施工进度计划之前完成,故可直接从有关文件中获得。

(3)划分工序。根据工程内容和施工方案,将工程任务划分为若干道工序。一个项目划分为多少道工序,由项目的规模和复杂程度,以及计划管理的需要来决定,只要能满足工作需要就可以了,不必过分细。大体上要求每一道工序都有明确的任务内容,有一定的实物工程量和形象进度目标,能够满足指导施工作业的需要,完成与否有明确的判别标志。

(4)估算时间。即估算完成每道工序所需要的工作时间,也就是每项工作的延续时间,这是对计划进行定量分析的基础。

(5)编工序表。将项目的所有工序,依次列成表格,编排序号,以便于查对是否遗漏或重复,并分析相互之间的逻辑制约关系。

(6)画网络图。根据工序表画出网络图。工序表中所列出的工序逻辑关系,既包括工艺逻辑,也包含由施工组织方法决定的组织逻辑。

(7)画时标网络图。给上面的网络图加上时间横坐标,这时的网络图就叫作时标网络图。在时标网络图中,表示工序的箭线长度受时间坐标的限制,一道工序的箭线长度在时间坐标轴上的水平投影长度就是该工序延续时间的长短;工序的时差用波形线表示;虚工序延续时间为零,因而虚箭线在时间坐标轴上的投影长度也为零;虚工序的时差也用波形线表示。这种时标网络可以按工序的最早开工时间来画,也可以按工序的最迟开工时间来画,在实际应用中多是前者。

(8)画资源曲线。根据时标网络图可画出施工主要资源的计划用量曲线。

(9)可行性判断。主要是判别资源的计划用量是否超过实际可能的投入量。如果超过了,这个计划是不可行的,要进行调整,无非是要将施工高峰错开,削减资源用量高峰;或者改变施工方法,减少资源用量。这时就要增加或改变某些组织逻辑关系,重新绘制时间坐标网络图;如果资源计划用量不超过实际拥有量,那么这个计划是可行的。

(10)优化程度判别。可行的计划不一定是最优的计划。计划的优化是提高经济效益的关键步骤。所以,要判别计划是否最优,如果不是,就要进一步优化,如果计划的优化程度已经可以令人满意(往往不一定是最优),即可得到可以用来指导施工、控制进度的施工网络图。

大多数的工序都有确定的实物工程量,可按工序的工程量,并根据投入资源的多少及该工序的定额计算出作业时间。若该工序无定额可查,则可组织有关管理干部、技术人员、操作工人等,根据有关条件和经验,对完成该工序所需时间进行估计。

网络计划技术作为现代管理的方法与传统的计划管理方法相比较,具有明显优点,主要表现为:①利用网络图模型,明确表达各项工作的逻辑关系,即全面而明确地反映出各项工作之间的相互依赖、相互制约的关系。②通过网络图时间参数计算,确定关键工作和关键线路,便于在施工中集中力量抓住主要矛盾,确保竣工工期,避免盲目施工。③显示了机动时间,能从网络计划中预见其对后续工作及总工期的影响程度,便于采取措施,进行资源合理分配。④能够利用计算机绘图、计算和跟踪管理,方便网络计划的调整与控制。⑤便于优化和调整,加强管理,取得好、快、省的全面效果。

编制工程网络计划应符合现行国家标准《网络计划技术》(GB/T 13400.1~3)以及行业标准《工程网络计划技术规程》(JGJ/T 121—2015)的规定。我国《工程网络计划技术规程》(JGJ/T 121—2015)中推荐的常用的工程网络计划类型如下:

(1)双代号网络计划;
(2)单代号网络计划;
(3)双代号时标网络计划;
(4)单代号搭接网络计划。

下面以双代号网络图为例说明利用网络图表示进度计划的方法。

2. 双代号网络图的组成

双代号网络图由箭线、节点和线路组成,用来表示工作流程的有向、有序网状图形,如图3-5所示。一个网络图表示一项计划任务。双代号网络图用两个圆圈和一个箭杆表示一道工序,工序内容写在箭杆

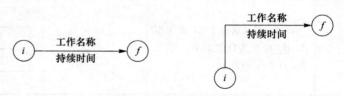

图3-5 双代号网络图表示法

上面,作业时间写在箭杆下面,箭尾表示工序的开始,箭头表示结束,圆圈表示先后两道工序之间的连接,在网络图中叫作节点,节点可以填入工序开始和结束时间,也可以表示代号。

(1)箭线:一条箭线表示一项工作,如砌墙、抹灰等。

工作所包括的范围可大可小,既可以是一道工序,也可以是一个分项工程或一个分部工程,甚至是一个单位工程。在无时标的网络图中,箭线的长短并不反映该工作占用时间的长短。箭线的方向表示工作进行的方向和前进的路线,箭线的尾端表示该项工作的开始,箭头端则表示该项工作的结束。箭线可以画成直线、斜线或折线。虚箭线可以起到联系和断路的作用。指向某个节点的箭线称为该节点的内向箭线;从某节点引出的箭线称为该节点的外向箭线。

(2)节点：节点代表一项工作的开始或结束。

除起点节点和终点节点外，任何中间节点既是前面工作的结束节点，也是后面工作的开始节点。节点是前后两项工作的交接点，它既不消耗时间，也不消耗资源。在双代号网络图中，一项工作可以用其箭线两端节点内的号码来表示。对于一项工作来说，其箭头节点的编号应大于箭尾节点的编号，即顺着箭线方向由小到大。

(3)线路：在网络图中，从起点节点开始，沿箭头方向顺序通过一系列箭线与节点，最后到达终点节点的通路称为线路。

线路上所有工作的持续时间总和称为该线路的总持续时间。总持续时间最长的线路称为关键线路，关键线路的长度就是网络计划的总工期。关键线路上的工作称为关键工作。关键工作的实际进度是建筑工程进度控制工作中的重点。在网络计划中，关键线路可能不止一条。而且在网络计划执行的过程中，关键线路还会发生转移。

3. 双代号网络图绘制的基本原则

网络图的绘制是网络计划方法应用的关键，要正确绘制网络图，必须正确反映各项工作之间的逻辑关系，遵守绘图的基本规则。各工作间的逻辑关系，既包括客观上的由工艺所决定的工作上的先后顺序关系，也包括施工组织所要求的工作之间相互制约、相互依赖的关系。逻辑关系表达得是否正确，是网络图能否反映工程实际情况的关键，而且逻辑关系搞错，图中各项工作参数的计算以及关键线路和工程工期都将随之发生错误。

(1)逻辑关系。逻辑关系是指项目中所含工作之间的先后顺序关系，就是要确定各项工作之间的顺序关系，具体包括工艺关系和组织关系。

工艺关系：生产性工作之间由工艺过程决定的、非生产性工作之间由工作程序决定的先后顺序关系称为工艺关系。

组织关系：工作之间由于组织安排需要或资源(劳动力、原材料、施工机具等)调配需要而规定的先后顺序关系称为组织关系。

在绘制网络图时，应特别注意虚箭线的使用。在某些情况下，必须借助虚箭线才能正确表达工作之间的逻辑关系，表3-1给出了双代号网络图中常见逻辑关系及其表示方法。

表3-1　双代号网络图中常见逻辑关系及其表示方法

序号	工作间逻辑关系	表示方法
1	A、B、C无紧前工作，即工作A、B、C均为计划的第一项工作，且平行进行	
2	A完成后，B、C、D才能开始	
3	A、B、C均完成后，D才能开始	

续表

序号	工作间逻辑关系	表示方法
4	A、B 均完成后，C、D 才能开始	
5	A 完成后，D 才能开始；A、B 均完成后，E 才能开始；A、B、C 均完成后，F 才能开始	
6	A 与 D 同时开始，B 为 A 的紧后工作；C 为 B、D 的紧后工作	
7	A、B 均完成后，D 才开始；A、B、C 均完成后，E 才开始；D、E 完成后，F 才开始	
8	A 结束后，B、C、D 才开始；B、C、D 结束后，E 才开始	
9	A、B 完成后，D 才能开始；B、C 完成后，E 才能开始	

序号	工作间逻辑关系	表示方法
10	工作 A、B 分为三个施工阶段,分段流水施工,a_1 完成后进行 a_2、b_1;a_2 完成后进行 a_3;a_2、b_1 完成后进行 b_2;a_3、b_2 完成后进行 b_3	第一种表示法 第二种表示法
11	A,B 均完成后,C 才能开始;A、B 分为 a_1、a_2、a_3 和 b_1、b_2、b_3 各三个施工段,C 分为 c_1、c_2、c_3 三个施工段,A、B、C 分三段作业交叉进行	

(2)绘图规则。

1)网络图中严禁出现从一个节点出发,顺箭头方向又回到原出发点的循环回路。如果出现循环回路,会造成逻辑关系混乱,使工作无法按顺序进行。当然,此时节点编号也发生错误。网络图中的箭线(包括虚箭线,以下同)应保持自左向右的方向,不应出现箭头指向左方的水平箭线和箭头偏向左方的斜向箭线。若遵循该规则绘制网络图,就不会出现循环回路,如图 3-6 所示。

2)网络图中严禁出现双向箭头和无箭头的连线。因为工作进行的方向不明确,因而不能达到网络图有向的要求,如图 3-7 所示。

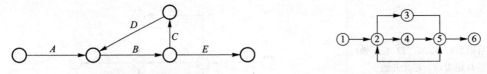

图 3-6 不允许出现循环回路　　　　　　　　图 3-7 严禁出现双向箭头和无箭头的连线

3)网络图中严禁出现没有箭尾节点的箭线和没有箭头节点的箭线。如图 3-8 所示即为错误的画法。

4)严禁在箭线上引入或引出箭线,如图 3-9 所示即为错误的画法。

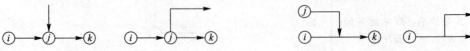

图 3-8 严禁出现没有箭尾节点的箭线　　　图 3-9 严禁在箭线上引入或引出箭线
和没有箭头节点的箭线

5)应尽量避免网络图中工作箭线的交叉。当交叉不可避免时,可以采用过桥法处理,如图 3-10 所示。

6)网络图中应只有一个起点节点和一个终点节点,如图 3-11 所示即为错误的画法。

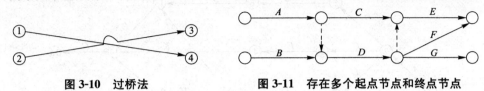

图 3-10 过桥法　　　　　图 3-11 存在多个起点节点和终点节点

7)当网络图的起点节点有多条箭线引出(外向箭线)或终点节点有多条箭线引入(内向箭线)时,为使图形简洁,可用母线法绘图,如图 3-12 所示。

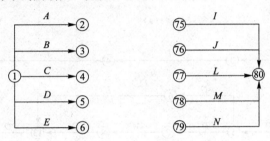

图 3-12 母线法

8)对平行搭接进行的工作,在双代号网络图中,应分段表达。如图 3-13 中所包含的工作为钢筋加工和钢筋绑扎,如果是分为三个施工段进行施工,则应表达成如图 3-13 所示的图形。

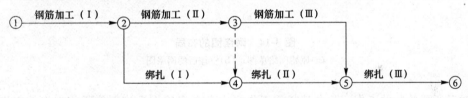

图 3-13 工作平行搭接的表达

9)网络图应条理清楚,布局合理。在正式绘图以前,应先绘出草图,然后再作调整,在调整过程中要做到突出重点工作,即尽量把关键线路安排在中心醒目的位置(如何找出关键线路,见后面的有关内容),把联系紧密的工作尽量安排在一起,使整个网络条理清楚,布局合理。如图 3-14 所示,图 3-14(b)由图 3-14(a)整理而得,看起来比图 3-14(a)整齐而合理。

(3)绘图步骤。当已知每一项工作的紧前工作时,可按下述步骤绘制双代号网络图:

1)绘制没有紧前工作的工作箭线,使它们具有相同的开始节点。

2)从左至右依次绘制其他工作箭线。

绘图应按下列原则进行:

1)当所要绘制的工作只有一项紧前工作时,则将该工作箭线直接画在其紧前工作箭线之后即可。

2)当所要绘制的工作有多项紧前工作时,应按不同情况分别予以考虑。

①对于所要绘制的工作,若在其紧前工作之中存在一项只作为该工作紧前工作的工作,则应将该工作箭线直接画在其紧前工作箭线之后,然后用虚箭线将其他紧前工作的箭头节点与该工作箭线的箭尾节点分别相连。

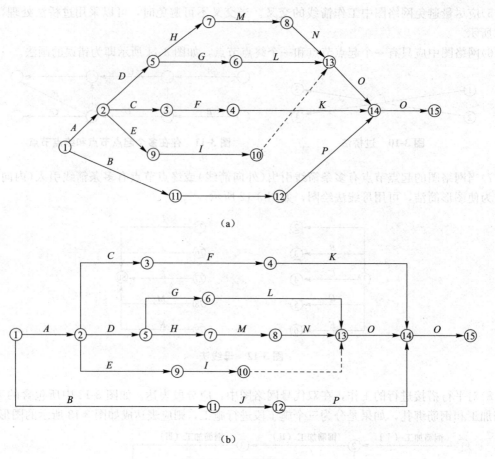

图 3-14 网络图的布局

(a)原始网络草图；(b)整理后的网络图

②对于所要绘制的工作，若在其紧前工作之中存在多项作为该工作紧前工作的工作，应先将这些紧前工作的箭头节点合并，再从合并的阶段后画出该工作箭线，最后，用虚箭线将其他紧前工作的箭头节点与该工作箭线的箭尾节点分别相连。

③对于所要绘制的工作，若不存在上述两种情况时，应判断该工作的所有紧前工作是否都同时作为其他工作的紧前工作。如果上述条件成立，应先将这些紧前工作箭线的箭头节点合并后，再从合并的节点开始画出该工作箭线。

④对于所要绘制的工作，若不存在前述情况时，应将该工作箭线单独画在其紧前工作箭线之后的中部，然后用虚箭线将其紧前工作箭线的箭头节点与该工作箭线的箭尾节点分别相连。

3)当各项工作箭线都绘制出来之后，应合并那些没有紧后工作之工作箭线的箭头节点，以保证网络图只有一个终点节点。

4)当确认所绘制的网络图正确后，即可进行节点编号。

当已知每一项工作的紧后工作时，绘制方法类似，只是其绘图的顺序由上述的从左向右改为从右向左。

4. 双代号网络图时间参数的概念

时间参数是指网络计划、工作及节点所具有的各种时间值。网络计划的时间参数是确定工程计划工期，确定关键线路、关键工作的基础，也是判定非关键工作机动时间和进行优化，计划管理的依据。

时间参数计算应在各项工作的持续时间确定之后进行。双代号网络计划的主要时间参数如下所述。

(1)工作持续时间和工期。工作持续时间是指一项工作从开始到完成的时间。在双代号网络计划中，工作 i，持续时间用 D_{i-j} 表示。

工期泛指完成一项任务所需要的时间。在网络计划中，工期一般有以下三种：

1)计算工期。计算工期是根据网络计划时间参数计算而得到的工期，用 T_c 表示。

2)要求工期。要求工期是任务委托人所提出的指令性工期，用 T_r 表示。

3)计划工期。计划工期是指根据要求工期和计算工期所确定的作为实施目标的工期，用 T_p 表示。

当已规定了要求工期时，计划工期不应超过要求工期，即

$$T_p \leqslant T_r \tag{3-9}$$

当未规定要求工期时，可令计划工期等于计算工期，即

$$T_p = T_c \tag{3-10}$$

(2)工作的六个时间参数。除工作持续时间外，网络计划中工作的六个时间参数是：最早开始时间、最早完成时间、最迟完成时间、最迟开始时间、总时差和自由时差。

1)最早开始时间(ES_{i-j})和最早完成时间(EF_{i-j})。工作的最早开始时间是指在其所有紧前工作全部完成后，本工作有可能开始的最早时刻。工作的最早完成时间是指在其所有紧前工作全部完成后，本工作有可能完成的最早时刻。工作的最早完成时间等于本工作的最早开始时间与其持续时间之和。

在双代号网络计划中，工作 $i-j$ 的最早开始时间和最早完成时间分别用 ES_{i-j} 和 EF_{i-j} 表示。

2)最迟完成时间(LF_{i-j})和最迟开始时间(LS_{i-j})。工作的最迟完成时间是指在不影响整个任务按期完成的前提下，本工作必须完成的最迟时刻。工作的最迟开始时间是指在不影响整个任务按期完成的前提下，本工作必须开始的最迟时刻。工作的最迟开始时间等于本工作的最迟完成时间与其持续时间之差。

在双代号网络计划中，工作 $i-j$ 的最迟完成时间和最迟开始时间分别用 LF_{i-j} 和 LS_{i-j} 表示。

3)总时差(TF_{i-j})和自由时差(FF_{i-j})。工作的总时差是指在不影响总工期的前提下，本工作可以利用的机动时间。在双代号网络计划中，工作 $i-j$ 的总时差用 TF_{i-j} 表示。

工作的自由时差是指在不影响其紧后工作最早开始时间的前提下，本工作可以利用的机动时间。在双代号网络计划中，工作 $i-j$ 的自由时差用 FF_{i-j} 表示。

从总时差和自由时差的定义可知，对于同一项工作而言，自由时差不会超过总时差。当工作的总时差为零时，其自由时差必然为零。

在网络计划的执行过程中，工作的自由时差是该工作可以自由使用的时间。但是，如果利用某项工作的总时差，则有可能使该工作后续工作的总时差减小。

(3)节点最早时间和最迟时间。

1)节点最早时间(ET_i)。节点最早时间是指在双代号网络计划中，以该节点为开始节点的各项工作的最早开始时间。节点 i 的最早时间用 ET_i 表示。

2)节点最迟时间(LT_j)。节点最迟时间是指在双代号网络计划中，以该节点为完成节点的各项工作的最迟完成时间。节点 j 的最迟时间用 LT_j 表示。

5. 双代号网络图时间参数的计算

双代号网络计划时间参数的计算有"按工作计算法"和"按节点计算法"两种，下面分别说明。

(1)按工作计算法计算时间参数。工作计算法是指以网络计划中的工作为对象,直接计算各项工作的时间参数。为了简化计算,网络计划时间参数中的开始时间和完成时间都应以时间单位的终了时刻为标准。如第 4 天开始即是指第 4 天终了(下班)时刻开始,实际上是第 5 天上班时刻才开始;第 6 天完成即是指第 6 天终了(下班)时刻完成。

下面是按工作计算法计算时间参数的过程。计算程序如下:

1)计算工作的最早开始时间和最早完成时间。工作的最早开始时间是指其所有紧前工作全部完成后,本工作最早可能的开始时刻。工作的最早开始时间以 ES_{i-j} 表示。规定:工作的最早开始时间应从网络计划的起点节点开始,顺着箭线方向自左向右依次逐项计算,直到终点节点为止。必须先计算其紧前工作,然后再计算本工作。

①网络计划起点节点为开始节点的工作,当未规定其最早开始时间时,其最早开始时间为零。

②工作的最早完成时间可利用下式进行计算:

$$EF_{i-j} = ES_{i-j} + D_{i-j} \tag{3-11}$$

③其他工作的最早开始时间应等于其紧前工作最早完成时间的最大值。

④网络计划的计算工期应等于以网络计划终点节点为完成节点的工作的最早完成时间的最大值。

2)确定网络计划的计划工期。网络计划的计划工期应按式(3-9)或式(3-10)确定。

3)计算工作的最迟完成时间和最迟开始时间。工作最迟完成时间和最迟开始时间的计算应从网络计划的终点节点开始,逆着箭线方向依次进行。其计算步骤如下:

①以网络计划终点节点为完成节点的工作,其最迟完成时间等于网络计划的计划工期。

$$LF_{i-n} = T_p \tag{3-12}$$

②工作的最迟开始时间可利用下式进行计算:

$$LS_{i-j} = LF_{i-j} - D_{i-j} \tag{3-13}$$

③其他工作的最迟完成时间应等于其紧后工作最迟开始时间的最小值。

4)计算工作的总时差。工作的总时差等于该工作最迟完成时间与最早完成时间之差,或该工作最迟开始时间与最早开始时间之差。

5)计算工作的自由时差。工作自由时差的计算应按以下两种情况分别考虑:

①对于有紧后工作的工作,其自由时差等于本工作之紧后工作最早开始时间减本工作最早完成时间所得之差的最小值。

②对于无紧后工作的工作,也就是以网络计划终点节点为完成节点的工作,其自由时差等于计划工期与本工作最早完成时间之差。

需要指出的是,对于网络计划中以终点节点为完成节点的工作,其自由时差与总时差相等。此外,由于工作的自由时差是其总时差的构成部分,所以,当工作的总时差为零时,其自由时差必然为零,可不必进行专门计算。

6)确定关键工作和关键线路。在网络计划中,总时差最小的工作为关键工作。特别地,当网络计划的计划工期等于计算工期时,总时差为零的工作就是关键工作。

找出关键工作之后,将这些关键工作首尾相连,便构成从起点节点到终点节点的通路,位于该通路上各项工作的持续时间总和最大,这条通路就是关键线路。在关键线路上可能有虚工作存在。

关键线路一般用粗箭线或双线箭线标出,也可以用彩色箭线标出。关键线路上各项工作的持续时间总和应等于网络计划的计算工期,这一特点也是判别关键线路是否正确的准则。

在上述计算过程中,是将每项工作的六个时间参数均标注在图中,故称为六时标注法。为使网络计划的图面更加简洁,在双代号网络计划中,除各项工作的持续时间以外,通常只需标注两个最基本的时间参数——各项工作的最早开始时间和最迟开始时间,而工作的其他四个时间参数(最早完成时间、最迟完成时间、总时差和自由时差)均可根据工作的最早开始时间、最迟开始时间及持续时间导出,这种方法称为二时标注法。

(2)按节点计算法计算时间参数。所谓按节点计算法,就是先计算网络计划中各个节点的最早时间和最迟时间,然后再据此计算各项工作的时间参数和网络计划的计算工期。

下面是按节点计算法计算时间参数的过程。

1)计算节点的最早时间。节点最早时间的计算应从网络计划的起点节点开始,顺着箭线方向依次进行。其计算步骤如下:

①网络计划起点节点,如未规定最早时间时,其值等于零。

②其他节点的最早时间应按下式进行计算:

$$ET_j = \max\{ET_i + D_{i-j}\} \tag{3-14}$$

③网络计划的计算工期等于网络计划终点节点的最早时间,即

$$T_c = ET_n \tag{3-15}$$

式中, ET_n——网络计划终点节点 n 的最早时间。

2)确定网络计划的计划工期。网络计划的计划工期应按式(3-9)或式(3-10)确定。计划工期应标注在终点节点的右上方。

3)计算节点的最迟时间。节点最迟时间的计算应从网络计划的终点节点开始,逆着箭线方向依次进行。其计算步骤如下:

①网络计划终点节点的最迟时间等于网络计划的计划工期,即

$$LT_n = T_p \tag{3-16}$$

②其他节点的最迟时间应按下式进行计算:

$$LT_i = \min\{LT_j - D_{i-j}\} \tag{3-17}$$

4)根据节点的最早时间和最迟时间判定工作的六个时间参数:

①工作的最早开始时间等于该工作开始节点的最早时间。

②工作的最早完成时间等于该工作开始节点的最早时间与其持续时间之和。

③工作的最迟完成时间等于该工作完成节点的最迟时间。即

$$LF_{i-j} = LT_j \tag{3-18}$$

④工作的最迟开始时间等于该工作完成节点的最迟时间与其持续时间之差,即

$$LS_{i-j} = LT_j - D_{i-j} \tag{3-19}$$

⑤工作的总时差可按下式进行计算:

$$TF_{i-j} = LF_{i-j} - EF_{i-j} = LT_j - (ET_i + D_{i-j}) = LT_j - ET_i - D_{i-j} \tag{3-20}$$

由式(3-20)可知,工作的总时差等于该工作完成节点的最迟时间减去该工作开始节点的最早时间所得差值再减其持续时间。

⑥工作的自由时差等于该工作完成节点的最早时间减去该工作开始节点的最早时间所得差值再减其持续时间。

需要特别注意的是,如果本工作与其各紧后工作之间存在虚工作时,其中的 ET_j 应为本工作紧后工作开始节点的最早时间,而不是本工作完成节点的最早时间。

5)确定关键线路和关键工作。在双代号网络计划中,关键线路上的节点称为关键节点。关键工作两端的节点必为关键节点,但两端为关键节点的工作不一定是关键工作。关键节点的最迟时间与最早时间的差值最小。特别是当网络计划的计划工期等于计算工期时,关键节点的最早时间与最迟时间必然相等。关键节点必然处在关键线路上,但由关键节点组成的线路不一定

是关键线路。

当利用关键节点判别关键线路和关键工作时,还要满足下列判别式:
$$ET_i + D_{i-j} = ET_j \tag{3-21}$$
或
$$LT_i + D_{i-j} = LT_j \tag{3-22}$$

如果两个关键节点之间的工作符合上述判别式,则该工作必然为关键工作,它应该在关键线路上。否则,该工作就不是关键工作,关键线路也就不会从此处通过。

6)关键节点的特性。在双代号网络计划中,当计划工期等于计算工期时,关键节点具有以下一些特性,掌握好这些特性,有助于确定工作的时间参数。

①开始节点和完成节点均为关键节点的工作,不一定是关键工作。

②以关键节点为完成节点的工作,其总时差和自由时差必然相等。

③当两个关键节点间有多项工作,且工作间的非关键节点无其他内向箭线和外向箭线时,则两个关键节点间各项工作的总时差均相等。在这些工作中,除以关键节点为完成的节点的工作自由时差等于总时差外,其余工作的自由时差均为零。

④当两个关键节点间有多项工作,且工作间的非关键节点有外向箭线而无其他内向箭线时,则两个关键节点间各项工作的总时差不一定相等。在这些工作中,除以关键节点为完成的节点的工作自由时差等于总时差外,其余工作的自由时差均为零。

(3)标号法。标号法是一种快速寻求网络计算工期和关键线路的方法。它利用按节点计算法的基本原理,对网络计划中的每一个节点进行标号,然后利用标号值确定网络计划的计算工期和关键线路。

下面是标号法的计算过程:

1)网络计划起点节点的标号值为零。

2)其他节点的标号值应根据下式按节点编号从小到大的顺序逐个进行计算:
$$b_j = \max\{b_i + D_{i-j}\} \tag{3-23}$$

当计算出节点的标号值后,应该用其标号值及其源节点对该节点进行双标号。所谓源节点,就是用来确定本节点标号值的节点。如果源节点有多个,应将所有源节点标出。

3)网络计划的计算工期就是网络计划终点节点的标号值。

4)关键线路应从网络计划的终点节点开始,逆着箭线方向按源节点确定。

6. 双代号时标网络计划

双代号时标网络计划是以时间坐标为尺度编制的网络计划,在时标网络计划中应以实箭线表示工作,以虚箭线表示虚工作,以波形线表示工作的自由时差。

时标网络计划既具有网络计划的优点,又具有横道计划直观易懂的优点,它将网络计划的时间参数直观地表达出来。

(1)双代号时标网络计划的特点。双代号时标网络计划是以水平时间坐标为尺度编制的双代号网络计划,其主要特点如下:

1)时标网络计划兼有网络计划与横道计划的优点,它能够清楚地表明计划的时间进程,使用方便;

2)时标网络计划能在图上直接显示出各项工作的开始与完成时间、工作的自由时差及关键线路;

3)在时标网络计划中可以统计每一个单位时间对资源的需要量,以便进行资源优化和调整;

4)由于箭线受到时间坐标的限制,当情况发生变化时,对网络计划的修改比较麻烦,往往要重新绘图。

(2)双代号时标网络计划的一般规定如下:

1)双代号时标网络计划必须以水平时间坐标为尺度表示工作时间。时标的时间单位应根据需要在编制网络计划之前确定,可为时、天、周、月或季。

2)时标网络计划中所有符号在时间坐标上的水平投影位置,都必须与其时间参数相对应。节点中心必须对准相应的时标位置。

3)时标网络计划中虚工作必须以垂直方向的虚箭线表示,有自由时差时加波形线表示。

(3)时标网络计划的编制方法。时标网络计划宜按各个工作的最早开始时间编制。

在编制时标网络计划之前,应先按已经确定的时间单位绘制时标网络计划表。时间坐标可以标注在时标网络计划表的顶部或底部。也可以在时标网络计划表的顶部和底部同时标注时间坐标。

编制时标网络计划应先绘制无时标的网络计划草图,然后按间接绘制法或直接绘制法进行。

1)间接绘制法。间接绘制法是指先根据无时标的网络计划草图,计算其时间参数,并确定关键线路,然后在时标网络计划表中进行绘制。其绘制步骤如下:

①根据项目工作列表绘制双代号网络图。

②计算节点时间参数(或工作最早时间参数)。

③绘制时标计划。

④将每项工作的箭尾节点按节点最早时间定位于时标计划表上,其布局与非时间网络基本相同。

⑤按各工作的时间长度绘制相应工作的实箭线部分,使其在时间坐标上的水平投影长度等于工作的持续时间;用虚线绘制虚工作。

⑥用波形线将实箭线部分与其紧后工作的开始节点连接起来,以表示工作的自由时差。

⑦进行节点编号。

【例 3-5】 利用间接绘制法将图 3-15 中的双代号网络计划改绘为时标网络计划。

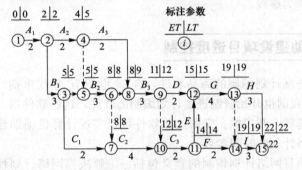

图 3-15 双代号网络计划

【解】 对应的双代号时标网络计划如图 3-16 所示。

2)直接绘制法。直接绘制法是指不计算时间参数而直接按无时标的网络计划草图绘制时标网络计划。其绘制步骤如下:

①将网络计划的起点节点定位在时标网络计划表的起始刻度线上。

②按工作的持续时间绘制以网络计划起点节点为开始节点的工作箭线。

③除网络计划的起点节点外,其他节点必须在所有以该节点为完成节点的工作箭线均绘出后,定位在这些工作箭线中最迟的箭线末端。当某些工作箭线的长度不足以到达该节点时,须用波形线补足,箭头画在与该节点的连接处。

④当某个节点的位置确定之后,即可绘制以该节点为开始节点的工作箭线。

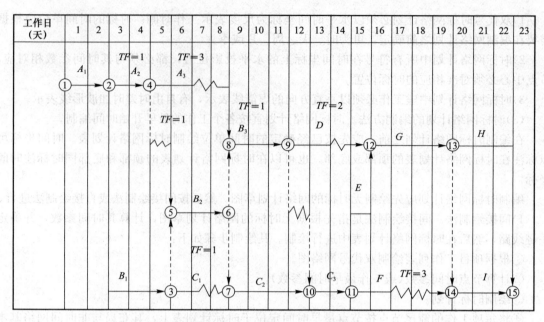

图 3-16 双代号时标网络计划

⑤利用上述方法从左至右依次确定其他各个节点的位置,直至绘出网络计划的终点节点。

特别注意:处理好虚箭线。应将虚箭线与实箭线等同看待,只是其对应工作的持续时间为零;尽管它本身没有持续时间,但可能存在波形线,其垂直部分仍应画为虚线。

四、计算机辅助建设项目进度控制

间接法练习题

国外有很多用于进度计划编制的商品软件,自 20 世纪 70 年代末期和 80 年代初期开始,我国也开始研制进度计划编制的软件,这些软件都是在网络计划原理的基础上开发的。应用这些软件可以实现计算机辅助建设项目进度计划的编制和调整,以确定网络计划的时间参数。

计算机辅助建设项目网络计划编制的意义包括:①解决当网络计划计算量大,而手工计算难以承担的困难;②确保网络计划计算的准确性;③有利于及时调整网络计划;④有利于编制资源需求计划等。

常用的施工进度计划横道图网络图编制软件有以下几种:

(1)EXCEL 施工进度计划自动生成表格:编写较方便,适用于比较简单的工程项目。

(2)PKPM 网络计划/项目管理软件:可完成网络进度计划、资源需求计划的编制及进度、成本的动态跟踪、对比分析;自动生成带有工程量和资源分配的施工工序,自动计算关键线路;提供多种优化、流水作业方案及里程碑和前锋线功能;自动实现横道图、单代号图、双代号图转换等功能。

(3)Microsoft Project:是一种功能强大而灵活的项目管理工具,可以用于控制简单或复杂的项目。特别是对于建筑工程项目管理的进度计划管理,它在创建项目并开始工作后,可以跟踪实际的开始和完成日期、实际完成的任务百分比和实际工时。跟踪实际进度可显示所做的更改影响其他任务的方式，从而最终影响项目的完成日期；跟踪项目中每个资源完成的工时，然后可以比较计划工时量和实际工时量；查找过度分配的资源及其任务分配，减少资源工时，将工作重新分配给其他资源。

任务单元三　建筑工程项目进度计划的实施与检查

一、建筑工程项目进度计划的实施

实施施工进度计划，应逐级落实年、季、月、旬、周施工进度计划，最终通过施工任务书由班组实施，记录现场的实际情况以及调整、控制进度计划。

(一)编制年、月施工进度计划和施工任务书

1. 年(季)度施工进度计划

大型施工项目的施工，工期往往几年。这就需要编制年(季)度施工进度计划，以实现施工总进度计划，该计划可采用表3-2的表式进行编制。

表3-2　××项目年度施工进度计划表

单位工程名称	工程量	总产值/万元	开工日期	计划完工日期	本年完成数量	本年形象进度

2. 月(旬、周)施工进度计划

对于单位工程来说，月(旬、周)施工计划有指导作业的作用，因此，要具体编制成作业计划，应在单位工程施工进度计划的基础上取段细化编制。可参考表3-3，施工进度每格代表天数根据月、旬、周分别确定。旬、周计划不必全编，可任选一种。

表3-3　××项目××月度施工进度计划表

分项工程名称	工程量		本月完成工程量	需要人工数（机械数量）	施工进度			
	单位	数量						

3. 施工任务书

施工任务书是向作业班组下达施工任务的一种工具。它是计划管理和施工管理的重要基础依据，也是向班组进行质量、安全、技术、节约等交底的好形式，可作为原始记录文件供业务核算使用。随施工任务书下达的限额领料单是进行材料管理和核算的良好手段。施工任务书的

表达形式见表 3-4。任务书的背面是考勤表，随任务书下达的限额领料单见表 3-5。

表 3-4 施工任务书

工程名称：____				字　第　号						工期	开工	完工	天数
施工队组：____				签发日期　年　月　日						计划			
										实际			
定额编号	工程项目	单位	计划				实际		附注				
			工程量	时间定额	每工产量	工日数	工程量	定额工日					
合计													
工作范围													
质量安全要求	技术、节约措施							质量验收意见					
签发				结算						功效			
工长	组长	劳资员	材料员	工长	组长	统计员	材料员	质安员	劳资员	定额工日			
										实际工日			
										完成/%			

表 3-5 限额领料单

领料部门：　　　　　　　　　　　　　　　　　　　　　　　　　　　　　领料编号：
领料用途：　　　　　　　　　　　　　年　月　日　　　　　　　　　　　发料仓库：

材料类别	材料编号	材料名称及规格	计量单位	领用限额	实际领用	单价	金额	备注

供应部门负责人：　　　　　　　　　　　　　　　　计划生产部门负责人

日期	领用				退料			限额结余
	请领数量	实发数量	发料人签章	领料人签章	退料数量	退料人签章	收料人签章	

施工班组接到任务书后,应做好分工,安排完成,执行中要保质量、保进度、保安全、保节约、保工效提高。任务完成后,班组自检,在确认已经完成后,向工长报请验收。工长验收时查数量、查质量、查安全、查用工、查节约,然后回收任务书,交作业队登记结算。结算内容有工程量、工期、用工、效率、耗料、报酬、成本。还要进行数量、质量、安全和节约统计,然后存档。

(二)记录现场的实际情况

在施工中要如实做好施工记录,记录好各项工作的开、竣工日期和施工工期,记录每日完成的工程量,施工现场发生的事件及解决情况,可为计划实施的检查、分析、调整、总结提供原始资料。

(三)调整、控制进度计划

检查作业计划执行中出现的各种问题,找出原因并采取措施解决;监督供货商按照进度计划要求按时供料;控制施工现场各项设施的使用;按照进度计划做好各项施工准备工作。

二、建筑工程项目进度计划的检查

在建筑工程项目的实施过程中,为了进行进度控制,进度控制人员应经常、定期地跟踪检查施工实际进度情况。施工进度的检查与进度计划的执行是融汇在一起的,施工进度的检查应与施工进度记录结合进行。计划检查是计划执行信息的主要来源,是施工进度调整和分析的依据,是进度控制的关键步骤。具体应主要检查工作量的完成情况、工作时间的执行情况、资源使用及与进度的互相配合情况等。进行进度统计整理和对比分析,确定实际进度与计划进度之间的关系,并视实际情况对计划进行调整,其主要工作如图 3-17 所示。

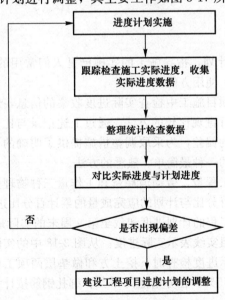

图 3-17　进度计划的检查过程

1. 跟踪检查施工实际进度,收集实际进度数据

跟踪检查施工实际进度是项目施工进度控制的关键措施。其目的是收集实际施工进度的有关数据。跟踪检查的时间和收集数据的质量,直接影响控制工作的质量和效果。

2. 整理统计检查数据

为了进行实际进度与计划进度的比较，必须对收集到的实际进度数据进行加工处理，形成与计划进度具有可比性的数据。例如，对检查时段实际完成工作量的进度数据进行整理、统计和分析，确定本期累计完成的工作量、本期已完成的工作量占计划总工作量的百分比等。

3. 对比实际进度与计划进度

进度计划的检查方法主要是对比法，即将实际进度与计划进度进行对比，从而发现偏差。将实际进度数据与计划进度数据进行比较，可以确定建筑工程实际执行状况与计划目标之间的差距。为了直观反映实际进度偏差，通常采用表格或图形进行实际进度与计划进度的对比分析，从而得出实际进度比计划进度超前、滞后还是一致的结论。

实践中，我们可采用横道图比较法、S形曲线比较法、香蕉曲线比较法、前锋线比较法、列表比较法等，具体内容见"任务单元四　实际进度与计划进度的比较方法"。

4. 建筑工程项目进度计划的调整

若产生的偏差对总工期或后续工作产生了影响，经研究后需对原进度计划进行调整，以保证进度目标的实现。调整的内容及方法具体见"任务单元五　建筑工程项目进度计划的调整"。

任务单元四　实际进度与计划进度的比较方法

施工项目进度比较分析与计划调整是施工项目进度控制的主要环节。其中施工项目进度比较是调整的基础。常用的比较方法有以下几种。

一、横道图比较法

用横道图编制施工进度计划，指导施工的实施已是人们常用的、很熟悉的方法。它形象、简明、直观，编制方法简单，使用方便。

横道图比较法，是把在项目施工中检查实际进度收集的信息，经整理后直接用横道线并列标于原计划的横道线上，进行直观比较的方法。通过上述记录与比较，为进度控制者提供了实际施工进度与计划进度之间的偏差，为采取调整措施提供了明确的任务。这是人们在施工中进行施工项目进度控制经常用的一种最简单、熟悉的方法。

完成任务量可以用实物工程量、劳动消耗量和工作量三种物理量表示，为了比较方便，一般用它们实际完成量的累计百分比与计划的应完成量的累计百分比进行比较。

例如，某工程项目基础工程的计划进度和截至第9周末的实际进度如图3-18所示，其中双线条表示该工程计划进度，粗实线表示实际进度。从图3-18中的实际进度与计划进度的比较可以看出，到第9周末进行实际进度检查时，挖土方和做垫层两项工作已经完成；支模板按计划也应该完成，但实际只完成75%，任务量拖欠25%；绑扎钢筋按计划应该完成60%，而实际只完成20%，任务量拖欠40%。

根据各项工作的进度偏差，进度控制者可以采取相应的纠偏措施对进度计划进行调整，以确保该工程按期完成。

图3-18所表达的比较方法仅适用于工程项目中的各项工作都是均匀进展的情况，即每项工作在单位时间内完成的任务量都相等的情况。事实上，工程项目中各项工作的进展不一定是匀速的。根据施工项目施工中各项工作的速度不一定相同，以及进度控制要求和提供的进度信息

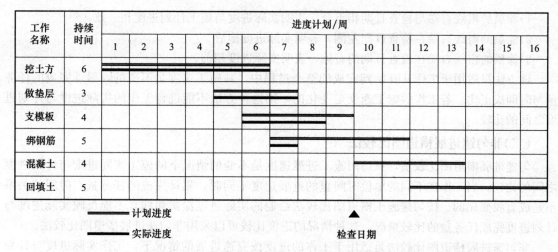

图 3-18 某工程项目基础工程的计划进度与实际进度

不同，可以采用以下几种方法。

(一)匀速进展横道图比较法

匀速进展是指施工项目中，每项工作的施工进展速度都是匀速的，即在单位时间内完成的任务量都是相等的，累计完成的任务量与时间成直线变化，如图 3-19 所示。

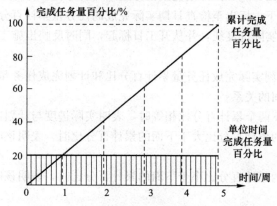

图 3-19 工作匀速进展时任务量与时间关系曲线

采用匀速进展横道图比较法时，其步骤如下：
(1)编制横道图进度计划；
(2)在进度计划上标出检查日期；
(3)将检查收集的实际进度数据，按比例用涂黑的粗线标于计划进度线的下方；
(4)比较分析实际进度与计划进度(图 3-20)：

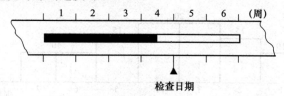

图 3-20 匀速进展横道图比较图

1)涂黑的粗线右端与检查日期相重合,表明实际进度与施工计划进度相一致。
2)涂黑的粗线右端在检查日期左侧,表明实际进度拖后。
3)涂黑的粗线右端在检查日期的右侧,表明实际进度超前。

该方法只适用于工作从开始到完成的整个过程中,其施工速度是不变的,累计完成的任务量与时间成正比。若工作的施工速度是变化的,则这种方法不能进行工作的实际进度与计划进度之间的比较。

(二)非匀速进展横道图比较法

匀速进展横道图比较法,只适用施工进展速度是不变的情况下的施工实际进度与计划进度之间的比较。当工作在不同的单位时间里的进展速度不同时,累计完成的任务量与时间的关系不是成直线变化的。按匀速施工横道图比较法绘制的实际进度涂黑粗线,不能反映实际进度与计划进度完成任务量的比较情况。这种情况的进度比较可以采用非匀速进展横道图比较法。

非匀速进展横道图比较法是适用于工作的进度按变速进展的情况下,工作实际进度与计划进度进行比较的一种方法。它是在表示工作实际进度的涂黑粗线的同时,还要标出其对应时刻完成任务量的累计百分比,将该百分比与其同时刻计划完成任务量累计百分比相比较,判断工作的实际进度与计划进度之间的关系的一种方法。

其比较方法的步骤如下:
(1)编制横道图进度计划。
(2)在横道线上方标出每周(月)计划完成任务量累计百分比。
(3)在计划横道线的下方标出至检查日期实际完成的任务量累计百分比。
(4)用涂黑粗线标出实际进度线,并从开工日标起,同时反映出施工过程中工作的连续与间断情况。
(5)通过比较同一时刻实际完成任务量累计百分比和计划完成任务量累计百分比,判断工作实际进度与计划进度之间的关系:
1)当同一时刻上、下两个累计百分比相等时,表明实际进度与计划进度一致;
2)当同一时刻上面的累计百分比大于下面的累计百分比时,表明该时刻实际施工进度拖后,拖后的量为两者之差;
3)当同一时刻上面的累计百分比小于下面的累计百分比时,表明该时刻实际施工进度超前,超前的量为两者之差。

【例3-6】 某工程项目中的基槽开挖工作按施工进度计划安排需要7周完成,每周计划完成的任务量百分比如图3-21所示。

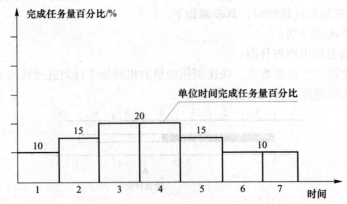

图 3-21 基槽开挖工作进展时间与计划完成任务量关系图

【解】（1）编制横道图进度计划（图3-22）。

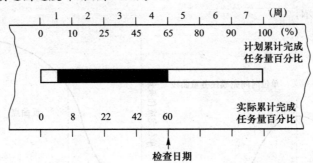

图 3-22 非匀速施工横道分析图

（2）在横道线上方标出基槽开挖工作每周计划累计完成任务量百分比，分别为10%、25%、45%、65%、80%、90%和100%。

（3）在横道线下方标出第一周至检查日期（第4周）每周实际累计完成任务量的百分比，分别为8%、22%、42%、60%。

（4）用涂黑粗线标出实际投入的时间，该工作实际开始时间晚于计划开始时间，在开始后连续工作，没有中断。

（5）比较实际进度与计划进度。该工作在第一周实际进度比计划进度拖后2%，以后各周末累计拖后分别为3%、3%和5%。

由于工作的施工速度是变化的，因此，横道图中的进度横线，不管是计划的还是实际的，都只表示工作的开始时间、持续天数和完成的时间，并不表示计划完成量和实际完成量，这两个量分别通过标注在横道线上方及下方的累计百分比数量表示。实际进度的涂黑粗线是从实际工程的开始日期划起，若工作实际施工间断，也可在图中将涂黑粗线作相应的空白。

采用非匀速进展横道图比较法，不仅可以进行某一时刻（如检查日期）实际进度与计划进度的比较，而且能进行某一时间段实际进度与计划进度的比较。当然，这需要实施部门按规定的时间记录当时的任务完成情况。

横道图练习题

横道图比较法虽有记录，并具有比较简单、形象直观、易于掌握、使用方便等优点，但由于其以横道计划为基础，因而带有局限性。在横道计划中，各项工作之间的逻辑关系表达不明确，关键工作和关键线路无法确定。一旦某些工作实际进度出现偏差，难以预测其对后续工作和工程总工期的影响，也就难以确定相应的进度计划调整方法。因此，横道图比较法主要用于工程项目中某些工作实际进度与计划进度的局部比较。

二、S形曲线比较法

S形曲线比较法与横道图比较法不同，它不是在编制的横道图进度计划上进行实际进度与计划进度比较。它是以横坐标表示时间，纵坐标表示累计完成任务量，绘制出一条按计划时间累计完成任务量的S形曲线，将工程项目实施过程中各检查时间实际累计完成任务量的S形曲线也绘制在同一坐标系中，并进行实际进度与计划进度相比较的一种方法。

从整个施工项目的施工全过程而言，一般是开始和结尾阶段，单位时间投入的资源量较少，中间阶段单位时间投入的资源量较多，与其相关，单位时间完成的任务量也是呈同样变化的，而随时间进展累计完成的任务量,则应该呈 S 形变化。由于其形似英文字母"S", S 形曲线因此而得名,如图 3-23 所示。

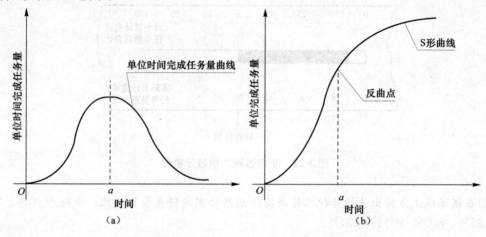

图 3-23　时间与完成任务量关系曲线

(一) S 形曲线绘制

S 形曲线的绘制步骤如下:
(1) 确定单位时间计划完成任务量。
(2) 计算在规定时间 j 计划累计完成的任务量。其计算方法等于各单位时间完成的任务量累加求和,计算公式如下:

$$Q_j = \sum q_j \qquad (3-24)$$

(3) 按各规定时间的 Q_j 值(累计完成任务量),绘制 S 形曲线。

(二) S 形曲线比较

S 形曲线比较法同横道图一样,是在图上直观地进行施工项目实际进度与计划进度的比较。一般情况下,计划进度控制人员在计划实施前绘制出 S 形曲线。在项目施工过程中,按规定时间将检查的实际完成情况,绘制在与计划 S 形曲线同一张图上,可得出实际进度 S 形曲线,如图 3-24 所示。

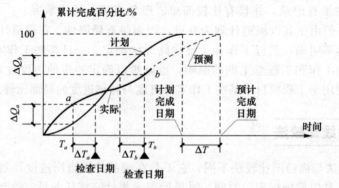

图 3-24　S 形曲线比较图

比较两条 S 形曲线,可以得到如下信息:
(1) 工程项目实际进展状况。如果工程实际进展点落在计划 S 形曲线左侧,表明此时实际进度比计划进度超前，如图 3-24 中的 a 点；如果工程实际进展点落在 S 计划曲线右侧，表明此时实际进度拖后，如图 3-24 中的 b 点；如果工程实际进展点正好落在计划 S 形曲线上，则表示此时实际进度与计划进度一致。

（2）工程项目实际进度超前或拖后的时间。在 S 形曲线比较图中可以直接读出实际进度比计划进度超前或拖后的时间。如图 3-24 所示，ΔT_a 表示 T_a 时刻实际进度超前的时间；ΔT_b 表示 T_b 时刻实际进度拖后的时间。

（3）工程项目实际超额或拖欠的任务量。在 S 形曲线比较图中也可直接读出实际进度比计划进度超额或拖欠的任务量。如图 3-24 所示，ΔQ_a 表示 T_a 时刻超额完成的任务量，ΔQ_b 表示 T_b 时刻拖欠的任务量。

（4）后期工程进度预测。如果后期工程按原计划速度进行，则可作出后期工程计划 S 形曲线，如图 3-24 中虚线所示，从而可以确定工期拖延预测值 ΔT。

三、"香蕉"形曲线比较法

（一）"香蕉"形曲线的绘制

"香蕉"形曲线是两条 S 形曲线组合成的闭合曲线。从 S 形曲线比较法中可得知，按某一时间开始的施工项目的进度计划，其计划实施过程中进行时间与累计完成任务量的关系都可以用一条 S 形曲线表示。对于一个施工项目的网络计划，在理论上总是分为最早和最迟两种开始与完成时间的。因此，一般情况下，任何一个施工项目的网络计划，都可以绘制出两条曲线：其一是计划以各项工作的最早开始时间安排进度而绘制的 S 形曲线，称为 ES 曲线；其二是计划以各项工作的最迟开始时间安排进度而绘制的 S 形曲线，称为 LS 曲线。两条 S 形曲线都是从计划的开始时刻开始和完成时刻结束，因此，两条曲线是闭合的。一般情况下，其余时刻 ES 曲线上的各点均落在 LS 曲线相应点的左侧，形成一个形如"香蕉"的曲线，故此称为"香蕉"型曲线，如图 3-25 所示。

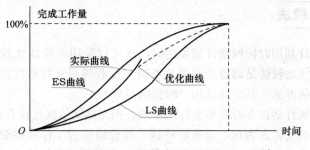

图 3-25 "香蕉"形曲线比较图

在项目的实施中，进度控制的理想状况是任一时刻按实际进度描绘的点，应落在该"香蕉"形曲线的区域内。

（二）"香蕉"形曲线比较法的作用

"香蕉"形曲线比较法能直观地反映工程项目的实际进展情况，并可以获得比 S 形曲线更多的信息。其主要作用如下：

（1）合理安排工程项目进度计划。如果工程项目中的各项工作均按其最早开始时间安排进度，将导致项目的成本加大；而如果各项工作都按其最迟开始时间安排进度，则一旦受到进度影响因素的干扰，又将导致工期拖延，使工程进度风险加大。因此，一个科学合理的进度计划优化曲线应处于"香蕉"形曲线所包络的区域之内。

(2)进行施工实际进度与计划进度比较。在工程项目的实施过程中,根据每次检查收集到的实际完成任务量,绘制出实际进度S形曲线,便可以与计划进度进行比较。工程项目实施进度的理想状态是任一时刻工程实际进展点应落在"香蕉"形曲线图的范围之内。如果工程实际进展点落在ES曲线的左侧,表明此刻实际进度比各项工作按其最早开始时间安排的计划进度超前;如果工程实际进展点落在LS曲线的右侧,则表明此刻实际进度比各项工作按其最迟开始时间安排的计划进度拖后。

(3)利用"香蕉"形曲线可以对后期工程的进展情况进行预测。确定在检查状态下,后期工程的ES曲线和LS曲线的发展趋势。

(三)"香蕉"形曲线的作图方法

"香蕉"形曲线的作图方法与S形曲线的作图方法基本一致,所不同之处在于它是分别以工作的最早开始时间和最迟开始时间而绘制的两条S形曲线的结合。其具体步骤如下:

(1)确定各项工作每周(天)的劳动消耗量;

(2)计算工程项目劳动消耗总量;

(3)根据各项工作按最早开始时间安排的进度计划,确定工程项目每周(天)计划劳动消耗量及各周累计劳动消耗量;

(4)根据各项工作按最迟开始时间安排的进度计划,确定工程项目每周(天)计划劳动消耗量及各周累计劳动消耗量;

(5)根据不同的累计劳动消耗量分别绘制ES曲线和LS曲线,得到"香蕉"形曲线。

在工程项目实施过程中,根据检查得到的实际累计完成任务量,按同样的方法在原计划"香蕉"形曲线图上绘出实际进度曲线,便可以进行实际进度与计划进度的比较。

"香蕉"形曲线练习题

四、前锋线比较法

施工项目的进度计划用时标网络计划表达时,还可以采用前锋线比较法进行实际进度与计划进度的比较。前锋线比较法是通过绘制某检查时刻工程项目实际进度前锋线,进行工程实际进度与计划进度比较的方法,其主要适用于时标网络计划。

前锋线比较法是从计划检查时间的坐标点出发,用点画线依次连接各项工作的实际进度点,最后到计划检查时间的坐标点为止,形成前锋线。按前锋线与工作箭线交点的位置判定施工实际进度与计划进度的偏差。简言之,前锋线法是通过施工项目实际进度前锋线,判定施工实际进度与计划进度偏差的方法。

采用前锋线比较法进行实际进度与计划进度的比较,其步骤如下。

1. 绘制时标网络计划图

工程项目实际进度前锋线是在时标网络计划图上标示,为清楚起见,可在时标网络计划图的上方和下方各设一时间坐标。

2. 绘制实际进度前锋线

一般从时标网络计划图上方时间坐标的检查日期开始绘制,依次连接相邻工作的实际进展位置点,最后与时标网络计划图下方坐标的检查日期相连接。

工作实际进展位置点的标定方法有两种:

(1)按该工作已完任务量比例进行标定;

(2)按尚需作业时间进行标定。

例如,某工程项目时标网络计划如图 3-26 所示,该计划执行到第 5 周末检查实际进度时,发现工作 B 已进行了 1 周,工作 C 还需 1 周完成,工作 D 刚刚开始,绘制前锋线如图 3-26 所示。

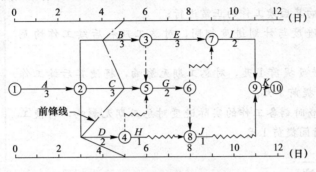

图 3-26 前锋线示意图

3. 进行实际进度与计划进度的比较

前锋线可以直观地反映出检查日期有关工作实际进度与计划进度之间的关系。对某项工作来说,其实际进度与计划进度之间的关系可能存在以下情况:

(1)工作实际进展位置点落在检查日期的左侧(右侧),表明该工作实际进度拖后(超前),拖后(超前)的时间为两者之差。

(2)工作实际进展位置点与检查日期重合,表明该工作实际进度与计划进度一致。

4. 预测进度偏差对后续工作及总工期的影响

通过实际进度与计划进度的比较确定进度偏差后,还可根据工作的自由时差和总时差预测该进度偏差对后续工作及项目总工期的影响。由此可见,前锋线比较法既适用于工作实际进度与计划进度之间的局部比较,又可用来分析和预测工程项目的整体进度状况。

值得注意的是,以上比较是针对匀速进展的工作。对于非匀速进展的工作,比较方法较复杂,此处不赘述。

【例 3-7】 某分部工程施工网络计划如图 3-27 所示,在第 4 天下班时检查实际进度时,发现 C 工作还需 2 天完成,D 工作完成了计划任务量的 25%,E 工作已全部完成该工作的工作量,试用前锋线法进行实际进度与计划进度的比较。

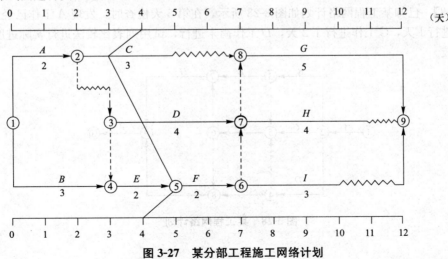

图 3-27 某分部工程施工网络计划

解：根据第 4 天实际进度的检查结果绘制前锋线，如图 3-27 中点画线所示，通过比较可以看出：

(1) 工作 C 实际进度拖后 1 天，其总时差和自由时差均为 2 天，既不影响总工期，也不影响其后续工作的正常进行；

(2) 工作 D 实际进度与计划进度相同，对总工期和后续工作均无影响；

(3) 工作 E 实际进度提前 1 天，对总工期无影响，将使其后续工作 F、I 的最早开始时间提前 1 天。

综上所述，该检查时刻各工作的实际进度对总工期无影响，将使工作 F、I 的最早开始时间提前 1 天。

前锋线练习题

五、列表比较法

当采用无时间坐标网络计划时，也可以采用列表分析法。其是记录检查日期正在进行的工作名称和已经作业的时间，然后列表计算有关时间参数，根据原有总时差和尚有总时差判断实际进度与计划进度的比较方法。列表比较法的步骤如下：

(1) 对于实际进度检查日期应该进行的工作，根据已经作业的时间，确定其尚需作业时间。

(2) 根据原进度计划计算检查日期应该进行的工作从检查日期到原计划最迟完成时尚余时间。

(3) 计算工作尚有总时差，其值等于工作从检查日期到原计划最迟完成的尚余时间与该工作尚需作业时间之差。

(4) 比较实际进度与计划进度，可能有以下几种情况：

1) 若工作尚有总时差与原有总时差相等，说明该工作的实际进度与计划进度一致。

2) 若工作尚有总时差大于原有总时差，说明该工作的实际进度超前，超前的时间为两者之差。

3) 若工作尚有总时差小于原有总时差，且为非负值，说明该工作的实际进度拖后，拖后的时间为两者之差，但不影响总工期。

4) 若工作尚有总时差小于原有总时差，且为负值，说明该工作的实际进度拖后，拖后的时间为二者之差，此时工作实际进度偏差将影响总工期。

【例 3-8】 已知某工程网络计划如图 3-28 所示，在第 5 天检查时，发现 A 工作已经完成，B 工作已经进行 1 天，C 工作进行了 2 天，D 工作尚未进行，试用列表比较法进行实际进度与计划进度的比较。

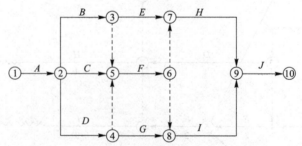

图 3-28 某工程网络计划

解：根据上述公式，计算有关参数和总时差，判断工作实际进度的情况，见表3-6。

表3-6　工程进度检查比较表　　　　　　　　　　　　　　　　　　　　　　天

工作代号	工作名称	检查计划时尚需作业天数	到计划最迟完成时尚余天数	原有总时差	尚有总时差	情况判断
2—3	B	2	1	0	−1	拖延工期1天
2—5	C	1	2	1	1	正常
2—4	D	2	2	2	0	正常

任务单元五　建筑工程项目进度计划的调整

将正式进度计划报请有关部门审批后，即可组织实施。在计划执行过程中，由于资源、环境、自然条件等因素的影响，往往会造成实际进度与计划进度产生偏差，如果这种偏差不能及时纠正，必将影响进度目标的实现。因此，在计划执行过程中采取相应措施来进行管理，对保证计划目标的顺利实现具有重要意义。

一、建筑工程进度计划的调整内容

通常，对建筑工程进度计划进行调整，调整的内容包括：调整关键线路的长度；调整非关键工作时差；增、减工作项目；调整逻辑关系；调整持续时间（重新估计某些工作的持续时间）；调整资源。

1. 调整内容

可以只调整上述六项中之一项，也可以同时调整多项，还可以将几项结合起来调整，例如将工期与资源、工期与成本、工期资源及成本结合起来调整，以求综合效益最佳。只要能达到预期目标，调整越少越好。

2. 调整关键线路长度

当关键线路的实际进度比计划进度提前时，首先要确定是否对原计划工期予以缩短。如果不拟缩短，可以利用这个机会降低资源强度或费用，方法是选择后续关键工作中资源占用量大的或直接费用高的予以适当延长，延长的长度不应超过已完成的关键工作提前的时间量；如果要使提前完成的关键线路的效果导致整个计划工期的缩短，则应将计划的未完成部分作为一个新计划，重新进行计算与调整，再按新的计划执行，并保证新的关键工作按新的计划时间完成。

当关键线路的实际进度比计划进度落后时，计划调整的任务是采取措施把失去的时间抢回来。因此，应在未完成的关键线路中选择资源强度小的予以缩短，重新计算未完成部分的时间参数，按新参数执行。这样做有利于减少赶工费用。

3. 调整非关键工作时差

时差调整的目的是更充分地利用资源，降低成本，满足施工需要，时差调整幅度不得大于计划总时差值。每次调整均需进行时间参数计算，从而观察这次调整对计划全局的影响。调整的方法有三种：在总时差范围内移动工作的起止时间；延长非关键工作的持续时间；缩短非关键工作的持续时间。运用三种方法的前提均是降低资源强度。

4. 增、减工作项目

增、减工作项目均不应打乱原网络计划总的逻辑关系。由于增、减工作项目,只能改变局部的逻辑关系,此局部改变不影响总的逻辑关系。增加工作项目,只是对原遗漏或不具体的逻辑关系进行补充;减少工作项目,只是对提前完成了的工作项目或原不应设置而设置了的工作项目予以删除。只有这样,才是真正的调整,而不是"重编"。增减工作项目之后重新计算时间参数,以分析此调整是否对原网络计划工期有影响,如有影响,应采取措施消除。

5. 调整逻辑关系

逻辑关系改变的原因必须是施工方法或组织方法改变。但一般说来只能调整组织关系,而工艺关系不宜调整,以免打乱原计划。调整逻辑关系是以不影响原定计划工期和其他工作的顺序为前提的。调整的结果绝对不应形成对原计划的否定。

6. 调整持续时间

调整的原因应是原计划有误或实现条件不充分。调整的方法是重新估算。调整后应重新计算网络计划的时间参数,以观察对总工期的影响。

7. 调整资源

资源的调整应在资源供应发生异常时进行。所谓异常,即因供应满足不了需要(中断或强度降低),影响了计划工期的实现。资源调整的前提是保证工期或使工期适当。故应进行适当的工期—资源优化,从而使调整有好的效果。

二、建筑工程进度计划的调整过程

在建筑工程项目进度实施过程中,一旦发现实际进度偏离计划进度,即出现进度偏差时,必须认真分析产生偏差的原因及其对后续工作和总工期的影响,要采取合理、有效的纠偏措施对进度计划进行调整,确保进度总目标的实现。建筑工程进度计划调整的系统过程如图 3-29 所示。

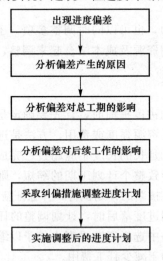

图 3-29 进度调整的系统过程

1. 分析进度偏差产生的原因

通过建筑工程项目实际进度与计划进度的比较,发现进度偏差时,为了采取有效的纠偏措施,调整进度计划,必须进行深入而细致的调查,分析产生进度偏差的原因。

2. 分析进度偏差对后续工作和总工期的影响

当查明进度偏差产生的原因之后,要进一步分析进度偏差对后续工作和总工期的影响程度,以确定是否应采取措施进行纠偏。

3. 采取措施调整进度计划

采取纠偏措施调整进度计划,应以后续工作和总工期的限制条件为依据,确保要求的进度目标得到实现。

4. 实施调整后的进度计划

进度计划调整之后,应执行调整后的进度计划,并继续检查其执行情况,进行实际进度与计划进度的比较,不断循环此过程。

三、分析进度偏差的影响

通过前述的进度比较方法,当判断出现进度偏差时,应当分析该偏差对后续工作和对总工期的影响。

1. 分析出现进度偏差的工作是否为关键工作

若出现偏差的工作为关键工作,则无论偏差大小,都对后续工作及总工期产生影响,必须采取相应的调整措施。若出现偏差的工作不为关键工作,则需要根据偏差值与总时差和自由时差的大小关系,确定对后续工作和总工期的影响程度。

2. 分析进度偏差是否大于总时差

若工作的进度偏差大于该工作的总时差,说明此偏差必将影响后续工作和总工期,必须采取相应的调整措施。若工作的进度偏差小于或等于该工作的总时差,说明此偏差对总工期无影响,但它对后续工作的影响程度,需要根据比较偏差与自由时差的情况来确定。

3. 分析进度偏差是否大于自由时差

若工作的进度偏差大于该工作的自由时差,说明此偏差对后续工作产生影响,该如何调整,应根据后续工作允许影响的程度而定。若工作的进度偏差小于或等于该工作的自由时差,则说明此偏差对后续工作无影响,因此,原进度计划可以不作调整。

经过如此分析,进度控制人员可以确认应该调整产生进度偏差的工作和调整偏差值的大小,以便确定采取调整措施,获得新的符合实际进度情况和计划目标的新进度计划。

四、施工项目进度计划的调整方法

在对实施的进度计划分析的基础上,应确定调整原计划的方法,一般主要有以下两种。

(1)改变某些工作之间的逻辑关系。若检查的实际施工进度产生的偏差影响了总工期,在工作之间的逻辑关系允许改变的条件下,改变关键线路和超过计划工期的非关键线路上的有关工作之间的逻辑关系,达到缩短工期的目的。

用这种方法调整的效果是很显著的,例如,可以把依次进行的有关工作改做平行施工,或将工作划分成几个施工段组织流水施工,都可以达到缩短工期的目的。

(2)缩短某些工作的持续时间。这种方法是不改变工作之间的逻辑关系,而是通过采取增加资源投入、提高劳动效率等措施缩短某些工作的持续时间,而使施工进度加快,并保证实现计划工期的方法。一般情况下,我们选取关键工作压缩其持续时间,这些工作又是可压缩持续时间的工作。这种方法实际上就是网络计划优化中的工期优化方法和费用优化方法。

综合训练题

一、单项选择题

1. 由于项目在实施过程中主观和客观条件的变化,进度控制必须是一个( )的管理过程。
   A. 反复 B. 动态 C. 经常 D. 主动

2. 下列各项措施中,( )是建筑工程项目进度控制的技术措施。
   A. 确定各类进度计划的审批程序 B. 选择工程承发包模式
   C. 优选项目设计、施工方案 D. 选择合理的合同结构

3. 建筑工程项目进度控制的经济措施包括( )。
   A. 优化项目设计方案 B. 分析和论证项目进度目标
   C. 编制资源需求计划 D. 选择项目承发包模式

4. 建筑工程项目进度控制的技术措施是指( )。
   A. 选择工程承发包模式 B. 调整施工方法
   C. 设立进度控制工作部门 D. 编制工程风险应急计划

5. 在建筑工程项目管理机构中,应由专门的工作部门和符合进度控制岗位资格的专人负责进度控制工作,这是进度控制中重要的( )。
   A. 组织措施 B. 合同措施 C. 经济措施 D. 技术措施

6. 下列选项中,属于施工方进度控制技术措施的是( )。
   A. 编制资源需求计划
   B. 对工程进度进行风险分析
   C. 进度控制职能分工
   D. 选用对实现进度目标有利的施工方案

7. 建筑工程项目进度控制的目的是( )。
   A. 编制进度计划 B. 进度计划的跟踪检查与调整
   C. 通过控制以实现工程的进度目标 D. 论证进度目标是否合理

8. 建筑工程项目的业主和参与方都有进度控制的任务,各方( )。
   A. 控制的目标相同,但控制的时间范畴不同
   B. 控制的目标不同,但控制的时间范畴相同
   C. 控制的目标和时间范畴均相同
   D. 控制的目标和时间范畴各不相同

9. 设计方进度控制的任务是依据( )对设计工作进度的要求,控制设计工作进度。
   A. 可行性研究报告 B. 设计标准和规范
   C. 设计任务委托合同 D. 设计总进度纲要

10. 建筑工程项目总进度目标的控制是( )项目管理的任务。
    A. 施工方 B. 业主方 C. 设计方 D. 供货方

11. 在施工单位的计划系统中,( )计划为编制各种资源需要量计划和施工准备工作计划提供依据。
    A. 施工准备工作 B. 施工总进度
    C. 单位工程施工进度 D. 分部分项工程进度

12. 建筑工程项目进度计划应体现资源的合理使用、工序的合理组织、工作面的合理安排等,为达到上述目的,( )

A. 进度计划不必过早形成计划系统
B. 应对进度计划进行动态控制
C. 应对进度计划进行多方案比较选优
D. 应增大影响进度风险的敏感度系数

13. 作为建筑工程项目进度控制的依据,建筑工程项目进度计划系统应( )。
    A. 在项目的前期决策阶段建立
    B. 在项目的初步设计阶段完善
    C. 在项目的进展过程中逐步形成
    D. 在项目的施工准备阶段建立

背景材料:
甲建设单位分别与乙设计院和丙建筑公司签订了某公路的设计合同与施工承包合同,合同约定工程于10月12日正式投入运营,参建各方按此要求均编制了相应的进度控制计划。
根据以上背景材料,回答以下问题:

14. 该公路建筑工程项目总进度目标控制是( )项目管理的任务。
    A. 甲建设单位
    B. 乙设计院
    C. 丙施工单位
    D. 工程的主要材料供货商

15. 甲建设单位进度控制的任务是控制整个项目的( )。
    A. 施工进度
    B. 实施阶段进度
    C. 前期阶段和实施阶段的进度
    D. 前期工作进度

16. 丙建筑公司进度控制的任务是依据( )控制施工工作进度。
    A. 业主方对施工进度的要求和工期定额
    B. 业主方对施工进度的要求
    C. 建筑工程工期定额
    D. 施工任务承包合同对施工进度的要求

17. 进度目标分析和论证的目的是( )。
    A. 落实进度控制的措施
    B. 分析进度目标是否合理
    C. 决定进度计划的不同功能
    D. 确定进度计划系统内部关系

18. 在工程施工实践中,必须树立和坚持一个最基本的工程管理原则,即在确保( )的前提下,控制工程的进度。
    A. 工程质量
    B. 安全施工
    C. 设计标准
    D. 经济效益

19. 横道图进度计划的优点是( )。
    A. 便于确定关键工作
    B. 工作之间的逻辑关系表达清楚
    C. 表达方式直观
    D. 工作时差易于分析

20. 与网络计划相比较,横道图进度计划法具有( )的特点。
    A. 适用于手工编制计划
    B. 工作之间的逻辑关系表达清楚
    C. 能够确定计划的关键工作和关键线路
    D. 适应大型项目的进度计划系统

21. 用横道图表示的建筑工程进度计划,一般包括两个基本部分,即( )。
    A. 左侧的工作名称和右侧的横道线
    B. 左侧的横道线和左侧的工作名称
    C. 左侧的工作名称及工作的持续时间等基本数据和右侧的横道线
    D. 左侧的横道线和右侧的工作名称

22. 在双代号网络图中,虚工作(虚线)表示工作之间的(　　)。
   A. 时间间歇　　　　　　　　B. 搭接关系
   C. 逻辑关系　　　　　　　　D. 自由时差

23. 关于自由时差和总时差,下列说法错误的是(　　)。
   A. 自由时差为0,总时差必定为0
   B. 总时差为0,自由时差必定为0
   C. 在不影响总工期的前提下,工作的机动时间为总时差
   D. 在不影响紧后工作最早开始时间的前提下,工作的机动时间为自由时差

24. 在工作网络图中,工作K的最迟完成时间为第20天,其持续时间为6天,该工作有三项紧前工作,其最早完成时间分别为第8天、10天和12天,则工作K的总时差为(　　)天。
   A. 8　　　　　B. 6　　　　　C. 4　　　　　D. 2

25. 某工程双代号时标网络图如图3-30所示,下列选项正确的是(　　)。

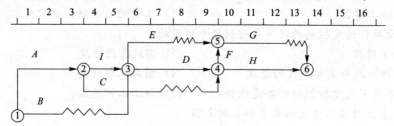

图3-30　单选题25图

   A. 工作E的TF为1　　　　　　B. 工作I的FF为3
   C. 工作D的TF为3　　　　　　D. 工作G的FF为1

26. 某分部工程双代号网络计划如图3-31所示,其关键路线有(　　)条。

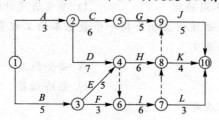

图3-31　单选题26图

   A. 5　　　　　B. 4　　　　　C. 3　　　　　D. 2

27. 根据《工程网络计划技术规程》(JGJ/T 121—2015),在双代号时标网络计划中(　　)。
   A. 以波形线表示工作,以虚箭线表示虚工作,以实箭线表示工作的自由时差
   B. 以波形线表示工作,以实箭线表示虚工作,以虚箭线表示工作的自由时差
   C. 以实箭线表示工作,以波形线表示虚工作,以虚箭线表示工作的自由时差
   D. 以实箭线表示工作,以虚箭线表示虚工作,以波形线表示工作的自由时差

28. 在双代号时标网络计划中,以波形线表示工作的(　　)。
   A. 逻辑关系　　　B. 关键线路　　　C. 总时差　　　D. 自由时差

29. 双代号网络计划如图3-32所示,图中错误为(　　)。

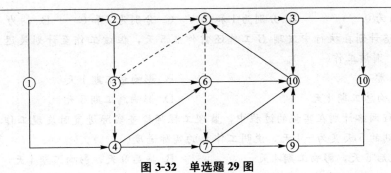

图 3-32　单选题 29 图

A. 多个起点节点　　　　　　　　　　B. 多个终点节点
D. 存在无箭头箭线　　　　　　　　　D. 有多余虚工作

30. 某分部工程双代号网络计划如图 3-33 所示，其关键线路有（　　）条。

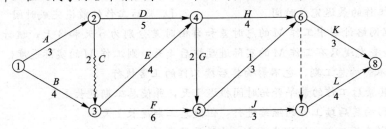

图 3-33　单选题 30 图

A. 2　　　　　　B. 3　　　　　　C. 4　　　　　　D. 5

31. 工程网络计划中的关键工作是指（　　）的工作。

　　A. 自由时差最小　　　　　　　　　B. 总时差最小
　　C. 工作持续时间最长　　　　　　　D. 时距为零

32. 当计划工期等于计算工期时，（　　）的工作就是关键工作。

　　A. 自由时差为零　　　　　　　　　B. 总时差为零
　　C. 持续时间为零　　　　　　　　　D. 总时差等于自由时差

33. 下列关于网络计划的说法，正确的是（　　）。

　　A. 一个网络计划只有一条关键线路
　　B. 一个网络计划可能有多条关键线路
　　C. 由非关键工作组成的线路称为非关键线路
　　D. 网络计划中允许存在循环回路

34. 某工程双代号时标网络计划如图 3-34 所示，其中，工作 A 的总时差和自由时差（　　）周。

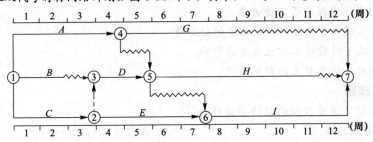

图 3-34　单选题 34 图

A. 均为0　　　　B. 分别为1和0　　C. 分别为2和0　　D. 均为4

35. 某网络计划在执行中发现B工作还需作业5天，但该工作至计划最迟完成时间尚有4天，则该工作(　　)。
   A. 正常
   B. 影响总工期1天
   C. 影响总工期4天
   D. 影响总工期5天

36. 某工程网络计划在实施的过程中，监理工程师检查实际进度时发现工作L的总时差由原计划的5天变为-4天，说明工作L的实际进度(　　)。
   A. 拖后5天，影响工期4天
   B. 拖后9天，影响工期4天
   C. 拖后5天，影响工期5天
   D. 拖后9天，影响工期9天

37. 在工程网络计划执行过程中，当某项工作的最早完成时间推迟天数超过自由时差时，将会影响(　　)。
   A. 紧后工作的最早开始时间
   B. 平行工作的最早开始时间
   C. 本工作的最迟完成时间
   D. 紧后工作的最迟完成时间

38. 某工程网络计划中工作M的总时差和自由时差分别为5天和3天，该计划在执行过程中经检查发现只有工作M的实际进度拖后4天，则工作M的实际进度(　　)。
   A. 既不影响总工期，也不影响其后续工作的正常执行
   B. 将其紧后工作的最早开始时间推迟1天，并使总工期延长1天
   C. 不影响其后续工作的继续进行，但使总工期延长1天
   D. 不影响总工期，但使其紧后工作的最早开始时间推迟1天

39. 当网络图中某一非关键工作的持续时间拖延Δ，且大于该工作的总时差TF时，网络计划总工期将(　　)。
   A. 拖延Δ
   B. 拖延$\Delta+TF$
   C. 拖延$\Delta-TF$
   D. 拖延$TF-\Delta$

40. 当采用匀速进展横道图比较工作实际进度与计划进度时，如果表示实际进度的横道线右端落在检查日期的右侧，则表明(　　)。
   A. 实际进度超前
   B. 实际进度拖后
   C. 实际进度与进度计划一致
   D. 无法说明实际进度与计划进度的关系

41. 当利用S形曲线进行实际进度与计划进度比较时，如果检查日期实际进展点落在计划S形曲线的右侧，则该实际进展点与计划S形曲线的水平距离表示工程项目(　　)。
   A. 实际进度超前的时间
   B. 实际进度拖后的时间
   C. 实际超额完成的任务量
   D. 实际拖欠的任务量

42. 应用S形曲线比较法时，通过比较实际进度S形曲线和计划进度S形曲线，可以(　　)。
   A. 表明实际进度是否匀速开展
   B. 得到工程项目实际超额或拖欠的任务量
   C. 预测偏差对后续工作及工期的影响
   D. 表明对工作总时差的利用情况

二、多项选择题

1. 建筑工程项目进度控制的经济措施包括(　　)。
   A. 经济激励措施
   B. 工程进度的风险分析
   C. 资金需求分析
   D. 编制项目进度控制的工作流程
   E. 资金供应的条件

2. 建筑工程项目进度控制的技术措施包括( )。
   A. 承发包模式的选择
   B. 在设计时选用对实现进度目标有利的技术方案
   C. 资金需求分析
   D. 选用对实现进度目标有利的施工技术方案
   E. 资金供应的条件

3. 施工进度控制不仅关系到施工进度目标能否实现,还直接关系到( )。
   A. 工程成本   B. 工程招标   C. 工程措施   D. 工程设计
   E. 工程质量

4. 由不同功能的计划构成的进度计划系统内容包括( )。
   A. 控制性进度规划   B. 设计进度计划
   C. 分年度的施工进度计划   D. 实施性进度计划
   E. 指导性进度计划

5. 建筑工程项目进度计划系统,按不同深度的计划构成的进度计划系统包括( )。
   A. 控制性进度规划(计划)   B. 实施性(操作性)进度计划
   C. 总进度规划(计划)   D. 项目子系统进度规划(计划)
   E. 项目子系统中的单项工程进度计划

6. 根据给定逻辑关系绘制而成的某分部工程双代号网络计划如图3-35所示,其作图错误包括( )。

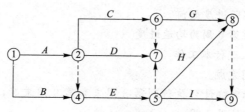

图 3-35 多选题 6 图

   A. 节点编号有误   B. 存在循环回路
   C. 有多个起点节点   D. 有多个终点节点
   E. 工作代号重复

7. 在网络计划中,工作P的总时差为5天,自由时差为3天,若该工作拖延4天,那么( )。
   A. 影响总工期但不影响紧后工作   B. 影响紧后工作但不影响总工期
   C. 总工期拖后1天   D. 总工期拖后4天
   E. 该工作的紧后工作的最早开始时间拖后1天

8. 与网络计划相比较,横道图进度计划法具有( )特点。
   A. 适用于手工编制计划
   B. 工作之间的逻辑关系表达清楚
   C. 能够确定计划的关键工作和关键线路
   D. 调整工作量大
   E. 适应大型项目的进度计划系统

9. 标号法是一种快速确定双代号网络计划( )的方法。

A. 关键线路　　　　B. 要求工期　　　　C. 计算工期　　　　D. 工作持续时间
E. 计划工期

10. 当采用匀速进展横道图比较法比较工作的实际进度与计划进度时,如果表示实际进度的横道线右端点落在检查日期的左侧,则该横道线右端点与检查日期的差距表示该工作实际(　　)。

A. 超额完成的任务量　　　　　　B. 拖欠的任务量
C. 超前的时间　　　　　　　　　D. 拖后的时间
E. 少花费的时间

11. 某工作第4周之后的计划进度与实际进度如图3-36所示,从图中可获得的正确信息有(　　)。

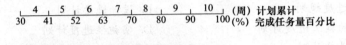
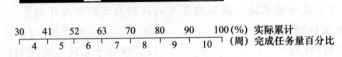

图3-36　多选题11图

A. 到第3周末,实际进度超前
B. 在第4周内,实际进度超前
C. 原计划第4周至第6周为均速进度
D. 第6周后半周未进行本工作
E. 本工作提前1周完成

12. 某工程双代号时标网络计划执行到第3周末和第9周末时,检查其实际进度如图3-37所示前锋线,检查结果表明(　　)。

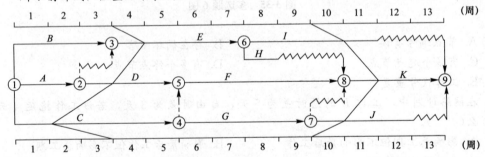

图3-37　多选题12图

A. 第3周末检查时,工作E拖后1周,但不影响工期
B. 第3周末检查时,工作C拖后2周,将影响工期2周
C. 第3周末检查时,工作D进度正常,不影响工期
D. 第9周末检查时,工作J拖后1周,但不影响工期
E. 第9周末检查时,工作K提前1周,不影响工期

13. 在应用前锋线比较法进行工程实际进度与计划进度比较时,工作实际进展点可以按该工作的(　　)进行标定。

A. 已完任务量比例 B. 尚余自由时差
C. 尚需作业时间 D. 已消耗劳动量
E. 尚余总时差

三、综合题

1. 某分部工程双代号时标网络计划执行到第 3 周末及第 8 周末时，检查实际进度后绘制的前锋线如图 3-38 所示，试用前锋线进行实际进度与计划进度的比较。

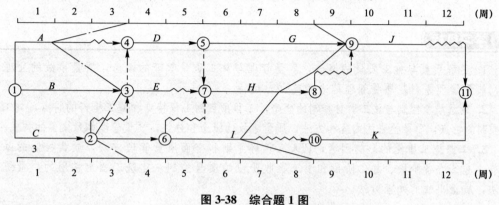

图 3-38 综合题 1 图

2. 已知网络计划如图 3-39 所示，在第 5 天检查时，发现 A 工作已经完成，B 工作已经进行 1 天，C 工作进行了 2 天，D 工作尚未进行，试用列表比较法进行实际进度与计划进度的比较。

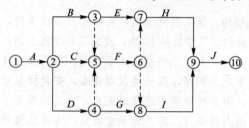

图 3-39 综合题 2 图

项目四　建筑工程项目质量管理

学习目标

1. 了解质量与施工质量的概念，质量管理与施工质量管理的概念，质量事故的处理程序，质量管理原则，质量管理体系的建立与运行。

2. 熟悉质量控制与施工质量控制的概念，工程项目的工程特点和施工生产的特点，施工质量控制的特点，质量检查的内容和方法，质量事故的概念和分类，质量管理体系文件的构成。

3. 掌握施工质量的影响因素，PDCA循环原则和全面质量管理方法，质量控制的基本环节，施工准备阶段、施工阶段和竣工验收阶段的质量控制，建筑工程上常用的质量统计方法，质量事故的处理方法。

引例

【背景材料】

某教学楼为四层砖混结构。该工程施工时，在安装三层楼板时，发生墙体倒塌，先后砸断部分三层和二层楼板共12块，造成三层楼面上的一名工人随倒塌物一起坠落而死亡，造成直接经济损失1.2万元。经调查，该工程设计没有问题，施工时按正常施工顺序，应先浇筑现浇梁，安装楼板后再砌三层的砖墙。在实际施工中，由于现浇梁未能及时完成，施工中采用了先砌三层墙，然后预留楼板槽，槽内放立砖，待浇筑承重梁后，再嵌装楼板，在嵌装楼板时，先撬掉槽内立砖、边安装楼板、边塞缝的施工方案。在实际操作中，工人以预留槽太小，楼板不好安装为理由，把部分预留槽加大，并且也未按照边装板、边塞缝的要求施工。

问题：
(1)简要分析这起事故发生的原因。
(2)这起事故可以认定为哪种等级的重大事故？依据是什么？
(3)这起质量事故应如何处理？

质量控制案例

任务单元一　建筑工程项目质量管理概述

一、质量管理与质量控制的概念

1. 质量与施工质量的概念

质量是指一组固有特性满足要求的程度。该定义可理解为：质量不仅是指产品的质量，也包括某项活动或过程的工作质量,还包括质量管理活动体系运行的质量。质量的关注点是一组固有特性,而不是赋予的特性。质量是满足要求的程度,要求是指明示的、隐含的或必须履行的需要和期望。质量要求是动态的、发展的和相对的。

施工质量是指建筑工程项目施工活动及其产品的质量,即通过施工使工程满足业主(顾客)的需要并符合国家法律、法规、技术规范标准、设计文件及合同定的要求,包括在安全、使用功能、耐久性、环境保护等方面所有明示和隐含需要的能力的特性综合。其质量特性主要体现在由施工形成的建筑工程的适用性、安全性、耐久性、可靠性、经济性及与环境的协调性六个方面。

2. 质量管理与施工质量管理的概念

质量管理是指在质量方面指挥和控制组织协调的活动。与质量有关的活动,通常包括质量方针和质量目标的建立、质量策划、质量控制、质量保证和质量改进等。所以,质量管理就是确定和建立质量方针、质量目标及职责,并在质量管理体系中通过质量策划、质量控制、质量保证和质量改进等手段来实施和实现全部质量管理职能的所有活动。

施工质量管理是指工程项目在施工安装和施工验收阶段,指挥和控制工程施工组织关于质量的相互协调的活动,使工程项目施工围绕着使产品质量满足不断更新的质量要求,而开展的策划、组织、计划、实施、检查、监督和审核等所有管理活动的总和。它是工程项目施工各级职能部门领导的职责,而工程项目施工的最高领导即施工项目经理应负全责。施工项目经理必须调动与施工质量有关的所有人员的积极性,共同做好本职工作,才能完成施工质量管理的任务。

3. 质量控制与施工质量控制的概念

质量控制是质量管理的一部分,是致力于满足质量要求的一系列相关活动。

施工质量控制是在明确的质量方针指导下,通过对施工方案和资源配置的计划、实施、检查和处置,进行施工质量目标的事前控制、事中控制和事后控制的系统过程。

二、施工质量控制的特点

施工质量控制的特点是由工程项目的工程特点和施工生产的特点决定的,施工质量控制必须考虑和适应这些特点,进行有针对性的管理。

1. 工程项目的工程特点和施工生产的特点

(1)施工的一次性。工程项目施工是不可逆的,施工出现质量问题,不可能完全回到原始状态,严重的可能导致工程报废。工程项目一般都投资巨大,一旦发生施工质量事故,就会造成重大的经济损失。因此,工程项目施工都应一次成功,不能失败。

(2)工程的固定性和施工生产的流动性。每一项工程项目都固定在指定地点的土地上,工程项目施工全部完成后,由施工单位就地移交给使用单位。工程的固定性特点,决定了工程项目对地基的特殊要求,施工采用的地基处理方案对工程质量产生直接影响。相对于工程的固定性特点,施工生产则表现出流动性的特点,表现为各种生产要素既在同一工程上的流动,又在不同工程项目之间的流动。由此,形成了施工生产管理方式的特殊性。

(3)产品的单件性。每一工程项目都要和周围环境相结合。由于周围环境以及地基情况的不同,只能单独设计生产;不能像一般工业产品那样,同一类型可以批量生产。建筑产品即使采用标准图纸生产,也会由于建筑地点、时间的不同,施工组织的方法不同,施工质量管理的要求也会有差异,因此,工程项目的运作和施工不能标准化。

(4)工程体形庞大。工程项目是由大量的工程材料、制品和设备构成的实体,体积庞大,无论是房屋建筑还是铁路、桥梁、码头等土木工程,都会占有很大的外部空间。一般只能在露天进行施工生产,施工质量受气候和环境的影响较大。

(5)生产的预约性。施工产品不像一般的工业产品那样先生产后交易,只能是在施工现场根据预定的条件进行生产,即先交易后生产。因此,选择设计、施工单位,通过投标、竞标、定约、成交,就成为建筑业物质生产的一种特有的方式。业主事先对这项工程产品的工期、造价和质量提出要求,并在生产过程中对工程质量进行必要的监督控制。

2. 施工质量控制的特点

(1)控制因素多。工程项目的施工质量受到多种因素的影响。这些因素包括设计、材料、机械、地质、水文、气象、施工工艺、操作方法、技术措施、管理制度、社会环境等。因此,要保证工程项目的施工质量,必须对所有这些影响因素进行有效控制。

(2)控制难度大。由于建筑产品生产的单件性和流动性,不具有一般工业产品生产常有的固定生产流水线、规范化的生产工艺、完善的检测技术、成套的生产设备和稳定的生产环境,不能进行标准化施工,施工质量容易产生波动;而且施工场面大、人员多、工序多、关系复杂、作业环境差,都加大了质量控制的难度。

(3)过程控制要求高。工程项目在施工过程中,由于工序衔接多、中间交接多、隐蔽工程多,故施工质量具有一定的过程性和隐蔽性。在施工质量控制工作中,必须加强对施工过程的质量检查,及时发现和整改存在的质量问题,避免事后从表面进行检查。过程结束后的检查难以发现在过程中产生、又被隐蔽了的质量隐患。

(4)终检局限大。工程项目建成以后不能像一般工业产品那样,依靠终检来判断产品的质量和控制产品的质量;也不可能像工业产品那样将其拆卸或解体检查内在质量,或更换不合格的零部件。所以,工程项目的终检(竣工验收)存在一定的局限性。因此,工程项目的施工质量控制应强调过程控制,边施工边检查边整改,及时做好检查、认证记录。

三、施工质量的影响因素

施工质量的影响因素主要有"人(Man)、材料(Material)、机械(Machine)、方法(Method)及环境(Environment)"五大方面,即4M1E。

1. 人的因素

这里讲的"人",是指直接参与施工的决策者、管理者和作业者。人的因素影响主要是指上述人员个人的质量意识及质量活动能力对施工质量造成的影响。我国实行的执业资格注册制度和管理及作业人员持证上岗制度等,从本质上说,就是对从事施工活动的人的素质和能力进行必要的控制。在施工质量管理中,人的因素起决定性的作用。所以,施工质量控制应以控制人的因素为基本出发点。作为控制对象,人的工作应避免失误;作为控制动力,应充分调动人的积极性,发挥人的主导作用。必须有效控制参与施工的人员素质,不断提高人的质量活动能力,才能保证施工质量。

2. 材料的因素

材料包括工程材料和施工用料,又包括原材料、半成品、成品、构配件等。各类材料是工程施工的物质条件,材料质量是工程质量的基础,材料质量不符合要求,工程质量就不可能达到标准。所以,加强对材料的质量控制,是保证工程质量的重要基础。

3. 机械的因素

机械设备包括工程设备、施工机械和各类施工工器具。工程设备是指组成工程实体的工艺设备和各类机具,如各类生产设备、装置和辅助配套的电梯、泵机,以及通风空调、消防、环保设备等,它们是工程项目的重要组成部分,其质量的优劣,直接影响到工程使用功能的发挥。施工机械设备是指施工过程中使用的各类机具设备,包括运输设备、吊装设备、操作工具、测量仪器、计量器具以及施工安全设施等。施工机械设备是所有施工方案和工法得以实施的重要物质基础,合理选择和正确使用施工机械设备是保证施工质量的重要措施。

4. 方法的因素

施工方法包括施工技术方案、施工工艺、工法和施工技术措施等。从某种程度上说,技术工艺水平的高低,决定了施工质量的优劣。采用先进合理的工艺、技术,依据规范的工法和作业指导书进行施工,必将对组成质量因素的产品精度、平整度、清洁度、密封性等物理、化学特性等方面起到良性的推进作用。例如近年来,原建设部在全国建筑业中推广应用的10项新的应用技术,包括地基基础和地下空间工程技术、高性能混凝土技术、高效钢筋和预应力技术、新型模板及脚手架应用技术、钢结构技术、建筑防水技术等,对确保建筑工程质量和消除质量通病起到了积极作用,收到了明显的效果。

5. 环境的因素

环境的因素主要包括现场自然环境因素、施工质量管理环境因素和施工作业环境因素。环境因素对工程质量的影响,具有复杂多变和不确定性的特点。

(1)现场自然环境因素主要指工程地质、水文、气象条件和周边建筑、地下障碍物以及其他不可抗力等对施工质量的影响因素。例如,在地下水水位高的地区,若在雨期进行基坑开挖,遇到连续降雨或排水困难,就会引起基坑塌方或地基受水浸泡影响承载力等;在寒冷地区,冬期施工措施不当,工程会因受到冻融而影响质量;在基层未干燥或大风天进行卷材屋面防水层的施工,就会导致粘贴不牢及空鼓等质量问题。

(2)施工质量管理环境因素主要指施工单位质量保证体系、质量管理制度和各参建施工单位之间的协调等因素。根据承发包的合同结构,理顺管理关系,建立统一的现场施工组织系统和质量管理的综合运行机制,确保质量保证体系处于良好的状态,创造良好的质量管理环境和氛围,是施工顺利进行,提高施工质量的保证。

(3)施工作业环境因素主要指施工现场的给水排水条件,各种能源介质供应,施工照明、通风、安全防护设施,施工场地空间条件和通道,以及交通运输和道路条件等因素。这些条件是否良好,直接影响到施工能否顺利进行,以及施工质量能否得到保证。

四、质量管理的方法

1. PDCA 循环原则

施工质量保证体系的运行,应以质量计划为主线,以过程管理为重心,按照 PDCA 循环的原理,通过计划、实施、检查和处理的步骤展开控制,如图4-1所示。质量保证体系运行状态和结果的信息应及时反馈,以便进行质量保证体系的能力评价。

(1)计划(Plan)。计划是质量管理的首要环节,通过计划,确定质量管理的方针、目标,以及实现方针、目标的措施和行动方案。计划包括质量管理目标的确定和质量保证工作计划。质量管理目标的确定,就是根据项目自身可能存在的质量问题、质量通病以及与国家规范规定的质量标准对比的差距,或者用户提出的更新、更高的质量要求所确定的项目在计划期应达到的质量标准。质量保证工作计划,就是为实现上述质量管理目标所采用的具体措施的计划。质量保证工作计划应做到材料、技术、组织三落实。

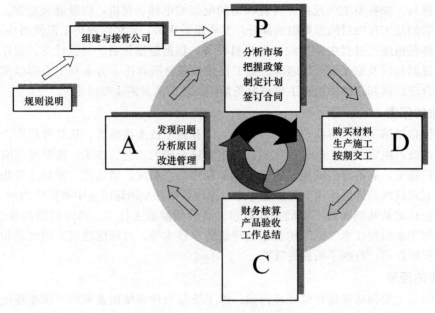

图 4-1 PDCA 循环原则

（2）实施（Do）。实施包含两个环节，即计划行动方案的交底和按计划规定的方法及要求展开的施工作业技术活动。首先，要做好计划的交底和落实。落实包括组织落实、技术和物资材料的落实。有关人员要经过培训、实习并经过考核合格再执行。其次，计划的执行，要依靠质量保证工作体系，也就是要依靠思想工作体系，做好教育工作；依靠组织体系，即完善组织机构、责任制、规章制度等项工作；依靠产品形成过程的质量控制体系，做好质量控制工作，以保证质量计划的执行。

（3）检查（Check）。检查就是对照计划，检查执行的情况和效果，及时发现计划执行过程中的偏差和问题。检查一般包括两个方面：一是检查是否严格执行了计划的行动方案，检查实际条件是否发生了变化，总结成功执行的经验，查明没按计划执行的原因；二是检查计划执行的结果，即施工质量是否达到标准的要求，并对此进行评价和确认。

（4）处理（Action）。在检查的基础上，把成功的经验加以肯定，形成标准，以利于在今后的工作中以此为处理的依据，巩固成果；同时采取措施，克服缺点，吸取教训，避免重犯错误，对于尚未解决的问题，则留到下一次循环再加以解决。

质量管理的全过程是反复按照 PDCA 的循环周而复始地运转，每运转一次，工程质量就提高一步。PDCA 循环具有大环套小环、互相衔接、互相促进、螺旋式上升，形成完整的循环和不断推进等特点。

2. 全面质量管理（TQC）

TQC 即全面质量管理（Total Quality Control），是 20 世纪中期在欧美和日本广泛应用的质量管理理念和方法，我国从 20 世纪 80 年代开始引进和推广全面质量管理方法。其基本原理就是强调在企业或组织的最高管理者质量方针的指引下，实行全面、全过程和全员参与的质量管理。

TQC 的主要特点是以顾客满意为宗旨；领导参与质量方针和目标的制定；提倡以预防为主、科学管理、用数据说话等。在当今国际标准化组织颁布的 ISO 9000—2000 版质量管理体系标准中，都体现了这些重要特点和思想。建设工程项目的质量管理，同样应贯彻以下"三全"管理的思想和方法。

（1）全面质量管理。全面质量管理是指建筑工程项目各方人员所进行的工程项目质量管理的总称，其中包括工程（产品）质量和工作质量的全面管理。工作质量是产品质量的保证，工作质量直接影响产品质量的形成。业主、监理单位、勘察单位、设计单位、施工总包单位、施工分包单位、材料设备供应商等，任何一方任何环节的怠慢疏忽或质量责任不到位都会造成对建筑工程质量的影响。

（2）全过程质量管理。全过程质量管理是指根据工程质量的形成规律，从源头抓起，全过程推进 GB/T 19000 强调质量管理的"过程方法"管理原则。因此，必须掌握识别过程和应用"过程方法"进行全程质量控制。主要的过程包括：项目策划与决策过程；勘察设计过程；施工采购过程；施工组织与准备过程；检测设备控制与计量过程；施工生产的检验试验过程；工程质量的评定过程；工程竣工验收与交付过程；工程回访维修服务过程等。

（3）全员参与质量管理。按照全面质量管理的思想，组织内部的每个部门和工作岗位都承担有相应的质量职能，组织的最高管理者确定了质量方针和目标，就应组织和动员全体员工参与到实施质量方针的系统活动中去，发挥自己的角色作用。开展全员参与质量管理的重要手段就是运用目标管理方法，将组织的质量总目标逐级进行分解，使之形成自上而下的质量目标分解体系和自下而上的质量目标保证体系，发挥组织系统内部每个工作岗位、部门或团队在实现质量总目标过程中的作用。

五、质量控制的基本环节

施工质量控制应贯彻全面、全过程、全员质量管理的思想，运用动态控制原理，进行质量的事前控制、事中控制和事后控制。

1. 事前质量控制

事前质量控制即在正式施工前进行的事前主动质量控制，通过编制施工质量计划，明确质量目标，制定施工方案，设置质量管理点，落实质量责任，分析可能导致质量目标偏离的各种影响因素，针对这些影响因素制定有效的预防措施，防患于未然。

2. 事中质量控制

事中质量控制是指在施工质量形成过程中，对影响施工质量的各种因素进行全面的动态控制。事中控制首先是对质量活动的行为约束，其次是对质量活动过程和结果的监督控制。事中控制的关键是坚持质量标准，控制的重点是工序质量、工作质量和质量控制点的控制。

事前质量控制

3. 事后质量控制

事后质量控制也称为事后质量把关，以使不合格的工序或最终产品（包括单位工程或整个工程项目）不流入下道工序、不进入市场。事后控制包括对质量活动结果的评价、认定和对质量偏差的纠正。控制的重点是发现施工质量方面的缺陷，并通过分析提出施工质量改进的措施，保持质量处于受控状态。

以上三大环节不是互相孤立和截然分开的，它们共同构成有机的系统过程，实质上也就是质量管理 PDCA 循环的具体化，在每一次滚动循环中不断提高，达到质量管理和质量控制的持续改进。

六、质量检查的内容和方法

1. 现场质量检查的内容

(1)开工前的检查,主要检查是否具备开工条件,开工后是否能够保持连续正常施工,能否保证工程质量。

(2)工序交接检查,对于重要的工序或对工程质量有重大影响的工序,应严格执行"三检"制度,即自检、互检、专检。未经监理工程师(或建设单位技术负责人)检查认可,不得进行下道工序施工。

(3)隐蔽工程的检查,施工中凡是隐蔽工程,必须检查认证后方可进行隐蔽掩盖。

(4)停工后复工的检查,因客观因素停工或处理质量事故等停工复工时,经检查认可后方能复工。

(5)分项分部工程完工后的检查,应经检查认可,并签署验收记录后,才能进行下一工程项目的施工。

(6)成品保护的检查,检查成品有无保护措施以及保护措施是否有效可靠。

2. 现场质量检查的方法

现场质量检查的方法主要有目测法、实测法和试验法等。

(1)目测法,即凭借感官进行检查,也称观感质量检验。其手段可概括为"看、摸、敲、照"四个字。所谓看,就是根据质量标准要求进行外观检查。例如,清水墙面是否洁净,喷涂的密实度和颜色是否良好、均匀,工人的操作是否正常,内墙抹灰的大面及口角是否平直,混凝土外观是否符合要求等。摸,就是通过触摸手感进行检查、鉴别。例如,油漆的光滑度,浆活是否牢固、不掉粉等。敲,就是运用敲击工具进行音感检查。例如,对地面工程、装饰工程中的水磨石、面砖、石材饰面等,均应进行敲击检查。照,就是通过人工光源或反射光照射,检查难以看到或光线较暗的部位。例如,管道井、电梯井等内的管线、设备安装质量,装饰吊顶内连接及设备安装质量等。

现场质量检查方法——目测法

(2)实测法,就是通过实测数据与施工规范、质量标准的要求及允许偏差值进行对照,以此判断质量是否符合要求。其手段可概括为"靠、量、吊、套"四个字。所谓靠,就是用直尺、塞尺检查诸如墙面、地面、路面等的平整度。量,就是指用测量工具和计量仪表等检查断面尺寸、轴线、标高、湿度、温度等的偏差。例如,大理石板拼缝尺寸与超差数量,摊铺沥青拌合料的温度,混凝土塌落度的检测等。吊,就是利用托线板以及线锤吊线检查垂直度。例如,砌体垂直度检查、门窗的安装等。套,是以方尺套方,辅以塞尺检查。例如,对阴阳角的方正、踢脚线的垂直度、预制构件的方正、门窗口及构件的对角线检查等。

(3)试验法,是指通过必要的试验手段对质量进行判断的检查方法。主要包括:

1)理化试验。工程中常用的理化试验包括物理力学性能方面的检验和化学成分及其含量的测定等两个方面。力学性能的检验如各种力学指标的测定,包括抗拉强度、抗压强度、抗弯强度、抗折强度、冲击韧性、硬度、承载力等。各种物理性能方面的测定如密度、含水量凝结时间、安定性及抗渗、耐磨、耐热性能等。化学成分及其含量的测定如钢筋中

现场质量检验方法——试验法

的磷、硫含量，混凝土中粗集料中的活性氧化硅成分，以及耐酸、耐碱、抗腐蚀性等。此外，根据规定有时还需进行现场试验，例如，对桩或地基的静载试验、下水管道的通水试验、压力管道的耐压试验、防水层的蓄水或淋水试验等。

2)无损检测。利用专门的仪器仪表从表面探测结构物、材料、设备的内部组织结构或损伤情况。常用的无损检测方法有超声波探伤、X射线探伤、γ射线探伤等。

任务单元二　建筑工程项目质量控制

一、施工准备阶段的质量控制

1. 施工质量控制的准备工作

(1)工程项目划分。一个建设工程从施工准备开始到竣工交付使用，要经过若干工序、工种的配合施工。施工质量的优劣，取决于各个施工工序、工种的管理水平和操作质量。因此，为了便于控制、检查、评定和监督每个工序和工种的工作质量，就要把整个工程逐级划分为单位工程、分部工程、分项工程和检验批，并分级进行编号，据此来进行质量控制和检查验收，这是进行施工质量控制的一项重要基础工作。

从建筑工程施工质量验收的角度来说，工程项目应逐级划分为单位(子单位)工程、分部(子分部)工程、分项工程和检验批。

(2)技术准备的质量控制。技术准备是指在正式开展施工作业活动前进行的技术准备工作。这类工作内容繁多，主要在室内进行，例如：熟悉施工图纸，进行详细的设计交底和图纸审查；进行工程项目划分和编号；细化施工技术方案和施工人员、机具的配置方案，编制施工作业技术指导书，绘制各种施工详图(如测量放线图、大样图及配筋、配板、配线图表等)，进行必要的技术交底和技术培训。技术准备的质量控制，包括对上述技术准备工作成果的复核审查，检查这些成果是否符合相关技术规范、规程的要求和对施工质量的保证程度；制定施工质量控制计划，设置质量控制点，明确关键部位的质量管理点等。

2. 现场施工准备的质量控制

(1)工程定位和标高基准的控制。工程测量放线是建设工程产品由设计转化为实物的第一步。施工测量质量的好坏，直接决定工程的定位和标高是否正确，并且制约施工过程有关工序的质量。因此，施工单位必须对建设单位提供的原始坐标点、基准线和水准点等测量控制点进行复核，并将复测结果上报监理工程师审核，批准后施工单位才能建立施工测量控制网，进行工程定位和标高基准的控制。

(2)施工平面布置的控制。建设单位应按照合同约定并考虑施工单位施工的需要，事先划定并提供施工用地和现场临时设施用地的范围。施工单位要合理科学地规划使用好施工场地，保证施工现场的道路畅通、材料的合理堆放、良好的防洪排水能力、充分的给水和供电设施以及正确的机械设备的安装布置。应制定施工场地质量管理制度，并做好施工现场的质量检查记录。

3. 材料的质量控制

建筑工程采用的主要材料、半成品、成品、建筑构配件等(统称"材料"，下同)均应进行现场验收。凡涉及工程安全及使用功能的有关材料，应按各专业工程质量验收规范规定进行复验，并应经监理工程师(建设单位技术负责人)检查认可。为了保证工程质量，施工单位应从以下几

个方面把好原材料的质量控制关:

(1)采购订货关。施工单位应制定合理的材料采购供应计划,在广泛掌握市场材料信息的基础上,优选材料的生产单位或者销售总代理单位(简称"材料供货商",下同),建立严格的合格供应方资格审查制度,确保采购订货的质量。

1)材料供货商对下列材料必须提供《生产许可证》:钢筋混凝土用热轧带肋钢筋、冷轧带肋钢筋、预应力混凝土用钢材(钢丝、钢棒和钢绞线)、建筑防水卷材、水泥、建筑外窗、建筑幕墙、建筑钢管脚手架扣件、人造板、铜及铜合金管材、混凝土输水管、电力电缆等材料产品。

2)材料供货商对下列材料必须提供《建材备案证明》:水泥、商品混凝土、商品砂浆、混凝土掺合料、混凝土外加剂、烧结砖、砌块、建筑用砂、建筑用石、排水管、给水管、电工套管、防水涂料、建筑门窗、建筑涂料、饰面石材、木制板材、沥青混凝土、三渣混合料等材料产品。

3)材料供货商要对外墙外保温、外墙内保温材料实施建筑节能材料备案登记。

4)材料供货商要对下列产品实施强制性产品认证(简称CCC,或3C认证):建筑安全玻璃(包括钢化玻璃、夹层玻璃、〈安全〉中空玻璃)、瓷质砖、混凝土防冻剂、溶剂型木器涂料、电线电缆、断路器、漏电保护器、低压成套开关设备等产品。

5)除上述材料或产品外,材料供货商对其他材料或产品必须提供出厂合格证或质量证明书。

(2)进场检验关。施工单位必须进行下列材料的抽样检验或试验,合格后才能使用。

1)水泥物理力学性能检验。同一生产厂、同一等级、同一品种、同一批号且连续进场的水泥,袋装不超过200 t为一检验批,散装不超过500 t为一检验批,每批抽样不少于一次。取样应在同一批水泥的不同部位等量采集,取样点不少于20个点,并应具有代表性,且总重量不少于12 kg。

2)钢筋力学性能检验。同一牌号、同一炉罐号、同一规格、同一等级、同一交货状态的钢筋,每批不大于60 t。从每批钢筋中抽取5%进行外观检查。力学性能试验从每批钢筋中任选两根钢筋,每根取两个试样分别进行拉伸试验(包括屈服点、抗拉强度和伸长率)和冷弯试验。

钢筋闪光对焊、电弧焊、电渣压力焊、钢筋气压焊,在同一台班内,由同一焊工完成的300个同级别、同直径钢筋焊接接头应作为一批;封闭环式箍筋闪光对焊接头,以600个同牌号、同规格的接头作为一批,只做拉伸试验。

3)砂、石常规检验。购货单位应按同产地同规格分批验收。用火车、货船或汽车运输的,以400 m³或600 t为一验收批,用马车运输的,以200 m³或300 t为一验收批。

4)混凝土、砂浆强度检验。每拌制100盘且不超过100 m³的同配合比的混凝土取样不得少于一次。当一次连续浇筑超过1 000 m³时,同配合比的混凝土每200 m³取样不得少于一次。

同条件养护试件的留置组数,应根据实际需要确定。同一强度等级的同条件养护试件,其留置数量应根据混凝土工程量和重要性确定,为3~10组。

5)混凝土外加剂检验。混凝土外加剂是由混凝土生产厂根据产量和生产设备条件,将产品分批编号,掺量大于1%(含1%)同品种的外加剂每一编号为100 t,掺量小于1%的外加剂每一编号为50 t,同一编号的产品必须是混合均匀的。其检验费由生产厂自行负责。建设单位只负责施工单位自拌的混凝土外加剂的检测费用,但现场不允许自拌大量混凝土。

6)沥青、沥青混合料检验。沥青卷材和沥青:同一品种、牌号、规格的卷材,抽验数量为1 000卷抽取5卷;500~1 000卷抽取4卷;100~499卷抽取3卷;小于100卷抽取2卷。同一批出厂、同一规格标号的沥青以20 t为一个取样单位。

7)防水涂料检验。同一规格、品种、牌号的防水涂料,每10 t为一批,不足10 t者按一批进行抽检。

(3)存储和使用关。施工单位必须加强材料进场后的存储和使用管理,避免材料变质(如水泥的受潮结块、钢筋的锈蚀等)和使用规格、性能不符合要求的材料造成工程质量事故。

例如,混凝土工程中使用的水泥,因保管不妥,放置时间过久,受潮结块就会失效。使用不合格或失效的劣质水泥,就会对工程质量造成危害。某住宅楼工程中使用了未经检验的安定性不合格的水泥,导致现浇混凝土楼板拆模后出现了严重的裂缝,随即对混凝土强度检验,结果其结构强度达不到设计要求,造成返工。

在混凝土工程中,由于水泥品种的选择不当或外加剂的质量低劣及用量不准同样会引起质量事故。如某学校的教学综合楼工程,在冬期进行基础混凝土施工时,采用火山灰质硅酸盐水泥配制混凝土,因工期要求较紧,又使用了未经复试的不合格早强防冻剂,结果导致混凝土结构的强度不能满足设计要求,不得不返工重做。因此,施工单位既要做好对材料的合理调度,避免现场材料的大量积压,又要做好对材料的合理堆放,并正确使用材料,在使用材料时进行及时的检查和监督。

4. 施工机械设备的质量控制

施工机械设备的质量控制,就是要使施工机械设备的类型、性能、参数等与施工现场的实际条件、施工工艺、技术要求等因素相匹配,符合施工生产的实际要求。其质量控制主要从机械设备的选型、主要性能参数指标的确定和使用操作要求等方面进行。

(1)机械设备的选型。机械设备的选择,应按照技术上先进、生产上适用、经济上合理、使用上安全、操作上方便的原则进行。选配的施工机械应具有工程的适用性,具有保证工程质量的可靠性,具有使用操作的方便性和安全性。

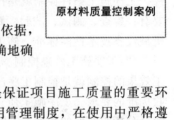

原材料质量控制案例

(2)主要性能参数指标的确定。主要性能参数是选择机械设备的依据,其参数指标的确定必须满足施工的需要和保证质量的要求。只有正确地确定主要的性能参数,才能保证正常的施工,不致引起安全质量事故。

(3)使用操作要求。合理使用机械设备,正确地进行操作,是保证项目施工质量的重要环节。应贯彻"人机固定"原则,实行定机、定人、定岗位职责的使用管理制度,在使用中严格遵守操作规程和机械设备的技术规定,做好机械设备的例行保养工作,使机械保持良好的技术状态,防止出现安全质量事故,确保工程施工质量。

二、施工过程阶段的质量控制

1. 技术交底

做好技术交底是保证施工质量的重要措施之一。项目开工前应由项目技术负责人向承担施工的负责人或分包人进行书面技术交底,技术交底资料应办理签字手续并归档保存。每一分部工程开工前均应进行作业技术交底。技术交底书应由施工项目技术人员编制,并经项目技术负责人批准实施。技术交底的内容主要包括:任务范围、施工方法、质量标准和验收标准,施工中应注意的问题,可能出现意外的措施及应急方案,文明施工和安全防护措施以及成品保护要求等。技术交底应围绕施工材料、机具、工艺、工法、施工环境和具体的管理措施等方面进行,应明确具体的步骤、方法、要求和完成的时间等。技术交底的形式有:书面、口头、会议、挂牌、样板、示范操作等。

2. 测量控制

项目开工前应编制测量控制方案,经项目技术负责人批准后实施。对相关部门提供的测量控制点应做好复核工作，经审批后进行施工测量放线，并保存测量记录。在施工过程中应对设置的测量控制点线妥善保护，不准擅自移动。同时在施工过程中必须认真进行施工测量复核工作，这是施工单位应履行的技术工作职责，其复核结果应报送监理工程师复验确认后，方能进行后续相关工序的施工。

3. 计量控制

计量控制是保证工程项目质量的重要手段和方法，是施工项目开展质量管理的一项重要基础工作。施工过程中的计量工作，包括施工生产时的投料计量、施工测量、监测计量以及对项目、产品或过程的测试、检验、分析计量等。其主要任务是统一计量单位制度，组织量值传递，保证量值统一。计量控制的工作重点是：建立计量管理部门和配置计量人员；建立健全和完善计量管理的规章制度；严格按规定有效控制计量器具的使用、保管、维修和检验；监督计量过程的实施，保证计量的准确。

4. 工序施工质量控制

施工过程是由一系列相互联系与制约的工序构成，工序是人、材料、机械设备、施工方法和环境因素对工程质量综合起作用的过程，所以对施工过程的质量控制，必须以工序质量控制为基础和核心。因此，工序的质量控制是施工阶段质量控制的重点。只有严格控制工序质量，才能确保施工项目的实体质量。工序施工质量控制主要包括工序施工条件质量控制和工序施工效果质量控制。

(1) 工序施工条件控制。工序施工条件是指从事工序活动的各生产要素质量及生产环境条件。工序施工条件控制就是控制工序活动的各种投入要素质量和环境条件质量。控制的手段主要有：检查、测试、试验、跟踪监督等。控制的依据主要是：设计质量标准、材料质量标准、机械设备技术性能标准、施工工艺标准以及操作规程等。

(2) 工序施工效果控制。工序施工效果主要反映工序产品的质量特征和特性指标。对工序施工效果的控制就是控制工序产品的质量特征和特性指标能否达到设计质量标准以及施工质量验收标准的要求。工序施工质量控制属于事后质量控制，其控制的主要途径是：实测获取数据、统计分析所获取的数据、判断认定质量等级和纠正质量偏差。

5. 特殊过程的质量控制

特殊过程是指该施工过程或工序的施工质量不易或不能通过其后的检验和试验而得到充分的验证，或者万一发生质量事故则难以挽救的施工过程。特殊过程的质量控制是施工阶段质量控制的重点。对在项目质量计划中界定的特殊过程，应设置工序质量控制点，抓住影响工序施工质量的主要因素进行强化控制。

(1) 选择质量控制点的原则。质量控制点的选择应以那些保证质量的难度大、对质量影响大或是发生质量问题时危害大的对象进行设置。选择的原则是：对工程质量形成过程产生直接影响的关键部位、工序或环节及隐蔽工程；施工过程中的薄弱环节，或者质量不稳定的工序、部位或对象；对下道工序有较大影响的上道工序；采用新技术、新工艺、新材料的部位或环节；施工上无把握的、施工条件困难的或技术难度大的工序或环节；用户反馈指出和过去有过返工的不良工序。

(2) 质量控制点重点控制的对象。质量控制点的选择要准确、有效，要根据对重要质量特性进行重点控制的要求，选择质量控制的重点部位、重点工序和重点的质量因素作为质量控制的对象，进行重点预控和控制，从而有效地控制和保证施工质量。可作为质量控制点中重点控制的对象主要包括以下几个方面：

1) 人的行为。某些操作或工序，应以人为重点的控制对象，比如：高空、高温、水下、易燃易爆、重型构件吊装作业以及操作要求高的工序和技术难度大的工序等，都应从人的生理、心理、技术能力等方面进行控制。

2）材料的质量与性能。这是直接影响工程质量的重要因素，在某些工程中应作为控制的重点。例如，钢结构工程中使用的高强度螺栓、某些特殊焊接使用的焊条，都应作为重点控制其材质与性能；又如水泥的质量是直接影响混凝土工程质量的关键因素，施工中就应对进场的水泥质量进行重点控制，必须检查核对其出厂合格证，并按要求进行强度和安定性的复试等。

3）施工方法与关键操作。某些直接影响工程质量的关键操作应作为控制的重点，如预应力钢筋的张拉工艺操作过程及张拉力的控制，是可靠地建立预应力值和保证预应力构件的关键过程。同时，那些易对工程质量产生重大影响的施工方法，也应列为控制的重点，如大模板施工中模板的稳定和组装问题、液压滑模施工时支承杆稳定问题、升板法施工中提升差的控制等。

4）施工技术参数。如混凝土的外加剂掺量、水胶比、回填土的含水量、砌体的砂浆饱满度、防水混凝土的抗渗等级、钢筋混凝土结构的实体检测结果及混凝土冬期施工受冻临界强度等技术参数都是应重点控制的质量参数与指标。

5）技术间歇。有些工序之间必须留有必要的技术间歇时间，例如，砌筑与抹灰之间，应在墙体砌筑后留6～10 d时间，让墙体充分沉陷、稳定、干燥，再抹灰，抹灰层干燥后，才能喷白、刷浆；混凝土浇筑与模板拆除之间，应保证混凝土有一定的硬化时间，达到规定拆模强度后方可拆除等。

6）施工顺序。对于某些工序之间必须严格控制先后的施工顺序，例如，对冷拉的钢筋应当先焊接后冷拉，否则会失去冷强；屋架的安装固定，应采取对角同时施焊方法，否则会由于焊接应力导致校正好的屋架发生倾斜。

7）易发生或常见的质量通病，例如，混凝土工程的蜂窝、麻面、空洞，墙、地面、屋面防水工程渗水、漏水、空鼓、起砂、裂缝等，都与工序操作有关，均应事先研究对策，提出预防措施。

8）新技术、新材料及新工艺的应用。由于缺乏经验，施工时应将其作为重点进行控制。

9）产品质量不稳定和不合格率较高的工序应列为重点，认真分析、严格控制。

10）特殊地基或特种结构。对于湿陷性黄土、膨胀土、红黏土等特殊土地基的处理，以及大跨度结构、高耸结构等技术难度较大的施工环节和重要部位，均应予以特别的重视。

混凝土常见质量通病

(3)特殊过程质量控制的管理。特殊过程质量控制除按一般过程质量控制的规定执行外，还应由专业技术人员编制作业指导书，经项目技术负责人审批后执行。作业前施工员、技术员做好交底和记录，使操作人员在明确工艺标准、质量要求的基础上进行作业。为保证质量控制点的目标实现，应严格按照三级检查制度进行检查控制。在施工中发现质量控制点有异常时，应立即停止施工，召开分析会，查找原因采取对策予以解决。

6. 成品保护的控制

成品保护一般是指在项目施工过程中，某些部位已经完成，而其他部位还在施工，在这种情况下，施工单位必须负责对已完成部分采取妥善的措施予以保护，以免因成品缺乏保护或保护不善而造成损伤或污染，影响工程的实体质量。加强成品保护，首先要加强教育，提高全体员工的成品保护意识，同时要合理安排施工顺序，采取有效的保护措施。

成品保护的措施一般包括：防护，就是提前保护，针对被保护对象的特点采取各种保护的措施，防止对成品的污染及损坏；包裹，就是将被保护物包裹起来，以防损伤或污染；覆盖，就是用表面覆盖的方法，防止堵塞或损伤；封闭，就是采取局部封闭的办法进行保护。

成品保护

三、竣工验收阶段的质量控制

1. 施工项目竣工质量验收程序

工程项目竣工验收工作，通常可分为三个阶段，即准备阶段（竣工验收的准备）、初步验收（预验收）和正式验收。

(1)准备阶段（竣工验收的准备）。参与工程建设的各方均应做好竣工验收的准备工作。其中，建设单位应完成组织竣工验收班子，审查竣工验收条件，准备验收资料，做好建立建设项目档案、清理工程款项、办理工程结算手续等方面的准备工作；监理单位应协助建设单位做好竣工验收的准备工作，督促施工单位做好竣工验收的准备；施工单位应及时完成工程收尾，做好竣工验收资料的准备（包括整理各项交工文件、技术资料并提出交工报告组织准备工程预验收）；设计单位应做好资料整理和工程项目清理等工作。

(2)初步验收（预验收）。当工程项目达到竣工验收条件后，施工单位在自检合格的基础上，填写工程竣工报验单，并将全部资料报送监理单位，申请竣工验收。监理单位根据施工单位报送的工程竣工报验申请，由总监理工程师组织专业监理工程师，对竣工资料进行审查，并对工程质量进行全面检查，对检查中发现的问题督促施工单位及时整改。经监理单位检查验收合格后，由总监理工程师签署工程竣工报验单，并向建设单位提出质量评估报告。

(3)正式验收。项目主管部门或建设单位在接到监理单位的质量评估和竣工报验单后，经审查，确认符合竣工验收条件和标准，即可组织正式验收。

竣工验收由建设单位组织，验收组由建设、勘察、设计、施工、监理和其他有关方面的专家组成，验收组可下设若干个专业组。建设单位应当在工程竣工验收 7 个工作日前将验收的时间、地点以及验收组名单书面通知当地工程质量监督站。

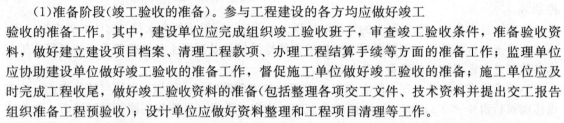

施工单位
工程竣工报告

2. 施工过程的工程质量验收

施工过程的工程质量验收是在施工过程中，在施工单位自行质盘检查评定的基础上，参与建设活动的有关单位共同对检验批、分项、分部、单位工程的质量进行抽样复验，根据相关标准以书面形式对工程质量达到合格与否作出确认。

(1)检验批质量验收。检验批质量验收合格应符合下列规定：

1)主控项目和一般项目的质量经抽样检验合格。

2)具有完整的施工操作依据、质量检查记录。

检验批是工程验收的最小单位，是分项工程乃至整个建筑工程质量验收的基础。检验批是施工过程中条件相同并有一定数量的材料、构配件或安装项目，由于其质量基本均匀一致，因此，可以作为检验的基础单位，并按批验收。

检验批质量合格的条件有两个方面：资料检查合格、主控项目和一般项目检验合格。

(2)分项工程质量验收。分项工程质量验收合格应符合下列规定：

1)分项工程所含的检验批均应符合合格质量的规定。

2)分项工程所含的检验批的质量验收记录应完整。

分项工程的验收在检验批的基础上进行。一般情况下，两者具有相同或相近的性质，只是批量的大小不同而已。因此，将有关的检验批汇集构成分项工程的检验。分项工程合格质量的条件比较简单，只要构成分项工程的各检验批的验收资料文件完整，并且均已验收合格，则分项工程验收合格。

(3)分部(子分部)工程质量验收。分部(子分部)工程质量验收合格应符合下列规定：

1)分部(子分部)工程所含分项工程的质量均应验收合格。

2)质量控制资料应完整。

3)地基与基础、主体结构和设备安装等分部工程有关安全及功能的检验和抽样检测结果应符合有关规定。

4)观感质量验收应符合要求。

(4)单位(子单位)工程质量验收。单位(子单位)工程质量验收合格应符合下列规定：

1)单位(子单位)工程所含分部(子分部)工程的质量均应验收合格。

2)质量控制资料应完整。

3)单位(子单位)工程所含分部工程有关安全和功能的检测资料应完整。

4)主要功能项目的抽查结果应符合相关专业质量验收规范的规定。

5)观感质量验收应符合要求。

3. 质量不符合要求时的处理方法

当建筑工程质量不符合要求时，应按下列规定进行处理：

(1)经返工重做或更换器具、设备的检验批，应重新进行验收。

(2)经有资质的检测单位检测鉴定能够达到设计要求的检验批，应予以验收。

(3)经有资质的检测单位检测鉴定达不到设计要求，但经原设计单位核算认可能够满足结构安全和使用功能的检验批，可予以验收。

(4)经返修或加固处理的分项、分部工程，虽然改变外形尺寸但仍能满足安全使用要求，可按技术处理方案和协商文件进行验收。

(5)通过返修或加固处理仍不能满足安全使用要求的分部工程、单位(子单位)工程，严禁验收。

任务单元三　质量控制的统计分析方法

建筑工程质量控制用数理统计方法，可以科学地掌握质量状态，分析存在的质量问题，了解影响质量的各种因素，达到提高工程质量和经济效益的目的。

建筑工程上常用的统计方法有分层法、排列图法、控制图法、因果分析图法、频数分布直方图、控制图、相关图和统计调查表。

一、分层法

1. 分层法的基本原理

由于工程质量形成的影响因素多，因此，对工程质量状况的调查和质量问题的分析必须分门别类地进行，以便准确有效地找出问题及其原因，这就是分层法的基本思想。

2. 分层法的实际应用

【例 4-1】 一个焊工班组有 A、B、C 三位工人实施焊接作业，共抽检 60 个焊接点，发现有 18 个点不合格，占 30%。究竟问题在哪里？

根据分层法的原理，对三个焊工焊接点进行统计分析，分层调查的统计数据表见表 4-1。

表 4-1 分层调查的统计数据表

作业工人	抽查点数	不合格点数	个体不合格率	占不合格点总数百分率
A	20	2	10%	11%
B	20	4	20%	22%
C	20	12	60%	67%
合计	60	18	—	100%

根据对表 4-1 的结果分析，主要是作业工人 C 的焊接质量影响了总体的质量水平。

3. 分层法的原始数据获得

调查分析的层次划分，根据管理需要和统计目的，通常可按照以下分层方法取得原始数据：
(1) 按施工时间分：月、日、上午、下午、白天、晚间、季节；
(2) 按地区部位分：区域、城市、乡村、楼层、外墙、内墙；
(3) 按产品材料分：产地、厂商、规格、品种；
(4) 按检测方法分：方法、仪器、测定人、取样方法；
(5) 按作业组织分：工法、班组、工长、工人、分包商；
(6) 按工程类型分：住宅、办公楼、道路、桥梁、隧道；
(7) 按合同结构分：总承包、专业分包、劳务分包。

二、排列图法

1. 排列图法的基本原理

在质量管理过程中，通过抽样检查或检验试验所得到的质量问题、偏差、缺陷、不合格等统计数据，以及造成质量问题的原因分析统计数据，均可采用排列图方法进行状况描述，它具有直观、主次分明的特点。

排列图又称为主次因素排列图。它是根据意大利经济学家帕累托(Pareto)提出的"关键的少数和次要的多数"的原理（又称帕累托原理），由美国质量管理专家朱兰运用于质量管理中而发明的一种质量管理图形。其作用是寻找主要质量问题或影响质量的主要原因，以便抓住提高质量的关键，取得好的效果。

帕累托

2. 排列图法的实际应用

排列图由两个纵坐标、一个横坐标、几个长方形和一条曲线组成。左侧的纵坐标是频数或件数，右侧的纵坐标是累计频率，横轴则是项目（或影响因素），按项目频数大小顺序在横轴上自左而右画长方形，其高度为频数，并根据右侧纵坐标，画出累计频率曲线，又称为巴雷特曲线。根据累计频率把影响因素分成三类：A 类因素，对应于累计频率 0~80%，是影响产品质量的主要因素；B 类因素，对应于累计频率 80%~90%，为次要因素；C 类因素，对应于累计频率 90%~100%，为一般因素。运用排列图便于找出主次矛盾，以利于采取措施加以改进。

【例 4-2】 工作人员对某砌砖工程质量问题进行了调查，调查结果统计如下：

(1)收集寻找问题的数据。某瓦工班组在一幢砖混结构的住宅工程中共砌筑 400 m³ 的砖墙，为了提高砌筑质量，对其允许偏差项目进行检测，检测数据见表 4-2。

表 4-2　砖墙砌体允许偏差检测数据表

序号	项目	允许偏差/mm	检查点数	不合格点数
1	轴线位移偏差	10	30	0
2	墙体顶面标高	±10	30	0
3	垂直度(每层)	5	30	3
4	表面平整度	5	30	15
5	水平灰缝	7	30	9
6	清水墙游丁走缝	15	30	6
7	水平灰缝厚度(10 皮砖)	±8	30	5

(2)分析整理数据"列表"，即作不合格点数统计表。把各个项目的不合格点数由多到少按顺序填入表中，见表 4-3，并计算每个项目的频率和累计频率。

表 4-3　砌墙工程不合格项目及频率

序号	项目	不合格点数(频数)	频率/%	累计频率/%
1	表面平整度	15	39.5	39.5
2	水平灰缝	9	23.7	63.2
3	清水墙游丁走缝	6	15.8	79
4	水平灰缝厚度(10 皮砖)	5	13.2	92.2
5	垂直度(每层)	3	7.8	100
合计		38	100	

(3)绘制排列图，如图 4-2 所示。

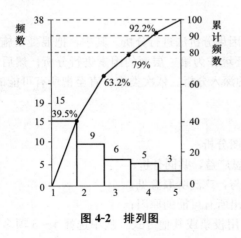

图 4-2　排列图

排列图法案例

(4)确定影响质量的主要因素。由图 4-1 可知，影响砌筑质量的主要因素是 1、2、3 项，即表面平整度、水平灰缝平直度和清水墙游丁走缝，应采取措施以确保工程质量。

三、因果分析图法

1. 因果分析图法的基本原理

因果分析图又称为特性要因图,因其形状像树枝或鱼骨,故又称为鱼骨图、鱼刺图、树枝图。

通过排列图,找到了影响质量的主要问题(或主要因素),但找到问题不是质量控制的最终目的,目的是搞清产生质量问题的各种原因,以便采取措施加以纠正,因果分析图法就是分析质量问题产生原因的有效工具。

因果图的作法是将要分析的问题放在图形的右侧,用一条带箭头的主杆指向要解决的质量问题,一般从人、设备、材料、方法、环境五个方面进行分析,这就是所谓的大原因,对具体问题来讲,这五个方面的原因不一定同时存在,要找到解决问题的方法,还需要对上述五个方面进一步分解,这就是中原因、小原因或更小原因,它们之间的关系也用带箭头的箭线表示,如图 4-3 所示。

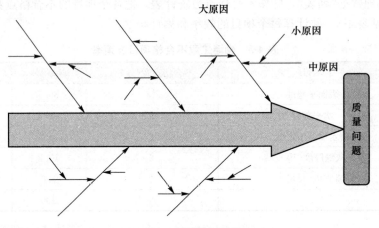

图 4-3 因果分析图

2. 因果分析图法的实际应用

【例 4-3】 某工程中混凝土强度不足,现用因果分析法进行分析。其中,把混凝土施工的生产要素,即人、机械、材料、施工方法和施工环境作为第一层面的因素进行分析;然后对第一层面的各个因素,再进行第二层面的可能原因的深入分析。依次类推,直至把所有可能的原因,分层次一一罗列出来,如图 4-4 所示。

3. 因果分析图法应用时的注意事项

(1)一个质量特征或一个质量问题使用一张图分析;

(2)通常采用 QC 小组活动的方式进行,集思广益,共同分析;

(3)必要时可以邀请小组以外的有关人员参与,广泛听取意见;

(4)分析时要充分发表意见,层层深入,列出所有可能的原因;

(5)在充分分析的基础上,由各参与人员采用投票或其他方式,从中选择 1~5 项多数人达成共识的最主要原因。

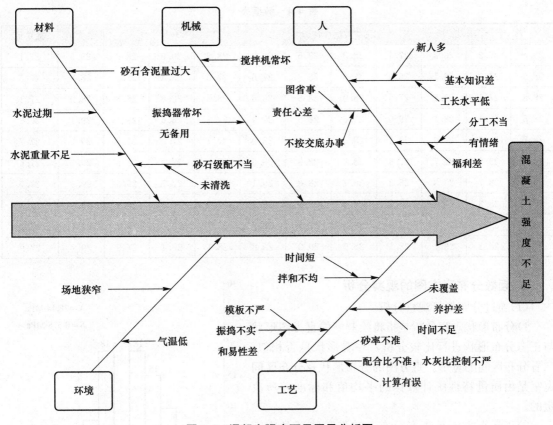

图 4-4 混凝土强度不足因果分析图

四、频数分布直方图

1. 频数分布直方图的原理

直方图又称为质量分布图、矩形图，它是对数据进行加工整理、观察分析和掌握质量分布规律、判断生产过程是否正常的有效方法，除此以外，直方图还可以用来估计工序不合格品率的高低、制定质量标准、确定公差范围、评价施工管理水平等。

直方图由一个纵坐标、一个横坐标和若干个长方形组成。横坐标为质量特性，纵坐标是频数时，直方图为频数直方图；纵坐标是频率时，直方图为频率直方图。为了确定各种因素对产品质量的影响情况，在现场随机地实测一批产品的有关数据，将实测得来的这批数据进行分组整理，统计每组数据出现的频数，然后，在直角坐标的横坐标轴上自小至大标出各分组点，在纵坐标上标出对应的频数，画出其高度值为其频数值的一系列直形，即为频数分布直方图。

2. 频数分布直方图的实际应用

用直方图分析工程质量问题，首先是收集当前生产过程质量特性抽检的数据，然后制作直方图进行观察分析，最后判断生产过程的质量状况和能力。

【例 4-4】 某工程 10 组试块的抗压强度数据 100 个，数据见表 4-4，通过数据表很难直接判断其质量状况是否正常、稳定和受控情况，如将其数据整理后绘制成直方图，就可以根据正态分布的特点进行分析判断，如图 4-5 所示。

表 4-4 数据表

数据/MPa										最大值	最小值
29.4	27.3	28.2	27.1	28.3	28.5	28.9	28.3	29.9	28.0	29.9	27.1
28.9	27.9	28.1	28.3	28.9	28.3	27.8	27.5	28.4	27.9	28.9	27.5
28.8	27.1	27.1	27.9	28.0	28.5	28.6	28.3	28.9	28.8	28.9	27.1
28.5	29.1	28.1	29.0	28.6	28.9	27.9	27.8	28.6	28.4	29.1	27.8
28.7	29.2	29.0	29.1	28.0	28.9	27.7	27.9	27.7	29.2	27.7
29.1	29.0	28.7	27.6	28.3	28.3	28.6	28.0	28.3	28.5	29.1	27.6
28.5	28.7	28.3	28.1	28.7	28.3	29.1	28.5	27.7	29.3	29.3	27.7
28.8	28.3	27.8	28.1	28.4	28.9	28.1	27.3	27.5	28.4	28.9	27.3
28.4	29.0	28.9	28.0	28.6	27.7	28.7	27.7	29.0	29.4	29.4	27.7
29.3	28.1	29.7	28.5	28.9	29.0	28.8	28.1	29.4	27.9	29.7	27.9

3. 频数分布直方图的观察分析

(1) 通过分布形状观察分析。

1) 分布形状观察分析是指将绘制好的直方图形状与正态分布形状进行比较分析，一看形状是否相似，二看分布区间的宽窄。直方图的分布形状及分布区间宽窄是由质量特性统计数据的平均值和标准差所决定的。

2) 正常直方图呈正态分布，其形状特征是中间高、两边低、成对称，如图 4-6(a) 所示。正常直方图反映生产过程质量处于正常、稳定状态。数理统计研究证明，当随即抽样方案合理且样本数量足够大时，在生产能力处于正常、稳定状态，质量特性检测数据趋于正态分布。

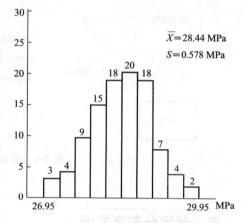

图 4-5 频数分布直方图

3) 异常直方图呈偏态分布，常见的异常直方图有折齿型、缓坡型、孤岛型、双峰型、峭壁型，如图 4-6(b)、(c)、(d)、(e)、(f) 所示，出现异常的原因可能是生产过程存在影响质量的系统因素，或收集整理数据制作直方图的方法不当所致，要具体分析。

(2) 通过分布位置观察分析。

1) 分布位置观察分析是指将直方图的分布位置与质量控制标准的上、下界限范围进行比较分析，如图 4-7 所示。

2) 生产过程的质量正常、稳定和受控，还必须在公差标准上、下界限范围内达到质量合格的要求。只有这样的正常、稳定和受控才是经济合理的受控状态，如图 4-7(a) 所示。

3) 图 4-7(b) 所示质量特性数据分布偏下限，易出现不合格，在管理上必须提高总体能力。

4) 图 4-7(c) 所示质量特性数据的分布宽度边界达到质量标准的上、下界限，其质量能力处于临界状态，易出现不合格，必须分析原因，采取措施。

5) 图 4-7(d) 所示质量特性数据的分布居中且边界与质量标准的上、下界限有较大的距离，说明其控制质量的能力偏大，不经济。

6) 图 4-7(e)、(f) 所示的数据分布均已出现超出质量标准的上、下界限，这些数据说明生产过程存在质量不合格，需要分析原因，采取措施进行纠偏。

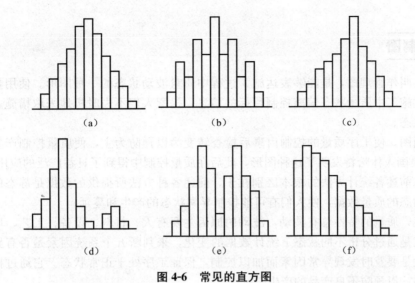

图 4-6 常见的直方图
(a)正常型；(b)折齿型；(c)缓坡型；(d)孤岛型；(e)双峰型；(f)峭壁型

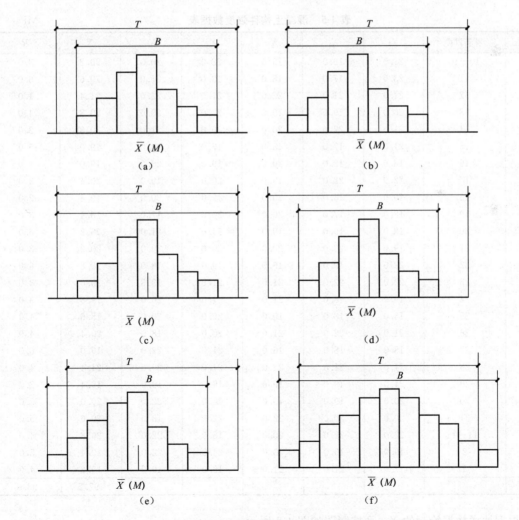

图 4-7 直方图与质量标准上、下界限

五、控制图

控制图又叫作管理图,是能够表达施工过程中质量波动状态的一种图形。使用控制图,能够及时地提供施工中质量状态偏离控制目标的信息,提醒人们不失时机地采取措施,使质量始终处于控制状态。

使用控制图,使工序质量的控制由事后检查转变为以预防为主,使质量控制产生了一个飞跃。1924 年美国人休哈特发明了这种图形,此后在质量控制中得到了日益广泛的应用。

控制图与前述各统计方法的根本区别在于,前述各种方法所提供的数据是静态的,而控制图则可提供动态的质量数据,使人们有可能控制异常状态的产生和蔓延。

如前所述,质量的特性总有波动,波动的原因主要有人、材料、设备、工艺、环境五个方面。控制图就是通过分析不同状态下统计数据的变化,来判断五个系统因素是否有异常而影响着质量,也就是要及时发现异常因素而加以控制,保证工序处于正常状态。它通过抽样数据来判断总体状态,以预防不良产品的产生。

【例 4-5】 表 4-5 为某工程中混凝土构件强度数据表,根据抽样数据来绘制控制图。

表 4-5 混凝土构件强度数据表　　　　　　　MPa

组号	测定日期	X_1	X_2	X_3	X_4	X_5	$\bar{X}$	R
1	10—10	21.0	19.0	19.0	22.0	20.0	20.2	3.0
2	11	23.0	17.0	18.0	19.0	21.0	19.6	6.0
3	12	21.0	21.0	22.0	21.0	22.0	21.4	1.0
4	13	20.0	19.0	19.0	23.0	20.0	20.8	4.0
5	14	21.0	22.0	20.0	20.0	21.0	20.8	2.0
6	15	21.0	17.0	18.0	17.0	22.0	19.0	5.0
7	16	18.0	18.0	20.0	19.0	20.0	19.0	2.0
8	17	22.0	22.0	19.0	20.0	19.0	20.4	3.0
9	18	20.0	18.0	20.0	19.0	20.0	19.4	2.0
10	19	18.0	17.0	20.0	20.0	17.0	18.4	3.0
11	20	18.0	19.0	19.0	24.0	21.0	20.2	6.0
12	21	19.0	22.0	19.0	20.0	20.0	20.2	3.0
13	22	22.0	19.0	16.0	19.0	18.0	18.8	6.0
14	23	20.0	22.0	21.0	21.0	18.8	20.0	3.0
15	24	19.0	18.0	21.0	21.0	20.0	19.8	3.0
16	25	16.0	18.0	19.0	20.0	20.0	18.6	4.0
17	26	21.0	22.0	21.0	20.0	18.0	20.4	4.0
18	27	18.0	18.0	16.0	21.0	22.0	19.0	6.0
19	28	21.0	21.0	21.0	21.0	23.0	21.4	4.0
20	29	21.0	19.0	19.0	19.0	19.0	19.4	2.0
21	30	20.0	19.0	19.0	20.0	20.0	20.0	1.0
22	31	20.0	20.0	23.0	22.0	18.0	20.6	5.0
23	11—1	22.0	22.0	20.0	18.0	22.0	20.8	4.0
24	2	19.0	19.0	20.0	24.0	22.0	20.4	5.0
25	3	17.0	21.0	21.0	18.0	19.0	19.2	4.0
合计							497.2	93.0

根据抽样数据绘制的 $\bar{X}-R$ 控制图如图 4-8 所示。

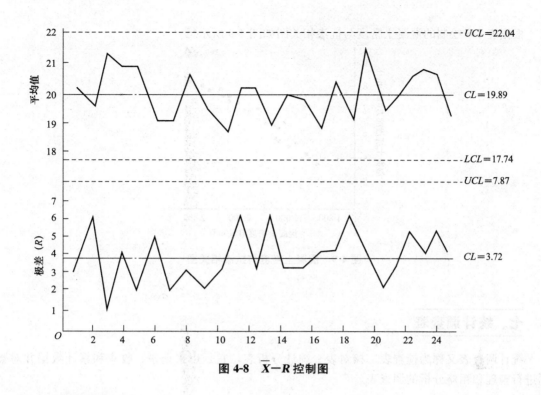

图 4-8 $\bar{X}-R$ 控制图

六、相关图

相关图又叫作散布图，它不同于前述各种方法之处，在于其不是对一种数据进行处理和分析，而是对两种测定数据之间的相关关系进行处理、分析和判断。它也是一种动态的分析方法。在工程施工中，工程质量的相关关系有三种类型：第一种是质量特性和影响因素之间的关系，如混凝土强度与温度的关系；第二种是质量特性与质量特性之间的关系；第三种是影响因素与影响因素之间的关系，如混凝土容重与抗渗能力之间的关系，沥青的粘结力与沥青的延伸率之间的关系等。通过对相关关系的分析、判断，可以给人们提供对质量目标进行控制的信息。分析质量结果与产生原因之间的相关关系，有时从数据上比较容易看清楚，但有时从数据上很难看清，这就必须借助于相关图为进行相关分析提供方便。

使用相关图，就是通过绘图、计算与观察，判断两种数据之间究竟是什么关系，建立相关方程，从而通过控制一种数据达到控制另一种数据的目的。正如我们掌握了在弹性极限内钢材的应力和应变的正相关关系（直线关系），可以通过控制拉伸长度（应变）从而达到提高钢材强度的目的一样（冷拉的原理）。

【例 4-6】 根据表 4-6 所示的混凝土密度与抗渗的关系，绘制其相关图。

表 4-6 混凝土密度与抗渗的关系

抗渗	密度	抗渗	密度	抗渗	密度	抗渗	密度	抗渗	密度
780	2 290	650	2 080	480	1 850	580	2 040	550	1 940
500	1 919	700	2 150	730	2 200	590	2 050	680	2 140
550	1 960	840	2 520	750	2 240	640	2 060	620	2 110
810	2 400	520	1 900	810	2 440	780	2 350	630	2 120
800	2 350	750	2 250	690	2 170	350	2 300	700	2 200

根据表 4-6 绘制的混凝土密度与抗渗相关图如图 4-9 所示。

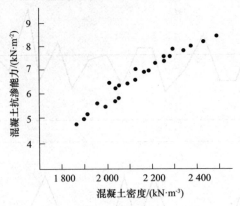

图 4-9　混凝土密度与抗渗相关图

七、统计调查表

统计调查表又称为检查表、核对表、统计分析表，它是用来记录、收集和累计数据并对数据进行整理和粗略分析的调查表。

任务单元四　建筑工程项目质量改进和质量事故的处理

一、建筑工程项目质量改进

施工项目应利用质量方针、质量目标定期分析和评价项目的管理状况，识别质量持续改进区域，确定改进目标，实施选定的解决办法，改进质量管理体系的有效性。

1. 改进的步骤

(1)分析和评价现状，以识别改进的区域；

(2)确定改进目标；

(3)寻找可能的解决办法以实现这些目标；

(4)评价这些解决办法并作出选择；

(5)实施选定的解决办法；

(6)测量、验证、分析和评价实施的结果以确定这些目标已经实现；

(7)正式采纳更正(即形成正式的规定)；

(8)必要时，对结果进行评审，以确定进一步改进的机会。

2. 改进的方法

(1)通过建立和实施质量目标，营造一个激励改进的氛围和环境；

(2)确立质量目标以明确改进方向；

(3)通过数据分析、内部审核，不断寻求改进的机会，并作出适当的改进活动安排；

(4)通过纠正和预防措施及其他适用的措施实现改进；

(5)在管理评审中评价改进效果,确定新的改进目标和改进的决定。

3. 改进的内容

持续改进的范围包括质量体系、过程和产品三个方面,改进的内容涉及产品质量、日常的工作和企业长远的目标,不仅不合格现象必须纠正、改正,目前合格但不符合发展需要的也要不断改进。

二、质量事故的概念和分类

1. 质量事故的概念

(1)质量不合格。根据我国《质量管理体系 基础和术语》(GB/T 19000—2016)的规定,凡工程产品没有满足某个规定的要求,就称之为质量不合格;而没有满足某个预期使用要求或合理的期望(包括安全性方面)要求,称为质量缺陷。

(2)质量问题。凡是工程质量不合格,必须进行返修、加固或报废处理,由此造成直接经济损失低于5 000元的称为质量问题。

(3)质量事故。凡是工程质量不合格,必须进行返修、加固或报废处理,由此造成直接经济损失在5 000元(含5 000元)以上的称为质量事故。

2. 质量事故的分类

由于工程质量事故具有复杂性、严重性、可变性和多发性的特点,所以,建设工程质量事故的分类有多种方法,但一般可按以下条件进行分类:

(1)按事故造成损失严重程度划分。

1)一般质量事故,指经济损失在5 000元(含5 000元)以上,不满5万元的;影响使用功能或工程结构安全,造成永久质量缺陷的。

2)严重质量事故,指直接经济损失在5万元(含5万元)以上,不满10万元的;严重影响使用功能或工程结构安全,存在重大质量隐患;事故性质恶劣或造成2人以下重伤的。

3)重大质量事故,指工程倒塌或报废;由于质量事故,造成人员死亡或重伤3人以上;直接经济损失10万元以上。

4)特别重大事故,凡具备国务院发布的《生产安全事故报告和调查处理条例》所列发生一次死亡30人及其以上,或直接经济损失达500万元及其以上,或其他性质特别严重的情况之一均属特别重大事故。

(2)按事故责任分类。

1)指导责任事故,指由于工程实施指导或领导失误而造成的质量事故。例如,由于工程负责人片面追求施工进度,放松或不按质量标准进行控制和检验,降低施工质量标准等。

2)操作责任事故,指在施工过程中,由于实施操作者不按规程和标准实施操作,而造成的质量事故。例如,浇筑混凝土时随意加水,或振捣疏漏造成混凝土质量事故等。

(3)按质量事故产生的原因分类。

1)技术原因引发的质量事故,指在工程项目实施中由于设计、施工在技术上的失误而造成的质量事故。例如,结构设计计算错误,地质情况估计错误,采用了不适宜的施工方法或施工工艺等。

2)管理原因引发的质量事故,指管理上的不完善或失误引发的质量事故。例如,施工单位或监理单位的质量体系不完善,检验制度不严密,质量控制不严格,质量管理措施落实不力,检测仪器设备管理不善而失准,材料检验不严等原因引起的质量事故。

3）经济原因引发的质量事故，指由于经济因素及社会上存在的弊端和不正之风引起建设中的错误行为，而导致出现质量事故。例如，某些施工企业盲目追求利润而不顾工程质量；在投标报价中随意压低标价，中标后则依靠违法的手段或修改方案追加工程款，或偷工减料等，这些因素往往会导致出现重大工程质量事故，必须予以重视。

三、质量事故的处理程序

1. 事故调查

事故发生后，施工项目负责人应按规定的时间和程序，及时向企业报告事故的状况，积极组织事故调查。事故调查应力求及时、客观、全面，以便为事故的分析与处理提供正确的依据。调查结果，要整理撰写成事故调查报告，其主要内容包括：工程概况；事故情况；事故发生后所采取的临时防护措施；事故调查中的有关数据、资料；事故原因分析与初步判断；事故处理的建议方案与措施；事故涉及人员与主要责任者的情况等。

2. 事故原因分析

事故的原因分析要建立在对事故情况调查的基础上，避免情况不明就主观推断事故的原因。特别是对涉及勘察、设计、施工、材料和管理等方面的质量事故，往往事故的原因错综复杂，因此，必须对调查所得到的数据、资料进行仔细的分析，去伪存真，找出造成事故的主要原因。

3. 制定事故处理方案

事故的处理要建立在原因分析的基础上，并广泛地听取专家及有关方面的意见，经科学论证，决定对事故是否进行处理和怎样处理。在制定事故处理方案时，应做到安全可靠、技术可行、不留隐患、经济合理，具有可操作性，满足建筑功能和使用要求。

4. 事故处理

根据制定的质量事故处理方案，对质量事故进行认真的处理。处理的内容主要包括：事故的技术处理，以解决施工质量不合格和缺陷问题；事故的责任处罚，根据事故的性质、损失大小、情节轻重对事故的责任单位和责任人作出相应的行政处分直至追究刑事责任。

5. 事故处理的鉴定验收

质量事故的处理是否达到预期的目的，是否依然存在隐患，应当通过检查鉴定和验收作出确认。事故处理的质量检查鉴定，应严格按施工验收规范和相关的质量标准的规定进行，必要时还应通过实际测量、试验和仪器检测等方法获取必要的数据，以便准确地对事故处理的结果作出鉴定。事故处理后，必须尽快提交完整的事故处理报告，其内容包括：事故调查的原始资料、测试的数据；事故原因分析、论证；事故处理的依据；事故处理的方案及技术措施；实施质量处理中有关的数据、记录、资料；检查验收记录；事故处理的结论等。

四、质量事故的处理方法

1. 修补处理

当工程的某些部分的质量虽未达到规定的规范、标准或设计的要求，存在一定的缺陷，但经过修补后可以达到要求的质量标准，又不影响使用功能或外观的要求时，可采取修补处理的方法。

例如，某些混凝土结构表面出现蜂窝、麻面，经调查分析，该部位经修补处理后，不会影响其使用及外观；对混凝土结构局部出现的损伤，如结构受撞击、局部未振实、冻害、火灾、酸类腐蚀、碱-集料反应等，当这些损伤仅仅在结构的表面或局部，不影响其使用和外观时，可进行修补处理。再比如对混凝土结构出现的裂缝，经分析研究后如果不影响结构的安全和使用时，也可采取修补处理。例如，当裂缝宽度不大于 0.2 mm 时，可采用表面密封法；当裂缝宽度大于 0.3 mm 时，采用嵌缝密闭法；当裂缝较深时，则应采取灌浆修补的方法。

2. 加固处理

加固处理主要是针对危及承载力的质量缺陷的处理。通过对缺陷的加固处理，使建筑结构恢复或提高承载力，重新满足结构安全性、可靠性的要求，使结构能继续使用或改作其他用途。例如，对混凝土结构常用加固的方法主要有：增大截面加固法、外包角钢加固法、粘钢加固法、增设支点加固法、增设剪力墙加固法、预应力加固法等。

3. 返工处理

当工程质量缺陷经过修补处理后仍不能满足规定的质量标准要求，或不具备补救可能性时，则必须采取返工处理。

例如，某防洪堤坝填筑压实后，其压实土的干密度未达到规定值，经核算将影响土体的稳定且不满足抗渗能力的要求，须挖除不合格土，重新填筑，进行返工处理；某公路桥梁工程预应力按规定张拉系数为 1.3，而实际仅为 0.8，属严重的质量缺陷，也无法修补，只能返工处理。再比如某工厂设备基础的混凝土浇筑时掺入木质素磺酸钙减水剂，因施工管理不善，掺量多于规定 7 倍，导致混凝土坍落度大于 180 mm，石子下沉，混凝土结构不均匀，浇筑后 5 天仍然不凝固硬化，28 d 的混凝土实际强度不到规定强度的 32%，不得不返工重浇。

4. 限制使用

当工程质量缺陷按修补方法处理后无法保证达到规定的使用要求和安全要求，而又无法返工处理的情况下，不得已时可作出诸如结构卸荷或减荷以及限制使用的决定。

5. 不作处理

某些工程质量问题虽然达不到规定的要求或标准，但其情况不严重，对工程或结构的使用及安全影响很小，经过分析、论证、法定检测单位鉴定和设计单位等认可后可不专门作处理。一般可不作专门处理的情况有以下四种：

(1)不影响结构安全、生产工艺和使用要求的。例如，有的工业建筑物出现放线定位的偏差，且严重超过规范标准规定，若要纠正，会造成重大经济损失，但经过分析、论证，其偏差不影响生产工艺和正常使用，在外观上也无明显影响，可不做处理。又如，某些部位的混凝土表面的裂缝，经检查分析，属于表面养护不够的干缩微裂，不影响使用和外观，也可不做处理。

(2)后道工序可以弥补的质量缺陷。例如，混凝土结构表面的轻微麻面，可通过后续的抹灰、刮涂、喷涂等弥补，也可不做处理。再比如，混凝土现浇楼面的平整度偏差达到 10 mm，但由于后续垫层和面层的施工可以弥补，所以，也可不做处理。

(3)法定检测单位鉴定合格的。例如，某检验批混凝土试块强度值不满足规范要求，强度不足，但经法定检测单位对混凝土实体强度进行实际检测后，其实际强度达到规范允许和设计要求值时，可不做处理。对经检测未达到要求值，但相差不多，经分析论证，只要使用前经再次检测达到设计强度，也可不做处理，但应严格控制施工荷载。

(4)出现的质量缺陷，经检测鉴定达不到设计要求，但经原设计单位核算，仍能满足结构安全和使用功能的。例如，某一结构构件截面尺寸不足，或材料强度不足，影响结构承载力，但按实际情况进行复核验算后仍能满足设计要求的承载力时，可不进行专门处理。这种做法实际上是挖掘设计潜力或降低设计的安全系数，应谨慎处理。

6. 报废处理

出现质量事故的工程，通过分析或实践，采取上述处理方法后仍不能满足规定的质量要求或标准，则必须予以报废处理。

任务单元五　质量管理体系标准

一、质量管理原则

《质量管理体系　基础和术语》(GB/T 19000—2016)中，质量管理原则包括七个方面：

原则一：以顾客为关注焦点。

组织(从事一定范围生产经营活动的企业)依存于顾客。因此，组织应当理解顾客当前和未来的需求，满足顾客要求并争取超越顾客期望。

原则二：领导作用。

领导者建立组织统一的宗旨及方向，他们应当创造并保持使员工能充分参与实现组织目标的内部环境。

原则三：全员参与。

各级人员是组织之本，只有他们的充分参与，才能使他们的才干为组织带来收益。

原则四：过程方法。

将活动和相关资源作为过程进行管理，可以更高效地得到期望的结果。

原则五：改进。

持续改进整体业绩是组织的一个永恒的目标。

原则六：循证决策。

基于数据和信息的分析和评价的决策，更有可能产生期望的结果。

原则七：关系管理。

为了持续成功，组织需要管理有关各方(如供方)的关系。

二、质量管理体系文件的构成

《质量管理体系　基础和术语》(GB/T 19000—2016)明确要求，企业应有完整的和科学的质量体系文件，这是企业开展质量管理和质量保证的基础，也是企业为达到所要求的产品质量，实施质量体系审核、进行质量体系认证和质量改进的重要依据。质量管理体系的文件主要由质量手册、程序文件、质量计划和质量记录等构成。

1. 质量手册

质量手册是阐明一个企业的质量政策、质量体系和质量实践的文件，是在实施和保持质量体系过程中长期遵循的纲领性文件。质量手册的主要内容包括企业的质量方针、质量目标；组织机构和质量职责；各项质量活动的基本控制程序或体系要素；质量评审、修改和控制管理办法。

2. 程序文件

程序文件是质量手册的支持性文件，是企业落实质量管理工作而建立的各项管理标准、规章制度，是企业各职能部门为贯彻落实质量手册要求而规定的实施细则。程序文件一般至少应包括文件控制程序、质量记录管理程序、不合格品控制程序、内部审核程序、预防措施控制程序、纠正措施控制程序等。

3. 质量计划

质量计划是为了确保过程的有效运行和控制，在程序文件的指导下，针对特定的产品、过程、合同或项目，而制定出的专门质量措施和活动顺序的文件。质量计划的内容包括应达到的质量目标；该项目各阶段的责任和权限；应采用的特定程序、方法、作业指导书；有关阶段的实验、检验和审核大纲；随项目的进展而修改和完善质量计划的方法；为达到质量目标必须采取的其他措施。

4. 质量记录

质量记录是产品质量水平和质量体系中各项质量活动进行及结果的客观反映，是证明各阶段产品质量达到要求和质量体系运行有效的证据。

三、质量管理体系的建立与运行

质量管理体系是建立质量方针和质量目标并实现这些目标的体系。建立完善的质量体系并使之有效地运行，是企业质量管理的核心，也是贯彻质量管理和质量保证标准的关键。质量管理体系的建立和运行一般可分为三个阶段，即质量管理体系的建立、质量管理体系文件的编制和质量管理体系的实施运行。

1. 质量管理体系的建立

质量管理体系的建立是企业根据质量管理七项原则，在确定市场及顾客需求的前提下，制定企业的质量方针、质量目标、质量手册、程序文件和质量记录等体系文件，并将质量目标落实到相关层次、相关岗位的职能和职责中，形成企业质量管理体系执行系统的一系列工作。

2. 质量管理体系文件的编制

质量管理体系文件的编制是质量管理体系的重要组成部分，也是企业进行质量管理和质量保证的基础。编制质量体系文件是建立和保持体系有效运行的重要基础工作。编制的质量体系文件包括质量手册、质量计划、质量体系程序、详细作业文件和质量记录。

3. 质量管理体系的实施运行

质量体系的运行是对生产及服务的全过程按质量管理文件体系制定的程序、标准、工作要求及目标分解的岗位职责进行操作运行。

四、质量管理体系的认证与监督

1. 质量管理体系认证的程序

认证是由具有公正的第三方认证机构，依据质量管理体系的要求标准，审核企业质量管理体系要求的符合性和实施的有效性，进行独立、客观、科学、公正的评价，得出结论。认证应按申请、审核、审批与注册发证等程序进行。

2. 获准认证后的监督管理

企业获准认证的有效期为三年。企业获准认证后，应经常性地进行内部审核，保持质量管理体系的有效性，并每年一次接受认证机构对企业质量管理体系实施的监督管理。获准认证后监督管理工作的主要内容有企业通报、监督检查、认证注销、认证暂停、认证撤销、复评及重新换证等。

综合训练题

一、单项选择题

1. 根据《质量管理体系 基础和术语》(GB/T 19000—2016)，施工企业开展质量管理和质量保证的基础是（　　）。
   A. 质量体系文件　　　　　　　　　B. 质量手册
   C. 程序文件　　　　　　　　　　　D. 质量计划

2. 建筑工程施工项目开工前编制的工程测量控制方案应由（　　）批准后实施。
   A. 项目经理　　　　　　　　　　　B. 公司技术负责人
   C. 公司总工程师　　　　　　　　　D. 项目技术负责人

3. 建设工程施工项目竣工验收应由（　　）组织。
   A. 监理单位　　　　　　　　　　　B. 施工企业
   C. 建设单位　　　　　　　　　　　D. 质量监督机构

4. 某建设工程项目施工过程中，由于质量事故导致工程结构受到破坏，造成6 000万元的直接经济损失，这一事故属于（　　）。
   A. 一般事故　　　　　　　　　　　B. 较大事故
   C. 重大事故　　　　　　　　　　　D. 特别重大事故

5. 某批混凝土试块经检测发现其强度值低于规范要求，后经法定检测单位对混凝土实体强度进行检测后，其实际强度达到规范允许和设计要求。这一质量事故宜采取的处理方法是（　　）。
   A. 加固处理　　B. 修补处理　　C. 不作处理　　D. 返工处理

6. 建设工程项目开工前，工程质量监督的申报手续应由项目（　　）负责。
   A. 建设单位　　B. 施工企业　　C. 监理单位　　D. 设计单位

7. 在建设工程项目质量管理的PDCA循环工作原理中，"C"是指（　　）。
   A. 计划　　　　B. 实施　　　　C. 检查　　　　D. 处理

8. 根据《质量管理体系 基础和术语》(GB/T 19000—2016)，质量管理就是确定和建立质量方针、质量目标及职责，并在质量管理体系中通过（　　）等手段来实施和实现全部质量管理职能的所有活动。
   A. 质量规划、质量控制、质量检查和质量改进
   B. 质量策划、质量控制、质量保证和质量改进
   C. 质量策划、质量检查、质量监督和质量审核
   D. 质量规划、质量检查、质量审核和质量改进

9. 项目施工方编制施工质量计划的依据是项目质量目标和（　　）。
   A. 施工企业的质量手册　　　　　　B. 施工质量成本计划
   C. 项目施工质量控制方法　　　　　D. 项目施工质量记录

10. 在质量管理体系的系列文件中，属于质量手册的支持文件是（　　）。
    A. 程序文件　　B. 质量计划　　C. 质量记录　　D. 质量方针

11. 施工现场混凝土坍落度试验属于现场质量检查方法中的（　　）。
    A. 目测法　　　B. 实测法　　　C. 现货试验法　D. 无损检测法

12. 从建设工程施工质量验收的角度来说，最小的工程施工质量验收单位是（　　）。
    A. 检验批　　　B. 工序　　　　C. 分部工程　　D. 分项工程

13. 某工程在施工过程中，由于建筑材料的检验不严密而引发质量事故，如按质量事故产生的原因划分，该质量事故是由(　　)原因引发的。
    A. 技术　　　　　　　　　　　　B. 社会
    C. 管理　　　　　　　　　　　　D. 经济
14. 某钢盘混凝土结构工程的框架柱表面出现局部蜂窝麻面，经调查分析，其承载力满足设计要求，则对该框架柱表面质量问题一般的处理方式是(　　)。
    A. 加固处理　　　　　　　　　　B. 修补处理
    C. 返工处理　　　　　　　　　　D. 不作处理

二、多项选择题

1. 施工质量影响因素主要有"4MIE"，其中，"4M"是指(　　)。
    A. 人　　　　　　　　　　　　　B. 机械
    C. 方法　　　　　　　　　　　　D. 环境
    E. 材料
2. 根据《建筑工程施工质量验收统一标准》，单位(子单位)工程质量验收合格的规定有(　　)。
    A. 单位(子单位)工程所含分部(子分部)工程的质量均应验收合格
    B. 质量控制资料应完整
    C. 单位(子单位)工程所含分部工程有关安全和功能的检测资料应完整
    D. 主要功能项目的抽查结果应符合相关专业质量验收规范的规定
    E. 单位工程的工程监理质量评估记录应符合各项要求
3. 建设工程施工质量事故调查报告的主要内容包括(　　)。
    A. 工程概况、事故概况
    B. 质量事故的处理依据
    C. 事故调查中的有关数据、资料
    D. 事故处理的建议方案
    E. 事故处理的初步结论
4. 建设工程项目施工质量保证体系的主要内容有(　　)。
    A. 项目施工质量目标　　　　　　B. 项目施工质量计划
    C. 项目施工质量记录　　　　　　D. 项目施工程序文件
    E. 思想、组织、工作保证体系
5. 下列施工现场质量检查，属于实测法检查的有(　　)。
    A. 肉眼观察墙面喷涂的密实度
    B. 用敲击工具检查地面砖铺贴的密实度
    C. 用直尺检查地面的平整度
    D. 用吊线坠检查墙面的垂直度
    E. 现场检测混凝土试件的抗压强度
6. 下列引发工程质量事故的原因，属于技术原因的有(　　)。
    A. 结构设计计算错误　　　　　　B. 检验制度不严密
    C. 检测设备配备不齐　　　　　　D. 地质情况估计错误
    E. 监理人员不到位

三、综合题

1. 在某工程建设项目施工阶段，施工单位对现场制作的钢筋混凝土预制板进行质量检查，抽查了500块预制板，发现其中存在表4-7所示的问题。

表 4-7 钢筋混凝土预制板质量问题检查结果

序号	存在问题	数量
1	蜂窝麻面	23
2	局部露筋	10
3	强度不足	4
4	横向裂缝	2
5	纵向裂缝	1
合计		40

试用排列图分析预制板中存在的问题,并找出主要质量问题,采取措施进行处理。

2. 对某项模板施工进行抽样检查,得到 150 个不合格点数的统计数据,见表 4-8。试对模板不合格点的影响因素进行分析。

表 4-8 模板不合格点数统计表

序号	项目	频数	频率/%	累计频率/%
1	表面平整度	75		
2	截面尺寸	45		
3	表面水平度	15		
4	垂直度	8		
5	标高	4		
6	其他	3		
合计		150		

3. 背景:某一大型基础设施项目,除土建工程、安装工程外,还有一段地基需设置护坡桩加固边坡。业主委托监理单位组织施工招标及承担施工阶段监理任务。业主采纳了监理单位的建议,确定土建、安装、护坡桩三个合同分别招标,土建施工采用公开招标,设备安装和护坡桩工程选择另外的方式招标,分别选定了三个承包单位。其中,基础工程公司承包护坡桩工程。

护坡桩工程开工前,总监批准了基础工程公司上报的施工组织设计。开工后,在第一次工地会议上,总监特别强调了质量控制的两个途径和主要手段。护坡桩的混凝土设计强度为 C30。在混凝土护坡桩开始浇筑后,基础工程公司按规定预留了 40 组混凝土试块,根据其抗压强度试验结果绘制出频数分布表 4-9。

表 4-9 抗压强度频数分布表

组号	分组区间	频数	频率
1	25.15~26.95	2	0.05
2	26.95~28.75	4	0.10
3	28.75~30.55	8	0.20
4	30.55~32.35	11	0.275
5	32.35~34.15	7	0.175
6	34.15~35.95	5	0.125
7	35.95~37.75	3	0.075

问题:
(1)请根据频数分布表绘制频数分布直方图。
(2)若 C30 混凝土强度质量控制范围取值为:上限 $T_u=38.2$ MPa,下限 $T_L=24.8$ MPa,请在直方图上绘出上限、下限,并对混凝土浇筑质量给予全面评价。

4. 背景:某综合楼主体结构采用钢筋混凝土框架结构,基础形式为现浇钢筋混凝土筏形基础,地下1层,地上5层,混凝土采用C30级,主要受力钢筋采用HRB335级。在主体结构施工到第5层时,发现三层部分柱子承载能力达不到设计要求,聘请有资质的检测单位检测鉴定仍达不到设计要求,如拆除重建,费用过高,时间较长,最后请原设计院核算,结构表明能满足安全和使用要求。

问题:
(1)该混凝土分项工程质量验收合格的规定是什么?
(2)混凝土结构检验批的质量验收应包括哪些内容?
(3)该地基与基础工程验收时,应符合哪些规定?
(4)对该工程二层柱子的质量应如何验收?

项目五　建筑工程职业健康安全与环境管理

学习目标

1. 了解建筑工程职业健康安全管理的特点，环境保护的目的、原则和内容。
2. 熟悉施工安全管理实施的基本要求，环境因素的影响，施工现场环境保护的有关规定，职业健康安全管理体系的概念、作用，建筑工程环境管理体系的概念、作用。
3. 掌握施工安全管理机构，施工安全管理控制，职业伤害事故的分类，安全事故报告、事故调查、事故处理及法律责任，建筑工程环境保护措施，文明施工要求，环境事故处理方法。

引例

【背景材料】

某高层住宅楼工程，地下2层，基础底板尺寸为90 m×40 m×1 m，中间设一条现浇带。工程地处市内居民区，拟建项目南侧距居民楼最近处20 m，北侧场地较宽。混凝土采用商品混凝土。在底板大体积混凝土施工时，施工单位制定了夜间施工方案：为了减少混凝土运输车在场内夜间的运输距离，混凝土泵布置在场地南侧；适当增加灯光照明亮度，增加人员值班。

夜里12点，部分居民围住工地大门，因为施工单位夜间施工噪声太大，要求施工单位出示夜间施工许可证，否则停工。

项目经理对居民说，底板大体积混凝土每块必须连续浇筑混凝土，否则地下室会因为施工缝而漏水，不能停止施工，请求大家谅解，并保证以后在特殊情况下进行夜间施工作业时，都提前公告附近居民。

问题：
（1）关于噪声污染，居民的要求是否合理？
（2）项目经理关于夜间施工提前公告的说法是否合理？

任务单元一　建筑工程职业健康安全管理概述

一、建筑工程职业健康安全管理的特点

建筑工程产品及其生产与工业产品不同，它有其特殊性。正是由于它的特殊性，对建筑工程职业健康安全和环境影响的管理就显得尤为重要，建筑工程职业健康安全管理的特点主要如下：

(1)项目固定,施工流动性大,生产没有固定的、良好的操作环境和空间,使施工作业条件差,不安全因素多,导致施工现场的职业健康安全与环境管理比较复杂。

(2)项目体形庞大,露天作业和高空作业多,致使工程施工要更加注重自然气候条件和高空作业对施工人员的职业健康安全和环境污染因素的影响。

(3)项目的单件性,使施工作业形式多样化,工程施工受产品形式、结构类型、地理环境、地区经济条件等影响较大。从而使施工现场的职业健康安全与环境管理的实施不能照搬硬套,必须根据项目形式、结构类型、地理环境、地区经济不同而进行变动调整。

(4)项目生产周期长,消耗的人力、物力和财力大,必然使施工单位考虑降低工程成本的因素多,从而影响了职业健康安全与环境管理的费用支出,造成施工现场的健康安全和环境污染现象时有发生。

(5)项目的生产涉及的内部专业多、外界单位广、综合性强,使施工生产的自由性、预见性、可控性及协调性在一定程度上比一般产业困难。这就要求施工方做到各专业之间、单位之间互相配合,要注意施工过程中的材料交接、专业接口部分对职业健康安全与环境管理的协调性。

(6)项目的生产手工作业和湿作业多,机械化水平低,劳动条件差,工作强度大,环境污染因素多,从而对施工现场的职业健康安全影响较大。

(7)施工作业人员文化素质低,并处在动态调整的不稳定状态中,从而给施工现场的职业健康安全与环境管理带来很多不利的因素。

由于上述特点的影响,将导致施工过程中事故的潜在不安全因素和人的不安全因素增多,使企业的经营管理,特别是施工现场的职业健康安全与环境管理比其他工业企业的管理更为复杂。

二、施工安全管理机构

1. 公司安全管理机构的设置

公司应设置以法定代表人为第一责任人的安全管理机构,并根据企业的施工规模及职工人数设置专门的安全生产管理机构部门,并配备专职的安全管理人员。

2. 项目经理部安全管理机构的设置

项目经理部是施工现场第一线管理机构,应根据工程的特点和规模,设置以项目经理为第一责任人的安全管理领导小组,其成员由项目经理、技术负责人、专职安全员、工长及各工种班组长组成。

安全管理体系

3. 施工班组安全管理

施工班组要设置不脱产的兼职安全员,协助班组长搞好班组的安全生产管理。班组要坚持班前班后的岗位安全检查、安全值日和安全日活动制度,并要认真做好班组的安全记录。

三、施工安全管理实施的基本要求

(1)必须取得《安全生产许可证》后方可施工;

(2)必须建立健全安全管理保障制度;

(3)各类施工人员必须具备相应的安全生产资格方可上岗;

(4)所有新工人(包括新招收的合同工、临时工、农民工及实习和代培人员)必须经过三级安全教育,即施工人员进场作业前进行公司、项目部、作业班组的安全教育;

(5)特种作业(指对操作者本人和其他工种作业人员以及对周围设施的安全有重大危险因素的作业)人员,必须经过专门培训,并取得特种作业资格;

(6)对查出的事故隐患要做到整改"五定"的要求,即定整改责任人、定整改措施、定整改完成时间、定整改完成人、定整改验收人;

(7)必须把好安全生产的"七关"标准,即教育关、措施关、交底关、防护关、文明关、验收关、检查关;

(8)必须建立安全生产值班制度,并有现场领导带班。

四、施工安全管理控制

施工安全管理控制必须坚持"安全第一、预防为主"的方针。项目经理部应建立安全管理体系和安全生产责任制。安全员应持证上岗,保证项目安全目标的实现。

1. 施工安全管理控制对象

施工安全管理控制主要以施工活动中的人力、物力和环境为对象,建立一个安全的生产体系,确保施工活动的顺利进行。施工安全管理控制对象见表5-1。

表 5-1 施工安全管理控制对象

控制对象	措施	目的
劳动者	依法制定有关安全的政策、法规、条例,给予劳动者的人身安全、健康及法律保障的措施	约束控制劳动者的不安全行为,消除或减少主观上的安全隐患
劳动手段 劳动对象	改善施工工艺、改进设备性能,以消除和控制生产过程中可能出现的危险因素,避免损失扩大的安全技术保证措施	规范物的状态,以消除和减轻其对劳动者的威胁和造成财产损失
劳动条件 劳动环境	防止和控制施工中高温、严寒、粉尘、噪声、振动、毒气、毒物等对劳动者安全与健康影响的医疗、保健、防护措施及对环境的保护措施	改善和创造良好的劳动条件,防止职业伤害,保护劳动者身体健康和生命安全

2. 抓薄弱环节和关键部位,控制伤亡事故

在项目施工中,分包单位的安全管理,是整个安全工作的薄弱环节,总包单位要建立健全分包单位的安全教育、安全检查、安全交底等制度。对分包单位的安全管理应层层负责,项目经理要负主要责任。

伤亡事故大多发生在高处坠落、物体打击、触电、坍塌、机械和起重伤害等方面。所以,对脚手架、洞口、临边、起重设备、施工用电等关键部位发生的事故要认真地分析,找出发生事故的症结所在,然后采取措施,加以防范,消灭和减少伤亡事故的发生。

3. 施工安全管理目标控制

施工安全管理目标是在施工过程中,安全工作所要达到的预期效果。其目标由施工总承包单位根据本工程的具体情况,对施工安全管理策划目标进行进一步展开、深入和具体化的修正,真正达到指导和控制安全施工的目的。

(1)施工安全管理目标实施的主要内容。

1)六杜绝。杜绝因公受伤、死亡事故;杜绝坍塌伤害事故;杜绝物体打击事故;杜绝高处坠落事故;杜绝机械伤害事故;杜绝触电事故。

2)三消灭。消灭违章指挥;消灭违章作业;消灭"惯性事故"。

3)二控制。控制年负伤率,负轻伤频率控制在6‰以内;控制年安全事故率。

4)一创建。创建安全文明示范工地。

(2)施工安全目标管理控制程序如图5-1所示。

图5-1　施工安全目标管理控制程序

任务单元二　建筑工程职业健康安全事故的分类和处理

一、职业伤害事故的分类

1. 按照事故发生的原因分类

按照我国《企业职工伤亡事故分类》(GB 6441)的规定,职业伤害事故分为20类,其中与建筑业有关的有以下12类。

(1)物体打击:指落物、滚石、锤击、碎裂、崩块、碰伤等造成的人身伤害,不包括因爆炸而引起的物体打击。

(2)车辆伤害:指被车辆挤、压、撞和车辆倾覆等造成的人身伤害。

(3)机械伤害:指被机械设备或工具绞、碾、碰、割、戳等造成的人身伤害,不包括车辆、起重设备引起的伤害。

(4)起重伤害:指从事各种起重作业时发生的机械伤害事故,不包括上下驾驶室时发生的坠落伤害,起重设备引起的触电及检修时制动失灵造成的伤害。

施工伤亡事故统计分析

(5)触电:由于电流经过人体导致的生理伤害,包括雷击伤害。

(6)灼烫:指火焰引起的烧伤、高温物体引起的烫伤、强酸或强碱引起的灼伤、放射线引起的皮肤损伤,不包括电烧伤及火灾事故引起的烧伤。

(7)火灾:在火灾时造成的人体烧伤、窒息、中毒等。

(8)高处坠落:由于危险势能差引起的伤害,包括从架子、屋架上坠落以及平地坠入坑内等。

(9)坍塌:指建筑物、堆置物倒塌以及土石塌方等引起的事故伤害。

(10)火药爆炸:指在火药的生产、运输、储藏过程中发生的爆炸事故。

(11)中毒和窒息:指煤气、油气、沥青、化学、一氧化碳中毒等。

(12)其他伤害：包括扭伤、跌伤、冻伤、野兽咬伤等。

在以上12类职业伤害事故中，在建筑工程领域中最常见的是物体打击、机械伤害、触电、火灾、高处坠落、坍塌、中毒7类。

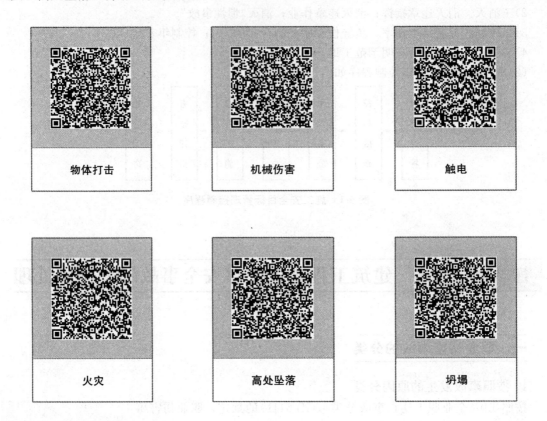

2. 按安全事故伤害程度分类

根据《企业职工伤亡事故分类》(GB 6441)的规定，按伤害程度分类为：

(1)轻伤，指损失1个工作日至105个工作日以下的失能伤害；

(2)重伤，指损失工作日等于和超过105个工作日的失能伤害，重伤的损失工作日最多不超过6 000工日；

(3)死亡，指损失工作日超过6 000工日，这是根据我国职工的平均退休年龄和平均工作日计算出来的。

3. 按生产安全事故造成的人员伤亡或直接经济损失分类

根据中华人民共和国国务院令第493号《生产安全事故报告和调查处理条例》(以下简称《条例》)第三条规定，按生产安全事故(以下简称事故)造成的人员伤亡或者直接经济损失，事故一般分为以下等级：

(1)特别重大事故，是指造成30人以上死亡，或者100人以上重伤(包括急性工业中毒，下同)，或者1亿元以上直接经济损失的事故；

(2)重大事故，是指造成10人以上30人以下死亡，或者50人以上100人以下重伤，或者5 000万元以上1亿元以下直接经济损失的事故；

(3)较大事故，是指造成3人以上10人以下死亡，或者10人以上50人以下重伤，或者

1 000万元以上5 000万元以下直接经济损失的事故;

(4)一般事故,是指造成3人以下死亡,或者10人以下重伤,或者1 000万元以下100万元以上直接经济损失的事故[其中100万元以上,是中华人民共和国建设部建质〔2007〕257号《关于进一步规范房屋建筑和市政工程生产安全事故报告和调查处理工作的若干意见》(以下简称《若干意见》)中规定的]。

本等级划分所称的"以上"包括本数,所称的"以下"不包括本数。

二、建筑工程生产安全事故报告和调查处理

1. 生产安全事故报告和调查处理原则

根据国家法律法规的要求,在进行生产安全事故报告和调查处理时,要坚持实事求是、尊重科学的原则,既要及时、准确地查明事故原因,明确事故责任,使责任人受到追究,又要总结经验教训,落实整改和防范措施,防止类似事故的再次发生。因此,施工项目一旦发生安全事故,必须实施"四不放过"的原则:

(1)事故原因未查明不放过;

(2)事故责任者和员工未受到教育不放过;

(3)事故责任者未处理不放过;

(4)整改措施未落实不放过。

2. 事故报告

根据《条例》和《若干意见》的要求,事故报告应当及时、准确、完整,任何单位和个人对事故不得迟报、漏报、谎报或者瞒报。

(1)施工单位事故报告要求。生产安全事故发生后,受伤者或最先发现事故的人员应立即用最快的传递手段,将发生事故的时间、地点、伤亡人数、事故原因等情况,向施工单位负责人报告;施工单位负责人接到报告后,应当在1小时内向事故发生地县级以上人民政府建设主管部门和有关部门报告。

情况紧急时,事故现场有关人员可以直接向事故发生地县级以上人民政府建设主管部门和有关部门报告。

实行施工总承包的建设工程,由总承包单位负责上报事故。

(2)建设主管部门事故报告要求。建设主管部门接到事故报告后,应当依照下列规定上报事故情况,并通知安全生产监督管理部门、公安机关、劳动保障行政主管部门、工会和人民检察院:

1)较大事故、重大事故及特别重大事故逐级上报至国务院建设主管部门;

2)一般事故逐级上报至省、自治区、直辖市人民政府建设主管部门;

3)建设主管部门依照本条规定上报事故情况,应当同时报告本级人民政府。国务院建设主管部门接到重大事故和特别重大事故的报告后,应当立即报告国务院。

必要时,建设主管部门可以越级上报事故情况。建设主管部门按照上述规定逐级上报事故情况时,每级上报的时间不得超过2小时。

(3)事故报告的内容。

1)事故发生的时间、地点和工程项目、有关单位名称;

2)事故的简要经过;

3)事故已经造成或者可能造成的伤亡人数(包括下落不明的人数)和初步估计的直接经济损失;

4) 事故的初步原因;
5) 事故发生后采取的措施及事故控制情况;
6) 事故报告单位或报告人员;
7) 其他应当报告的情况。

(4) 事故报告后出现新情况,以及自事故发生之日起 30 日内伤亡人数发生变化的,应当及时补报。

3. 事故调查

按照《条例》和《若干意见》的要求,事故调查处理应当坚持实事求是、尊重科学的原则,及时、准确地查清事故经过、事故原因和事故损失,查明事故性质,认定事故责任,总结事故教训,提出整改措施,并对事故责任者依法追究责任。

(1) 施工单位项目经理应指定技术、安全、质量等部门的人员,会同企业工会、安全管理部门组成调查组,开展调查。

(2) 建设主管部门应当按照有关人民政府的授权或委托组织事故调查组,对事故进行调查,并履行下列职责:

1) 核实事故项目基本情况,包括项目履行法定建设程序情况、参与项目建设活动各方主体履行职责的情况;
2) 查明事故发生的经过、原因、人员伤亡及直接经济损失,并依据国家有关法律法规和技术标准分析事故的直接原因和间接原因;
3) 认定事故的性质,明确事故责任单位和责任人员在事故中的责任;
4) 依照国家有关法律法规对事故的责任单位和责任人员提出处理建议;
5) 总结事故教训,提出防范和整改措施;
6) 提交事故调查报告。

坍塌事故调查报告

(3) 事故调查报告的内容。
1) 事故发生单位概况;
2) 事故发生经过和事故救援情况;
3) 事故造成的人员伤亡和直接经济损失;
4) 事故发生的原因和事故性质;
5) 事故责任的认定和对事故责任者的处理建议;
6) 事故防范和整改措施。

事故调查报告应当附具有关证据材料,事故调查组成员应当在事故调查报告上签名。

4. 事故处理

(1) 事故现场处理。事故处理是落实"四不放过"原则的核心环节。当事故发生后,事故发生单位应当严格保护事故现场,做好标识,排除险情,采取有效措施抢救伤员和财产,防止事故蔓延扩大。事故现场是追溯判断发生事故原因和事故责任人责任的客观物质基础。因抢救人员、疏导交通等原因,需要移动现场物件时,应当作出标志,绘制现场简图并作出书面记录,妥善保存现场重要痕迹、物证,有条件的可以拍照或录像。

(2) 事故登记。施工现场要建立安全事故登记表,作为安全事故档案,对发生事故人员的姓名、性别、年龄、工种等级、负伤时间、伤害程度、负伤部位及情况、简要经过及原因记录归档。

(3) 事故分析记录。施工现场要有安全事故分析记录,对发生轻伤、重伤、死亡、重大设备事故及未遂事故必须按"四不放过"的原则组织分析,查出主要原因,分清责任,提出防范措施,应吸取的教训要记录清楚。

(4)要坚持安全事故月报制度，若当月无事故也要报空表。

5. 法律责任

(1)事故报告和调查处理中的违法行为。根据《条例》规定，对事故报告和调查处理中的违法行为，任何单位和个人有权向安全生产监督管理部门、监察机关或者其他有关部门举报，接到举报的部门应当依法及时处理。

事故报告和调查处理中的违法行为，包括事故发生单位及其有关人员的违法行为，还包括政府、有关部门及其有关人员的违法行为，其种类主要有以下几种：

1)不立即组织事故抢救；
2)在事故调查处理期间擅离职守；
3)迟报或者漏报事故；
4)谎报或者瞒报事故；
5)伪造或者故意破坏事故现场；
6)转移、隐匿资金、财产，或者销毁有关证据、资料；
7)拒绝接受调查或者拒绝提供有关情况和资料；
8)在事故调查中作伪证或者指使他人作伪证；
9)阻碍、干涉事故调查工作；
10)对事故调查工作不负责任，致使事故调查工作有重大疏漏；
11)包庇、袒护负有事故责任的人员或者借机打击报复；
12)故意拖延或者拒绝落实经批复的对事故责任人的处理意见。

(2)法律责任。

1)事故发生单位主要负责人有上述(1)中1)～3)条违法行为之一的，处上一年年收入40%～80%的罚款；属于国家工作人员的，并依法给予处分；构成犯罪的，依法追究刑事责任。

2)事故发生单位及其有关人员有上述(1)中4)～9)条违法行为之一的，对事故发生单位处100万元以上500万元以下的罚款；对主要负责人、直接负责的主管人员和其他直接责任人员处上一年年收入60%～100%的罚款；属于国家工作人员的，并依法给予处分；构成违反治安管理行为的，由公安机关依法给予治安管理处罚；构成犯罪的，依法追究刑事责任。

3)有关地方人民政府、安全生产监督管理部门和负有安全生产监督管理职责的有关部门有上述(1)中1)、3)、4)、8)、10)条违法行为之一的，对直接负责的主管人员和其他直接责任人员依法给予处分；构成犯罪的，依法追究刑事责任。

生产安全事故责任

4)参与事故调查的人员在事故调查中有上述(1)中11)、12)条违法行为之一的，依法给予处分；构成犯罪的，依法追究刑事责任。

5)有关地方人民政府或者有关部门故意拖延或者拒绝落实经批复的对事故责任人的处理意见的，由监察机关对有关责任人员依法给予处分。

任务单元三　建筑工程项目环境管理概述

由于人口的迅猛增长和经济的快速发展，导致了生态环境状况的日益恶化。环境问题使人类的基本生存条件面临严峻挑战，保护与改善环境质量，维持生态平衡，已成为世界各国谋求可持续发展的一个重要问题。

建筑工程是人类社会发展过程中一项规模浩大、旷日持久的频密生产活动，在这个生产过程中，不仅改变了自然环境，还不可避免地对环境造成污染和损害。因此，在建设工程生产过程中，要竭尽全力地控制工程对资源环境的污染和损害程度，采用组织、技术、经济和法律的手段，对不可避免的环境污染和资源损坏予以治理，保护环境，造福人类，防止人类与环境关系的失调，促进经济建设、社会发展和环境保护的协调发展。

一、环境保护的目的、原则和内容

1. 环境保护的目的

(1)保护和改善环境质量，从而保护人们的身心健康，防止人体在环境污染的影响下产生遗传突变和退化。

(2)合理开发和利用自然资源，减少或消除有害物质进入环境，加强生物多样性的保护，维护生物资源的生产能力，使之得以恢复。

2. 环境保护的基本原则

(1)经济建设与环境保护协调发展的原则；

(2)预防为主、防治结合、综合治理的原则；

(3)依靠群众保护环境的原则；

(4)环境经济责任原则，即污染者付费的原则。

3. 环境保护的主要内容

(1)预防和治理由生产和生活活动所引起的环境污染；

(2)防止由建设和开发活动引起的环境破坏；

(3)保护有特殊价值的自然环境；

(4)其他。如防止臭氧层破坏、防止气候变暖、国土整治、城乡规划、植树造林、控制水土流失和荒漠化等。

二、环境因素的影响

通常建筑工程施工现场的环境因素对环境影响的类型见表5-2。

表5-2 环境因素的影响

序号	环境因素	产生的地点、工序和部位	环境影响
1	噪声的排放	施工机械、运输设备、电动工具运行中	影响人体健康、居民休息
2	粉尘的排放	施工场地平整、土堆、砂堆、石灰、现场路面、进出车辆车轮带泥砂、水泥搬运、混凝土搅拌、木工房锯末、喷砂、除锈、衬里	污染大气、影响居民身体健康
3	运输的遗撒	现场渣土、商品混凝土、生活垃圾、原材料运输当中	污染路面、影响居民生活
4	化学危险品、油品的泄漏或挥发	试验室、油漆库、油库、化学材料库及其作业面	污染土地和人员健康

续表

序号	环境因素	产生的地点、工序和部位	环境影响
5	有毒有害废弃物排放	施工现场、办公区、生活区废弃物	污染土地、水体、大气
6	生产、生活污水的排放	现场搅拌站、厕所、现场洗车处、生活区服务设施、食堂等	污染水体
7	生产用水、用电的消耗	现场、办公室、生活区	资源浪费
8	办公用纸的消耗	办公室、现场	资源浪费
9	光污染	现场焊接、切割作业中、夜间照明	影响居民生活、休息和邻近人员健康
10	离子辐射	放射源储存、运输、使用中	严重危害居民、人员健康
11	混凝土防冻剂(氨味)的排放	混凝土使用当中	影响健康
12	混凝土搅拌站噪声、粉尘、运输遗撒污染	混凝土搅拌站	严重影响周围居民生活、休息

三、施工现场环境保护的有关规定

(1)工程的施工组织设计中应有防治扬尘、噪声、固体废物和废水等污染环境的有效措施,并在施工作业中认真组织实施。

(2)施工现场应建立环境保护管理体系,责任落实到人,并保证有效运行。

(3)对施工现场防治扬尘、噪声、水污染及环境保护管理工作进行检查。

(4)定期对职工进行环保法规知识培训考核。

四、建筑工程环境保护措施

施工单位应遵守国家有关环境保护的法律规定,采取有效措施控制施工现场的各种粉尘、废气、废水、固体废物以及噪声、振动等对环境的污染和危害。根据《建筑施工现场管理条例》第三十二条规定,施工单位应当采取下列防止环境污染的措施:

(1)妥善处理泥浆水,未经处理不得直接排入城市排水设施和河流;

(2)除设有符合规定的装置外,不得在施工现场熔融沥青或者焚烧油毡、油漆以及其他会产生有毒有害烟尘和恶臭气体的物质;

(3)使用密封式的圆筒或者采取其他措施处理高空废弃物;

(4)采取有效措施控制施工过程中的扬尘;

(5)禁止将有毒有害废弃物用作土方回填;

(6)对产生噪声、振动的施工机械,应采取有效控制措施,减轻噪声扰民。

任务单元四　文明施工与环境保护

一、文明施工

根据《建设工程施工现场管理规定》中的"文明施工管理"和《建设工程项目管理规范》(GB/T 50326—2006)中"项目现场管理"的规定,以及各省市有关建设工程文明施工管理的要求,施工单位应规范施工现场,创造良好的生产、生活环境,保障职工的安全与健康,做到文明施工、安全有序、整洁卫生、不扰民、不损害公众利益。

1. 现场大门和围挡设置

(1)施工现场设置钢制大门,大门牢固、美观。高度不宜低于4 m,大门上应标有企业标识。

(2)施工现场的围挡必须沿工地四周连续设置,不得有缺口。并且围挡要坚固、平稳、严密、整洁、美观。

大门

围挡

(3)围挡的高度:市区主要路段不宜低于2.5 m;一般路段不低于1.8 m。

(4)围挡材料应选用砌体、金属板材等硬质材料,禁止使用彩条布、竹芭、安全网等易变形材料。

(5)建筑工程外侧周边使用密目式安全网(2 000目/100 cm²)进行防护。

2. 现场封闭管理

(1)施工现场出入口设专职门卫人员,加强对现场材料、构件、设备的进出监督管理。

(2)为加强对出入现场人员的管理,施工人员应佩戴工作卡以示证明。

(3)根据工程的性质和特点,出入大门口的形式,各企业各地区可按各自的实际情况确定。

3. 施工场地布置

(1)施工现场大门内必须设置明显的五牌一图(即工程概况牌、安全生产制度牌、文明施工制度牌、环境保护制度牌、消防保卫制度牌及施工现场平面布置图),标明工程项目名称、建设单位、设计单位、施工单位、监理单位、工程概况及开工、竣工日期等。

(2)对于文明施工、环境保护和易发生伤亡事故(或危险)处,应设置明显的、符合国家标准要求的安全警示标志牌。

(3)设置施工现场安全"五标志",即:指令标志(佩戴安全帽、系安全带等)、禁止标志(禁止通行、严禁抛物等)、警告标志(当心落物、小心坠落等)、电力安全标志(禁止合闸、当心有电等)和提示标志(安全通道、火警、盗警、急救中心电话等)。

(4)现场主要运输道路尽量采用循环方式设置或有车辆调头的位置,保证道路通畅。

(5)现场道路,有条件的可采用混凝土路面,无条件的可采用其他硬化路面。现场地面也应进行硬化处理,以免现场扬尘、雨后泥泞。

(6)施工现场必须有良好的排水设施,保证排水畅通。

安全警示牌

施工现场

(7)现场内的施工区、办公区和生活区要分开设置,保持安全距离并设标志牌。办公区和生活区应根据实际条件进行绿化。

(8)各类临时设施必须根据施工总平面图布置,而且要整齐、美观。办公和生活用的临时设施宜采用轻体保温或隔热的活动房,既可多次周转使用、降低建造成本,又可达到整洁、美观的效果。

(9)施工现场临时用电线路的布置,必须符合安装规范和安全操作规程的要求,严格按施工组织设计进行架设,严禁任意拉线接电,而且必须设有保证施工要求的夜间照明。

(10)工程施工的废水、泥浆应经流水槽或管道流到工地集水池统一沉淀处理,不得随意排放和污染施工区域以外的河道、路面。

4. 现场材料、工具堆放

(1)施工现场的材料、构件、工具必须按施工平面图规定的位置堆放,不得侵占场内道路及安全防护等设施。

材料堆放

(2)各种材料、构件堆放应按品种、分规格整齐堆放,并设置明显标牌。

(3)施工作业区的垃圾不得长期堆放,要随时清理,做到每天工完场清。

(4)易燃易爆物品不能混放,要有集中存放的库房。班组使用的零散易燃易爆物品,必须按有关规定存放。

(5)在楼梯间、休息平台、阳台临边等地方不得堆放物料。

安全防护

5. 施工现场安全防护布置

根据原建设部有关建筑工程安全防护的有关规定,项目经理部必须做好施工现场的安全防护工作。

(1)施工临边、洞口交叉、高处作业及楼板、屋面、阳台等临边防护,必须采用密目式安全立网全封闭,作业层要另加防护栏杆和18 cm高的踢脚板。

(2)通道口设防护棚,防护棚应为不小于5 cm厚的木板或两道相距50 cm的竹笆,两侧应沿栏杆架用密目式安全网封闭。

(3) 预留洞口用木板全封闭防护,对于短边超过 1.5 m 长的洞口,除封闭外,四周还应设有防护栏杆。

(4) 电梯井口设置定型化、工具化、标准化的防护门,在电梯井内每隔两层(不大于 10 m)设置一道安全平网。

(5) 楼梯边设 1.2 m 高的定型化、工具化、标准化的防护栏杆,18 cm 高的踢脚板。

(6) 垂直方向交叉作业,应设置防护隔离棚或其他设施防护。

(7) 高空作业施工,必须有悬挂安全带的悬索或其他设施,有操作平台,有上下的梯子或其他形式的通道。

6. 施工现场防火布置

现场防火

(1) 施工现场应根据工程实际情况,定立消防制度或消防措施。

(2) 按照不同的作业条件和消防的有关规定,合理配备消防器材,符合消防要求。消防器材设置点要有明显标志,夜间设置红色替示灯,消防器材应垫高设置,周围 2 m 内不准乱放物品。

(3) 当建筑施工高度超过 30 m(或当地规定)时,为防止单纯依靠消防器材灭火不能满足要求,应配备有足够的消防水源和自救的用水量。扑救电气火灾不得用水,应使用干粉灭火器。

(4) 在容易发生火灾的区域施工或储存、使用易燃易爆器材时,必须采取特殊的消防安全措施。

(5) 现场动火,必须经有关部门批准,设专人管理。有五级及以上风级的风,禁止使用明火。

(6) 坚决执行现场防火"五不走"的规定,即交接班不交代不走、用火设备火源不熄灭不走、用电设备不拉闸不走、可燃物不清干净不走、发现险情不报告不走。

7. 施工现场临时用电布置

(1) 施工现场临时用电配电线路:

1) 按照 TN—S 系统要求配备五芯电缆、四芯电缆和三芯电缆。

2) 按要求架设临时用电线路的电杆、横担、瓷夹、瓷瓶等,或电缆埋地的地沟。

3) 对靠近施工现场的外电线路,设置木质、塑料等绝缘体的防护设施。

(2) 配电箱、开关箱:

1) 按三级配电要求,配备总配电箱、分配电箱、开关箱、三类标准电箱。开关箱应符合一机、一箱、一闸、一漏。三类电箱中的各类电器应是合格品。

2) 按两级保护的要求,选取符合容量要求和质量合格的总配电箱和开关箱中的漏电保护器。

3) 接地保护:装置施工现场保护零线的重复接地应不少于三处。

8. 施工现场生活设施布置

(1) 职工生活设施要符合卫生、安全、通风、照明等要求。

(2) 职工的膳食、饮水供应等应符合卫生要求。炊事员必须有卫生防疫部门颁发的体检合格证。生食、熟食分别存放,炊事员要穿白工作服,食堂卫生要定期清扫检查。

(3) 施工现场应设置符合卫生要求的厕所,有条件的应设水冲式厕所,并有专人清扫管理。现场应保持卫生,不得随地大小便。

(4) 生活区应设置满足使用要求的淋浴设施和管理制度。

(5) 生活垃圾要及时清理,不能与施工垃圾混放,并设专人管理。

(6)职工宿舍要考虑到季节性的要求，冬季应有保暖、防煤气中毒措施；夏季应有消暑、防虫叮咬措施，保证施工人员的良好睡眠。

(7)宿舍内床铺及各种生活用品放置要整齐，通风良好，并要符合安全疏散的要求。

(8)生活设施的周围环境要保持良好的卫生条件，周围道路、院区平整，并要设置垃圾箱和污水池，不得随意乱泼乱倒。

9. 施工现场综合治理

(1)项目部应做好施工现场的安全保卫工作，建立治安保卫制度和责任分工，并有专人负责管理。

(2)施工现场在生活区域内适当设置职工业余生活场所，以便施工人员工作后能劳逸结合。

(3)现场不得焚烧有毒有害物质，该类物质必须按有关规定进行处理。

(4)现场施工必须采取不扰民措施，要设置防尘和防噪声设施，做到噪声不超标。

现场综合治理

(5)为适应现场可能发生的意外伤害，现场应配备相应的保健药箱和一般常用药品及应急救援器材，以便保证及时抢救，不扩大伤势。

(6)为保障施工作业人员的身心健康，应在流行病发生季节及平时，定期开展卫生防疫的宣传教育工作。

(7)施工作业区的垃圾不得长期堆放，要随时清理；做到每天工完场清。

(8)施工现场应设置密闭式垃圾站，施工垃圾、生活垃圾应分类存放。施工垃圾必须采用相应容器或管道运输。

二、环境事故处理

1. 施工现场水污染的处理

(1)搅拌机前台、混凝土输送泵及运输车辆清洗处应设置沉淀池，废水未经沉淀处理，不得直接排入市政污水管网，经二次沉淀后方可排入市政排水管网或回收用于洒水降尘。

(2)施工现场现制水磨石作业产生的污水，禁止随地排放。作业时要严格控制污水流向，在合理位置设置沉淀池，经沉淀后方可排入市政污水管网。

(3)对于施工现场气焊用的乙炔发生罐产生的污水，严禁随地倾倒，要求用专用容器集中存放并倒入沉淀池处理，以免污染环境。

(4)现场要设置专用的油漆油料库，并对库房地面作防渗处理，储存、使用及保管要采取措施并由专人负责，防止油料泄漏而污染土壤水体。

(5)施工现场的临时食堂，用餐人数在100人以上的，应设置简易、有效的隔油池，使产生的污水经过隔油池后，再排入市政污水管网。

(6)禁止将有害废弃物做土方回填，以免污染地下水和环境。

2. 施工现场噪声污染的处理

(1)施工噪声的类型。

1)机械性噪声，如柴油打桩机、推土机、挖土机、搅拌机、风钻、风铲、混凝土振动器、木材加工机械等发出的噪声。

2)空气动力性噪声，如通风机、鼓风机、空气锤打桩机、电锤打桩机、空气压缩机、铆枪等发出的噪声。
3)电磁性噪声,如发电机、变压器等发出的噪声。
4)爆炸性噪声,如放炮作业过程中发出的噪声。
(2)施工噪声的处理。
1)施工现场的搅拌机、固定式混凝土输送泵、电锯、大型空气压缩机等强噪声机械设备应搭设封闭式机械棚,并尽可能离居民区远一些设置,以减少强噪声的污染。
2)尽量选用低噪声或备有消声降噪设备的机械。
3)凡在居民密集区进行强噪声施工作业时,要严格控制施工作业时间,晚间作业不超过22:00,早晨作业不早于6:00。特殊情况下需昼夜施工时,应尽量采取降噪措施,并会同建设单位做好周围居民的工作,同时报工地所在地的环保部门备案后方可施工。
4)施工现场要严格控制人为的大声喧哗,增强施工人员防噪声扰民的自觉意识。
5)加强施工现场环境噪声的长期监测,要有专人监测管理并做好记录。凡超过国家标准即《建筑施工场界噪声限值》(GB 12523—2011)标准的,见表5-3,要及时进行调整,达到施工噪声不扰民的目的。

表5-3　建筑施工场界环境噪声排放限值　　　　　　　　　　　　　　dB(A)

昼间	夜间
70	55

3. 施工现场空气污染的处理

(1)施工现场外围设置的围挡不得低于1.8 m,以便避免或减少污染物向外扩散。

(2)施工现场的主要运输道路必须进行硬化处理。现场应采取覆盖、固化、绿化、洒水等有效措施,做到不泥泞、不扬尘。

(3)应有专人负责环保工作,并配备相应的洒水设备,及时洒水,减少扬尘污染。

(4)对现场有毒有害气体的产生和排放,必须采取有效措施进行严格控制。

(5)对于多层或高层建筑物内的施工垃圾,应采用封闭的专用垃圾道或容器吊运,严禁随意凌空抛撒,造成扬尘。现场内还应设置密闭式垃圾站,施工垃圾和生活垃圾分类存放。施工垃圾要及时消运,消运时应尽量洒水或覆盖减少扬尘。

(6)拆除旧建筑物、构筑物时,应配合洒水,减少扬尘污染。

(7)水泥和其他易飞扬的细颗粒散体材料应密闭存放,使用过程中应采取有效的措施防止扬尘。

(8)对于土方、渣土的运输,必须采取封盖措施。现场出入口处设置冲洗车辆的设施,出场时必须将车辆清洗干净,不得将泥砂带出现场。

(9)市政道路施工铣刨作业时,应采用冲洗等措施,控制扬尘污染。灰土和无机料应采用预拌进场,碾压过程中要洒水降尘。

(10)混凝土搅拌,对于在城区内施工,应使用商品混凝土,从而减少搅拌扬尘;在城区外施工,搅拌站应搭设封闭的搅拌棚,搅拌机上应设置喷淋装置(如JW-1型搅拌机雾化器)方可施工。

(11)对于现场内的锅炉、茶炉、大灶等,必须设置消烟除尘设备。

(12)在城区、郊区城镇和居民稠密区、风景旅游区、疗养区及国家规定的文物保护区内施工的工程,严禁使用敞口锅熬制沥青。凡进行沥青防潮防水作业时,要使用密闭和带有烟尘处理装置的加热设备。

4. 施工现场固体废物的处理

(1)施工现场固体废物处理的规定。在工程建设中产生的固体废物处理,必须根据《中华人民共和国固体废物污染环境防治法》的有关规定执行。

1)建设产生固体废物的项目以及建设储存、利用、处置固体废物的项目,必须依法进行环境影响评价,并遵守国家有关建设项目环境保护管理的规定。

2)建设生活垃圾处置的设施、场所,必须符合国务院环境保护行政主管部门和国务院建设行政主管部门规定的环境保护和环境卫生标准。

3)工程施工单位应当及时清运工程施工过程中产生的固体废物,并按照环境卫生行政主管部门的规定进行利用或者处置。

4)从事公共交通运输的经营单位,应当按照国家有关规定,清扫、收集运输过程中产生的生活垃圾。

5)从事城市新区开发、旧区改建和住宅小区开发建设的单位,以及机场、码头、车站、公园、商店等公共设施、场所的经营管理单位,应当按照国家有关环境卫生的规定,配套建设生活垃圾收集设施。

(2)固体废物的类型。施工现场产生的固体废物主要有三种,包括拆建废物、化学废物及生活固体废物。

1)拆建废物,包括渣土、砖瓦、碎石、混凝土碎块、废木材、废钢铁、废弃装饰材料、废水泥、废石灰、碎玻璃等。

2)化学废物,包括废油漆材料、废油类(汽油、机油、柴油等)、废沥青、废塑料、废玻璃纤维等。

3)生活固体废物,包括炊厨废物、丢弃食品、废纸、废电池、生活用具、煤灰渣、粪便等。

(3)固体废物的治理方法。废物处理是指采用物理、化学、生物处理等方法,将废物在自然循环中加以迅速、有效、无害地分解处理。根据环境科学理论,可将固体废物的治理方法概括为无害化、安定化和减量化三种。

1)无害化(也称为安全化),是将废物内的生物性或化学性的有害物质,进行无害化或安全化处理。例如,利用焚化处理的化学法,将微生物杀灭,促使有毒物质氧化或分解。

2)安定化,是指为了防止废物中的有机物质腐化分解,产生臭味或衍生成有害微生物,将此类有机物质通过有效的处理方法,使其不再继续分解或变化。如以厌氧性的方法处理生活废物,使其实时产生甲烷气,使处理后的残余物完全腐化安定,不再发酵腐化分解。

3)减量化,大多废物疏松膨胀、体积庞大,不但增加运输费用,而且占用堆填处置场地大。减量化废物处理是将固体废物压缩或液体废物浓缩,或将废物无害焚化处理,烧成灰烬,使其体积缩小至1/10以下,以便运输堆填。

(4)固体废物的处理。

1)物理处理:包括压实浓缩、破碎、分选、脱水干燥等。这种方法可以浓缩或改变固体废物结构,但不破坏固体废物的物理性质。

2)化学处理:包括氧化还原、中和、化学浸出等。这种方法能破坏固体废物中的有害成分,从而达到无害化,或将其转化成适于进一步处理、处置的形态。

3)生物处理:包括好氧处理、厌氧处理等。

4)热处理:包括焚烧、热解、焙烧、烧结等。

5)固化处理:包括水泥固化法和沥青固化法等。

6)回收利用和循环再造:将拆建物料再作为建筑材料利用;做好挖填土方的平衡设计,减少土方外运;重复使用场地围挡、模板、脚手架等物料;将可用的废金属、沥青等物料循环再用。

任务单元五　职业健康安全管理体系与环境管理体系

一、职业健康安全管理体系

1. 职业健康安全管理体系的概念

职业健康安全管理体系是组织全部管理体系中专门管理健康安全工作的部分，它是继 ISO 9000 系列质量管理体系和 ISO 14000 系列环境管理体系之后又一个重要的标准化管理体系。组织实施职业健康安全管理体系的目的是辨别组织内部存在的危险源，控制其所带来的风险，从而避免或减少事故的发生。

2. 职业健康安全管理体系的作用

(1)实施职业健康安全管理体系标准，将为企业提高职业健康安全绩效提供一个科学、有效的管理手段。

(2)有助于推动职业健康安全法规和制度的贯彻执行。职业健康安全管理体系标准要求组织必须对遵守法律、法规作出承诺，并定期进行评审，以判断其遵守的情况。

(3)能使组织的职业健康安全管理由被动强制行为转变为主动自愿行为，从而促进企业职业健康安全管理水平的提高。

(4)可以促进我国职业健康安全管理标准与国际接轨，有助于消除贸易壁垒。很多国家和国际组织把职业健康安全与贸易挂钩，并以此为借口设置障碍，形成贸易壁垒，这将是未来国际市场竞争的必备条件。

(5)实施职业健康安全会对企业产生直接和间接的经济效益。通过实施职业健康安全管理体系标准，可以明显提高企业安全生产的管理水平和管理效益。另外，由于改善劳动作业条件，增强了劳动者的身心健康，从而了明显提高了职工的劳动效率。

(6)有助于提高全民的安全意识。实施职业健康安全管理体系标准，组织必须对员工进行系统的安全培训，这将使全民的安全意识得到很大的提高。

(7)实施职业健康安全管理体系标准，不仅可以强化企业的安全管理，还可以完善企业安全生产的自我约束机制，使企业具有强烈的社会关注力和责任感，对树立现代优秀企业的良好形象具有非常重要的促进作用。

企业安全管理体系案例

二、建筑工程环境管理体系

1. 环境管理体系的概念

存在于以中心事物为主体的外部周边事物的客体，称为环境。在环境科学领域里，中心事物是人类社会。而以人类社会为主体的周边事物环境，是由各种自然环境和社会环境的客体构成。自然环境是人类生产和生活所必需的、未经人类改造过的自然资源和自然条件的总体，包括大气环境(空气、温度、气候、阳光)、水环境(江、河、湖泊、海洋)、土地环境、地质环境

(地壳、岩石、矿藏)、生物环境(森林、草原、野生生物)等。社会环境则是经过人工对各种自然因素进行改造后的总体(也称为人工环境系统),包括工农业生产环境(工厂、矿山、水利、农田、畜牧、果园)、聚落环境(城市、农场、乡村)、交通环境(铁路、公路、港口、机场)和文化环境(校园、人文遗迹、风景名胜区)等。

ISO 14000 环境管理体系标准是 ISO(国际标准化组织)在总结了世界各国的环境管理标准化成果,并具体参考了英国的 BS 7750 标准后,于 1996 年年底正式推出的一整套环境系列标准。它是一个庞大的标准系统,由环境管理体系、环境审核、环境标志、环境行为评价、生命周期评价、术语和定义、产品标准中的环境指标等系列标准构成。此标准的总目的是支持环境保护和污染预防,协调它们与社会需求和经济需求的关系,指导各类组织取得并表现出良好的环境行为。

2. 环境管理体系的作用

(1)在全球范围内通过实施环境管理体系标准,可以规范所有组织的环境行为,降低环境风险和法律风险,最大限度地节约能源和资源消耗,从而减少人类活动对环境造成的不利影响,维持和改善人类生存和发展的环境。

(2)实施环境管理体系,是实现经济可持续发展的需要。

(3)实施环境管理体系,是实现环境管理现代化的途径。

综合训练题

一、单项选择题

1. 建筑施工企业的三级安全教育是指( )。
   A. 公司层教育、项目部教育、作业班组教育
   B. 进场教育、作业前教育、上岗教育
   C. 最高领导教育、项目经理教育、班组长教育
   D. 最高领导教育、生产负责人教育、项目经理教育

2. 根据 ISO 14001 标准的应用原则,在组织的管理体系中,环境管理体系( )。
   A. 应在组织整个管理体系之外独立存在
   B. 不必成为独立的管理系统,应纳入组织整个管理体系中
   C. 应融入组织的质量和职业健康安全管理体系中
   D. 应在组织的整个管理体系之上,作为其他管理体系的基础

3. 施工现场发生安全事故后,首先应做的工作是( )。
   A. 进行事故调查   B. 对事故责任者进行处理
   C. 抢救伤员,排除险情   D. 编写事故调查报告并上报

4. 某工人在施工作业过程中脚部被落物砸伤,休养了 21 周。根据《企业职工伤亡事故分类》(GB 6441),该工人的伤害程度为( )。
   A. 轻伤   B. 重伤   C. 职业病   D. 失能伤害

5. 项目经理部应根据工程特点和规模设置安全管理领导小组,其第一责任人是( )。
   A. 专职安全员   B. 总工程师   C. 技术负责人   D. 项目经理

6. 施工现场安全"五标志"中,"佩戴安全帽"属于( )标志。
   A. 指令   B. 禁止   C. 警告   D. 提示

7. 施工现场的职业健康安全管理的实施，须根据项目的形式、结构类型、地理环境等进行调整，这是由项目的( )特点决定的。
   A. 流行性　　　　　　　　　　B. 复杂性
   C. 单件性　　　　　　　　　　D. 长期性

8. 下列关于职业健康安全体系作用的说法，错误的是( )。
   A. 可以促使我国职业健康安全管理标准与国际接轨
   B. 实施职业安全会对企业产生直接和间接的经济效益
   C. 可以促使企业管理水平的全面提高
   D. 有助于提高全民的安全意识

9. 在某桥梁工程桩基施工过程中，由于操作平台整体倒塌导致6人死亡，52人重伤，造成直接经济损失118万元，根据安全事故造成的后果，该事故属于( )。
   A. 一般事故　　B. 重大事故　　C. 较大事故　　D. 特别重大事故

10. 施工单位负责人接到施工现场发生安全事故的报告后，应当在( )h内向事故发生地有关部门报告。
    A. 1　　　　　B. 5　　　　　C. 12　　　　　D. 24

11. 相对于建设工程固定性的特点，施工生产则表现出( )的特点。
    A. 一次性　　B. 流动性　　C. 单件性　　D. 预约性

12. 施工企业在确定建设工程职业健康安全与环境管理目标时，一般事故频率控制目标通常在( )以内。
    A. 6‰　　　　B. 8‰　　　　C. 10‰　　　　D. 12‰

13. 根据国务院《生产安全事故报告和调查处理条例》，造成2人死亡的生产安全事故属于( )。
    A. 特别重大事故　　B. 重大事故　　C. 较大事故　　D. 一般事故

14. 某施工企业瞒报生产安全事故，建设行政主管部门应依法对其处以( )万元的罚款。
    A. 10～30　　B. 30～50　　C. 50～100　　D. 100～500

15. 关于建设工程施工现场环境管理的说法，正确的是( )。
    A. 施工现场用餐人数在50人以上的临时食堂，应设置简易、有效的隔油池
    B. 施工现场外围设置的围挡不得低于1.5 m
    C. 一般情况下禁止各种打桩机械在夜间施工
    D. 在城区、郊区城镇和居住稠密区，只能在夜间使用敞口锅熬制沥青

16. 施工现场混凝土搅拌车清洗产生的污水，应( )。
    A. 有组织地直接排入市政污水管网
    B. 经一次沉淀后排入市政排水管网
    C. 分散直接排入市政污水管网
    D. 经二次沉淀后排入市政排水管网

二、多项选择题

1. 下列有关建设工程生产安全事故报告的说法，正确的有( )。
   A. 施工现场最先发现事故的人员应立即用最快的手段向施工单位负责人报告
   B. 施工单位负责人接到报告后应当在1小时内上报事故情况
   C. 特别重大事故应逐级上报至国务院建设行政主管部门
   D. 重大事故应逐级上报至省级建设行政主管部门
   E. 任何情况下，建设主管部门均不得越级上报事故情况

2. 为防治施工环境污染，正确的做法有（　　）。
   A. 尽量选用低噪声或备有消声降噪设备的机械
   B. 拆除旧建筑物前，先进行洒水湿润
   C. 将有害废弃物集中后做土方回填
   D. 对土方的运输采取封盖措施
   E. 现场设置专用油料库并对地面作防渗处理

3. 施工现场固体废物的处理方法主要有（　　）。
   A. 物理处理
   B. 化学处理和生物处理
   C. 热处理和固化处理
   D. 回收利用和循环再造
   E. 回填处理

4. 施工安全技术交底要求做好"四口""五临边"的防护措施，其中"四口"指（　　）。
   A. 通道口
   B. 工地出入口
   C. 楼梯口
   D. 电梯井口
   E. 预留洞口

5. 施工安全管理目标中的"六杜绝"是指：杜绝因公受伤、死亡事故，杜绝坍塌伤害事故以及（　　）。
   A. 杜绝惯性事故
   B. 杜绝物体打击事故
   C. 杜绝高处坠落事故
   D. 杜绝机械伤害事故
   E. 杜绝触电事故

6. 关于施工安全管理的说法中，正确的有（　　）。
   A. 施工单位在取得《施工许可证》后方可施工
   B. 施工人员必须具备相应的安全生产资格方可上岗
   C. 临时工在接受项目的安全教育后就可进场作业
   D. 对查出的事故隐患要做到整改"五定"的要求
   E. 必须把好安全生产的"七关"标准

7. 施工现场固体废物的治理方法有（　　）。
   A. 无害化
   B. 安定化
   C. 回收化
   D. 减量化
   E. 运输化

8. 按国家有关规定，对施工现场泥浆、污水、有毒有害液体处理采取的有效措施是（　　）。
   A. 设置污水沉淀池，经沉淀后排入场外的市政污水管网
   B. 设置污水隔油池，经沉淀后排入场外的市政污水管网
   C. 直接排入场外的河流中
   D. 直接排入场外的市政污水管网
   E. 将有毒有害液体采用专用容器集中存放

9. 按国家有关规定，对施工现场空气污染采取的有效措施是（　　）。
   A. 对主要运输道路进行硬化处理，现场采取绿化、洒水等措施
   B. 将有害废弃物做土方回填
   C. 水泥和其他易飞扬的细颗粒散体材料密闭存放
   D. 建筑物内的施工垃圾采用容器吊运
   E. 对于土方、渣土和垃圾外运，采取封盖措施

项目六　建筑工程项目合同管理

学习目标

1. 了解合同法及相关法律法规的基本理论，建筑工程其他相关合同类型。
2. 熟悉建筑工程合同的特点及分类，建筑工程担保的类型，建筑工程合同争议的解决。
3. 掌握建筑工程项目合同的签订、实施、变更、终止管理，索赔的概念、分类、成立的条件以及索赔程序。

引例

【背景材料】

某建设单位通过招标选择了甲施工单位承担某厂房工程的施工，并按照《建设工程施工合同（示范文本）》与甲施工单位签订了施工承包合同。建设单位与甲施工单位在合同中约定，该厂房工程所需的部分设备由建设单位负责采购。甲施工单位按照正常的程序将安装工程分包给乙施工单位。在施工过程中，监理工程师对进场的配电设备进行检验时，发现由建设单位采购的某设备质量不合格，建设单位对该设备进行了更换，从而导致乙施工单位停工。因此，乙施工单位致函监理单位，要求补偿其被迫停工所遭受的损失并延长工期。请分析判断：对乙施工单位的索赔要求应如何处理？

某水电站工程引水隧洞工程案例

任务单元一　建筑工程合同管理概述

一、合同基础知识

（一）合同的概念

《中华人民共和国合同法》（以下简称《合同法》）第二条规定："合同是平等主体的自然人、法人、其他组织之间设立、变更、终止民事权利义务关系的协议"，即具有平等民事主体资格的当事人，为了达到一定目的，经过自愿、平等、协商一致设立、变更、终止民事权利义务关系达成的协议。

(二)合同法律关系的构成要素

合同法律关系是指由合同法律规范调整的、在民事流转过程中所产生的权利义务关系。法律关系都是由法律关系主体、法律关系客体和法律关系内容三个要素构成,缺少其中一个要素,就不能构成法律关系。由于三个要素的内涵不同,则组成不同的法律关系,诸如民事法律关系、行政法律关系、劳动法律关系、经济法律关系等。

1. 法律关系主体

法律关系主体主要是指参加或管理、监督建设活动,受建筑工程法律规范调整,在法律上享有权利、承担义务的自然人、法人或其他组织。

(1)自然人。自然人可以成为工程建设法律关系的主体。如建设企业工作人员(建筑工人、专业技术人员、注册执业人员等)同企业单位签订劳动合同时,即成为劳动法律关系的主体。

(2)法人。法人是指按照法定程序成立,设有一定的组织机构,拥有独立的财产或独立经营管理的财产,能以自己的名义在社会经济活动中享有权利和承担义务的社会组织。

法人的成立要满足下述四个条件,即依法成立;有必要的财产或经费;有自己的名称、组织机构和场所;能独立承担民事责任。

(3)其他组织。其他组织是指依法成立,但不具备法人资格,而能以自己的名义参与民事活动的经营实体或者法人的分支机构等社会组织。如法人的分支机构、不具备法人资格的联营体、合伙企业、个人独资企业等。

2. 法律关系客体

法律关系客体是指参加法律关系的主体享有的权利和承担的义务所共同指向的对象。在通常情况下,主体都是为了某一客体,彼此才设立一定的权利、义务,从而产生法律关系,这里的权利、义务所指向的事物,即法律关系的客体。

法学理论上,一般客体分为财、物、行为和非物质财富。法律关系客体也不外乎四类。

(1)表现为财的客体。财一般指资金及各种有价证券。在法律关系中表现为财的客体主要是建设资金,如基本建设贷款合同的标的,即一定数量的货币。

(2)表现为物的客体。法律意义上的物是指可为人们控制的并具有经济价值的生产资料和消费资料。

(3)表现为行为的客体。法律意义上的行为是指人的有意识的活动。

(4)表现为非物质财富的客体。法律意义上的非物质财富是指人们脑力劳动的成果或智力方面的创作,也称智力成果。

3. 合同法律关系的内容

法律关系的内容即权利和义务。

(1)权利。权利是指法律关系主体在法定范围内有权进行各种活动。权利主体可要求其他主体作出一定的行为或抑制一定的行为,以实现自己的权利,因其他主体的行为而使权利不能实现时有权要求国家机关加以保护并予以制裁。

(2)义务。义务是指法律关系主体必须按法律规定或约定承担应负的责任。义务和权利是相互对应的,相应主体应自觉履行建设义务,义务主体如果不履行或不适当履行,就要承担相应的法律责任。

(三)合同法律关系的产生、变更与终止

1. 合同法律关系的产生

合同法律关系的产生是指法律关系的主体之间形成了一定的权利和义务关系。如某单位与其他单位签订了合同,主体双方就产生了相应的权利和义务。此时,受法律规范调整的法律关系即告产生。

2. 合同法律关系的变更

法律关系的变更是指法律关系的三个要素发生变化。

(1)主体变更。主体变更，是指法律关系主体数目增多或减少，也可以是主体改变。在合同中，客体不变，相应权利义务也不变，此时主体改变也称为合同转让。

(2)客体变更。客体变更，是指法律关系中权利义务所指向的事物发生变化。客体变更可以是其范围变更，也可以是其性质变更。

(3)内容变更。法律关系主体与客体的变更，必然导致相应的权利和义务，即内容的变更。

3. 法律关系的终止

法律关系的终止是指法律关系主体之间的权利义务不复存在，彼此丧失了约束力。

(1)自然终止。法律关系的自然终止，是指某类法律关系所规范的权利义务顺利得到履行，取得了各自的利益，从而使该法律关系达到完结。

(2)协议终止。法律关系的协议终止，是指法律关系主体之间协商解除某类工程建设法律关系规范的权利义务，致使该法律关系归于终止。

(3)违约终止。法律关系的违约终止，是指法律关系主体一方违约，或发生不可抗力，致使某类法律关系规范的权利不能实现。

二、建筑工程合同概述

(一)建筑工程合同的概念

建筑工程合同是指由承包商进行工程建设，业主支付价款的合同。我国建设领域习惯上把建筑工程合同的当事人双方称为发包方和承包方，这与我国《合同法》将他们称为发包人和承包人是没有区别的。双方当事人在合同中明确各自的权利和义务，但主要是承包方进行工程建设，发包方支付工程款。

按照《合同法》的规定，建筑工程合同包括三种：即建筑工程勘察合同、建筑工程设计合同、建筑工程施工合同。建筑工程实行监理的，业主也应当与监理方采取书面形式订立委托监理合同。

建筑工程合同是一种诺成合同，合同订立生效后双方应当严格履行。

建设合同也是一种双务、有偿合同，当事人双方都应当在合同中有各自的权利和义务，在享有权利的同时也必须履行义务。

从合同理论上说，建筑工程合同是广义上承揽合同的一种，也是承揽人按定作人的要求完成工作，交付工作成果，定作人给付报酬的合同。但由于工程建设合同在经济活动、社会活动中的重要作用，以及国家管理、合同标的等方面均有别于一般承揽合同，我国一直将建筑工程合同列为单独一类的重要合同。但考虑到建筑工程合同毕竟是从承揽合同中分离出来的，《合同法》规定，建筑工程合同中没有规定的，适用承揽合同的有关规定。

(二)建筑工程合同的特点

建筑工程合同除具有合同的一般性特点之外，还具有不同于其他合同的独有特征。

1. 合同主体的严格性

建筑工程合同主体一般只能是法人。发包人一般只能是经过批准进行工程项目建设的法人，必须有国家批准的建设项目，落实投资计划且具备相应的协调能力；承包人必须具备法人资格，而且应当具备相应的从事勘察、设计、施工等资质。无营业执照或无承包资质的单位不能作为建筑工程合同的主体,资质等级低的单位不能越级承包建筑工程。

2. 合同标的的特殊性

建筑工程合同的标的是各类建筑商品,建筑商品是不动产,其基础部分与大地相连,不能移动。这就决定了每个建筑工程合同标的都是特殊的,相互间具有不可代替性。这还决定了承包方工作的流动性。建筑物所在地就是勘察、设计、施工生产地,施工队伍、施工机械必须围绕建筑产品不断移动。另外,建筑产品都需要单独建设和施工,即建筑产品是单体性生产,这也决定了建筑工程合同标的的特殊性。

3. 合同履行期限的长期性

建筑工程由于结构复杂、体积大、建筑材料类型多、工作量大,使得合同履行期限都较长。而且,建筑工程合同的订立和履行都需要较长的准备期;在合同履行的过程中,可能因为不可抗力、工程变更、材料供应不及时等原因而导致合同期顺延。所有这些情况决定了建设合同的履行期限具有长期性。

4. 计划和程序的严格性

由于工程建设对国家的经济发展、公民的工作生活都具有重大的影响,因此,国家对建筑工程的计划和程序都有严格的管理制度。订立建筑工程合同必须以国家批准的投资计划为前提,即使国家投资以外的、以其他方式筹集的投资也要受到当年的贷款规模和批准限额的限制,纳入当年的投资规模的平衡,并经过严格的审批程序。建筑工程合同的订立和履行还必须符合国家关于基本建设程序的规定。

(三)建筑工程合同的类型

建筑工程合同按照分类方式的不同可以分为不同的类型,具体如下。

1. 按照工程建设阶段分类

建筑工程的建设过程大体上经过勘察、设计、施工三个阶段,围绕不同阶段订立相应合同。按照所处的阶段所完成的承包内容划分为:建筑工程勘察合同、建筑工程设计合同、建筑工程施工合同。

(1)建筑工程勘察合同。建筑工程勘察合同是承包方进行工程勘察,业主支付价款的合同。建筑工程勘察单位称为承包方,建设单位或者有关单位称为发包方(也称为委托方)。建筑工程勘察合同的标的是为建筑工程需要而作的勘察成果。

工程勘察是工程建设的第一个环节,也是保证建筑工程质量的基础环节。为了确保工程勘察的质量,勘察合同的承包方必须是经国家或省级主管机关批准,持有《勘察许可证》,具有法人资格的勘察单位。

建筑工程勘察合同必须符合国家规定的基本建设程序,勘察合同由建设单位或有关单位提出委托,经与勘察部门协商,双方取得一致意见即可签订,任何违反国家规定的建设程序的勘察合同均是无效的。

(2)建筑工程设计合同。建筑工程设计合同是承包方进行工程设计,委托方支付价款的合同。建设单位或有关单位为委托方,建筑工程设计单位为承包方。

建筑工程设计合同是为建筑工程需要而作的设计成果。工程设计是工程建设的第二个环节,是保证建筑工程质量的重要环节。工程设计合同的承包方必须是经国家或省级主要机关批准,持有《设计许可证》,具有法人资格的设计单位。只有具备了上级批准的设计任务书,建筑工程设计合同才能订立;小型单项工程必须具有上级机关批准的文件方能订立。如果只是单独委托设计单位设计一项施工图的任务,应当同时具有经有关部门批准的初步设计文件方能订立。

(3)建筑工程施工合同。建筑工程施工合同是工程建设单位与施工单位,也就是发包方与承包方以完成商定的建筑工程为目的,明确双方相互权利义务的协议。

施工总承包合同的发包人是建筑工程的建设单位或取得建设项目的总承包资格的项目总承包单位,在合同中一般称为业主或发包人。施工总承包合同的承包人是承包单位,在合同中一般称为承包商。

施工分包合同分专业工程分包合同和劳务作业分包合同。分包合同的发包人一般是施工总承包单位,分包合同的承包人一般是专业化的专业工程施工单位或劳务作业单位,在分包合同中一般称为分包人或劳务分包人。

2. 按照承发包方式(范围)分类

(1)勘察、设计或施工总承包合同。勘察、设计或施工总承包是指业主将全部勘察、设计或施工的任务分别发包给一个勘察、设计单位或一个施工单位作为总承包人,经业主同意,总承包人可以将勘察、设计或施工任务的一部分分包给其他符合资质的分包人。据此明确各方权利义务的协议即为勘察、设计或施工总承包合同。在这种模式中,业主与总承包人订立总承包合同,总承包人与分包人订立分包合同,总承包人与分包人就工作成果对发包人承担连带责任。

(2)单位工程施工承包合同。单位工程施工承包是指在一些大型、复杂的建筑工程中,发包人可以将专业性很强的单位工程发包给不同的承包人,与承包人分别签订土木工程施工合同、电气与机械工程承包合同,这些承包人之间为平行关系。单位工程施工承包合同常见于大型工业建筑安装工程,大型、复杂的建筑工程。据此明确各方权利义务的协议,即为单位工程施工承包合同。

(3)工程项目总承包合同。工程项目总承包是指建设单位将包括工程设计、施工、材料和设备采购等一系列工作全部发包给一家承包单位,由其进行实质性设计、施工和采购工作,最后向建设单位交付具有使用功能的工程项目。工程项目总承包实施过程可依法将部分工程分包。据此明确各方权利义务的协议即为工程项目总承包合同。

(4)BOT合同(又称特许权协议书)。BOT承包模式是指由政府或政府授权的机构授予承包商在一定的期限内,以自筹资金建设项目并自费经营和维护,向东道国出售项目产品或服务,收取价款或酬金,期满后将项目全部无偿移交东道国政府的工程承包模式。据此明确各方权利义务的协议,即为BOT合同。

3. 按照承包工程计价方式(或付款方式)分类

按计价方式不同,建筑工程合同可以划分为总价合同、单价合同和成本加酬金合同三大类。工程勘察、设计合同一般为总价合同;工程施工合同则根据招标准备情况和建筑工程项目的特点不同,可选用其中的任何一种。

(1)总价合同。总价合同又分为固定总价合同和可调总价合同。

1)固定总价合同。承包商按投标时业主接受的合同价格一笔包死。在合同履行过程中,如果业主没有要求变更原定的承包内容,承包商在完成承包任务后,不论其实际成本如何,均应按合同价获得工程款的支付。

采用固定总价合同时,承包商要考虑承担合同履行过程中的主要风险,因此,投标报价较高。固定总价合同的适用条件一般为:

①工程招标时的设计深度已达到施工图设计的深度,在合同履行过程中不会出现较大的设计变更,以及承包商依据的报价工程量与实际完成的工程量不会有较大差异。

②工程规模较小,技术不太复杂的中小型工程或承包工作内容较为简单的工程部位。这样,可以使承包商在报价时能够合理地预见到实施过程中可能遇到的各种风险。

③工程合同期较短(一般为一年之内),双方可以不必考虑市场价格浮动可能对承包价格的影响。

2)可调总价合同。这类合同与固定总价合同基本相同,但合同期较长(一年以上),只是在固定总价合同的基础上,增加合同履行过程中因市场价格浮动对承包价格调整的条款。由于合同期较长,承包商不可能在投标报价时合理地预见一年后市场价格的浮动影响,因此,应在合同内明确约定合同价款的调整原则、方法和依据。常用的调价方法有:文件证明法、票据价格调整法和公式调价法。

(2)单价合同。单价合同是指承包商按工程量报价单内分项工作内容填报单价,以实际完成工程量乘以所报单价确定结算价款的合同。承包商所填报的单价应为计算各种摊销费用后的综合单价,而非直接费单价。

单价合同大多用于工期长、技术复杂、实施过程中发生各种不可预见因素较多的大型土建工程,以及业主为了缩短工程建设周期,初步设计完成后就进行施工招标的工程。单价合同的工程量清单内所列的工程量为估计工程量,而非准确工程量。

单价合同较为合理地分担了合同履行过程中的风险。因为承包商据以报价的清单工程量为初步设计估算的工程量,如果实际完成工程量与估计工程量有较大差异时,采用单价合同可以避免业主过大的额外支出或承包商的亏损。此外,承包商在投标阶段不可能合理准确预见的风险可不必计入合同价内,有利于业主取得较为合理的报价。单价合同按照合同工期的长短,也可以分为固定单价合同和可调价单价合同两类,调价方法与总价合同的调价方法相同。

(3)成本加酬金合同。成本加酬金合同是将工程项目的实际造价划分为直接成本费和承包商完成工作后应得酬金两部分。工程实施过程中发生的直接成本费由业主实报实销,另按合同约定的方式付给承包商相应报酬。

成本加酬金合同大多适用于边设计、边施工的紧急工程或灾后修复工程。由于在签订合同时,业主还不可能为承包商提供用于准确报价的详细资料,因此,在合同中只能商定酬金的计算方法。在成本加酬金合同中,业主需承担工程项目实际发生的一切费用,因而也就承担了工程项目的全部风险。而承包商由于无风险,其报酬往往也较低。

按照酬金的计算方式不同,成本加酬金合同的形式有:成本加固定酬金合同、成本加固定百分比酬金合同、成本加浮动酬金合同、目标成本加奖罚合同等。

在传统承包模式下,不同计价方式的合同比较见表 6-1。

表 6-1 不同计价方式合同类型比较

合同类型	总价合同	单价合同	成本加酬金合同			
			百分比酬金	固定酬金	浮动酬金	目标成本加奖罚
应用范围	广泛	广泛	有局限性			酌情
业主方造价控制	易	较易	最难	难	不易	有可能
承包商风险	风险大	风险小	基本无风险		风险不大	有风险

【例 6-1】 某房地产开发公司投资建造一座高档写字楼,采用钢筋混凝土结构,设计项目已明确,功能布局及工程范围都已确定,业主为减少建设周期、尽快获得投资收益,施工图设计未完成时就进行了招标,确定了某建筑工程公司为总承包单位。

业主与承包方签订施工合同时,由于设计未完成,工程性质已明确但工程量还难以确定,双方通过多次协商,拟采用总价合同形式签订施工合同,以减少双方的风险。

合同条款中有下列规定:

(1)工程合同额为 1 200 万元,总工期为 10 个月。

(2)本工程采用固定总价合同,乙方在报价时已考虑了工程施工需要的各种措施费用与各种材料涨价等因素。

(3)甲方向乙方提供现场的工程地质与地下主要管网资料,供乙方参考使用。

问题:

(1)工程施工合同按承包工程计价方式不同分哪几类?

(2)在总承包合同中,业主与施工单位选择总价合同是否妥当?为什么?

(3)你认为可以选择何种计价形式的合同?为什么?

(4)合同条款中有哪些不妥之处?应如何修改?

解:(1)工程施工合同按计价方式不同,分为总价合同、单价合同、成本加酬金合同三种形式。

(2)选用固定总价合同形式不妥当。因为施工图设计未完成,虽然工程性质已明确,但工程量还难以确定,工程价格随工程量的变化而变化,合同总价无法确定,双方风险都比较大。

(3)可以采用单价合同。因为施工图未完成,不能准确计算工程量,而工程范围与工作内容已明确,可列出全部工程的各分项工程内容和工作项目一览表,暂不定工作量,双方按全部所列项目协商确定单价,按实际完成工程量进行结算。

(4)上述第(3)条中供"乙方参考使用"提法不当,应改为保证资料(数据)真实、准确,作为乙方现场施工的依据。

三、建筑工程其他相关合同

建筑施工企业在项目的进行过程中,必然会涉及多种合同关系,如建设物资的采购涉及买卖合同及运输合同、工程投保涉及保险合同,有时还会涉及租赁合同、承揽合同等。建筑施工企业的项目经理不但要做好对施工合同的管理,也要做好对建筑工程涉及的其他合同的管理,这是项目施工能够顺利进行的基础和前提。

1. 买卖合同

买卖合同是经济活动中最常见的一种合同,也是建筑工程中需经常订立的一种合同。在建筑工程中,建筑材料、设备的采购是买卖合同,施工过程中的一些工具、生活用品的采购也是买卖合同。在建筑工程合同的履行过程中,承包方和发包方都需要经常订立买卖合同。当然,建筑工程合同当事人在买卖合同中总是处于买受人的位置。

买卖合同是出卖人转移标的物的所有权于买受人,买受人支付价款的合同。买卖合同是经济活动中最常见的一种合同,它以转移财产所有权为目的,合同履行后,标的物的所有权转移归买受人。

买卖合同的出卖人除了应当向买受人交付标的物并转移标的物的所有权外,还应对标的物的瑕疵承担担保义务。即出卖人应保证他所交付的标的物不存在可能使其价值或使用价值降低的缺陷或其他不符合合同约定的品质问题,也应保证他所出卖的标的物不侵犯任何第三方的合法权益。买受人除应按合同约定支付价款外,还应承担按约定接受标的物的义务。

2. 货物运输合同

在工程建设过程中,存在着大量的建筑材料、设备、仪器等的运输问题。做好货物运输合同的管理对确保工程建设的顺利进行有重要的作用。

货物运输合同是由承运人将承运的货物从起运地点运送到指定地点,托运人或者收货人向承运人交付运费的协议。

货物运输合同中至少有承运人和托运人两方当事人,如果运输合同的收货人与托运人并非同一人，则货物运输合同有承运人、托运人和收货人三方当事人。在我国，可以作为承运人的有以下民事主体：①国有运输企业，如铁路局、汽车运输公司等；②集体运输组织，如运输合作社等；③城镇个体运输户和农村运输专业户。可以作为托运人的范围则是非常广泛的，国家机关、企事业法人、其他社会组织、公民等可以成为货物托运人。

3. 保险合同

保险合同是指投保人与保险人约定保险权利义务关系的协议。

投保人是指与保险人订立保险合同，并按照保险合同负有支付保险费义务的人。保险人指与投保人订立保险合同，并承担赔偿或者给付保险金责任的保险公司。

保险公司在履行中还会涉及被保险人和受益人的概念。被保险人是指其财产或者人身受保险合同保障，享有保险金请求权的人，投保人可以为被保险人。受益人是指人身保险合同中由被保险人或者投保人指定的享有保险金请求权的人，投保人、被保险人可以为受益人。

4. 租赁合同

租赁合同是出租人将租赁物交付承租人使用、收益，承租人支付租金的合同。

租赁合同是转让财产使用权的合同，合同的履行不会导致财产所有权的转移，在合理有效期满后，承租人应将租赁物交还出租人。

租赁合同的形式没有限制，但租赁期限在6个月以上的，应采用书面形式。

随着市场经济的发展，在工程建设过程中出现了越来越多的租赁合同。特别是建筑施工企业的施工工具、设备，如果自备过多，则购买费用、保管费用都很高，所以大多依靠设备租赁来满足施工高峰期的使用需要。

5. 承揽合同

由于我国《合同法》规定，建筑工程合同一章中没有规定的，适用承揽合同的有关规定。因此，承揽合同有如下主要内容：承揽的标的、数量、质量、报酬、承揽方式、材料的提供、履行期限、验收标准和方法等条款。

承揽合同是承揽人按照定作人的要求完成工作，交付工作成果，定作人给付报酬的合同。承揽包括：加工、定作、修理、复制、测试、检验等工作。

承揽合同的标的即当事人权利义务指向的对象是工作成果，而不是工作过程和劳务、智力的支出过程。承揽合同的标的一般是有形的，或至少要以有形的载体表现，不是单纯的智力技能。

四、建筑工程项目中的主要合同关系

工程建设是一个极为复杂的社会生产过程，由于现代社会化大生产和专业化分工，许多单位会参与到工程建设之中，而各类合同则是维系这些参与单位之间关系的纽带。在建筑工程项目合同体系中，业主和承包商是两个最主要的节点。

1. 业主的主要合同关系

业主为了实现建筑工程项目总目标，可以通过签订合同将建筑工程项目寿命期内有关活动委托给相应的专业承包单位或专业机构，如工程勘察、工程设计、工程施工、设备和材料供应、工程咨询(可行性研究、技术咨询)与项目管理服务等，从而涉及众多合同关系包括施工承包合同、勘察合同、设计合同、材料采购合同、工程咨询或项目管理合同、贷款合同、工程保险合同等。业主的主要合同关系如图6-1所示。

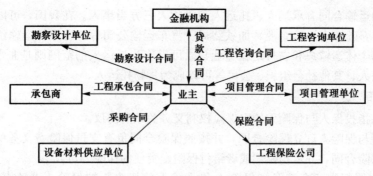

图 6-1　业主的主要合同关系

2. 承包商的主要合同关系

承包商作为工程承包合同的履行者，也可以通过签订合同将工程承包合同中所确定的工程设计、施工、设备材料采购等部分任务委托给其他相关单位来完成，承包商的主要合同关系包括施工分包合同、材料采购合同、运输合同、加工合同、租赁合同、劳务分包合同、保险合同等。承包商的主要合同关系如图 6-2 所示。

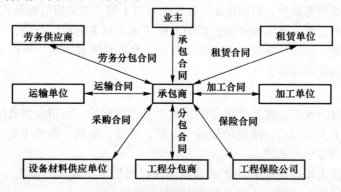

图 6-2　承包商的主要合同关系

五、建筑工程合同管理

建筑工程合同管理是指施工单位依据法律、法规和规章制度，对其所参与的建筑工程合同的谈判、签订和履行、变更进行的全过程的组织、指导、协调和监督。其中最主要的是对与业主签订的施工承包合同的管理。任务单元三和任务单元四将主要对施工合同的签订、履行、变更以及索赔等进行讨论，在此不赘述。

建筑工程合同管理的目的如下：

（1）发展和完善建筑市场。建立社会主义市场经济，就是要建立和完善社会主义法制经济。作为国民经济支柱产业之一的建筑业，要想繁荣和发达，就必须加强建筑市场的法制建设，健全建筑市场的法规体系。

（2）规范建筑市场主体、市场价格和市场交易。建立完善的建筑市场体系，是一项经济法制工程，它要求对建筑市场主体、市场价格和市场交易等方面加以法律调整。

建筑市场主体进入市场交易，其目的是开展和实现工程项目承发包活动。因此，有关主体必须具备合法的主体资格，才具有订立建筑工程合同的权利能力和行为能力。

建筑产品价格，是建筑市场中交换商品的价格。建筑市场主体必须依据有关规定，运用合同形式，调整彼此之间的建筑产品合同价格关系。

建筑市场交易，是指对建筑产品通过工程项目招标投标的市场竞争活动进行的交易，最后采用订立建筑工程合同的法定形式加以确定。在此过程中，建筑市场主体依据有关招标投标及合同法规行事，方能形成有效的建筑工程合同关系。

(3)加强管理，提高建筑工程合同履约率。牢固树立合同的法制观念，加强建筑工程项目的合同管理，合同双方当事人必须从自身做起，坚决执行建筑工程合同法规和合同示范文本制度，严格按照法定程序签订建筑工程项目合同，认真履行合同文本的各项条款。

综上所述，对建筑工程合同进行管理有利于建立社会主义法制经济，有利于提高我国的建设水平和投资效益，有利于开放国际建筑市场，有利于完善项目法人责任制、招标投标制、工程监理制和合同管理制。

六、FIDIC合同条件简介

FIDIC是国际咨询工程师联合会(Federation Internationale Des Ingenieurs－Conseils)法文名称的缩写。FIDIC于1913年由欧洲五国独立的咨询工程师协会在比利时根特成立，现位于瑞士洛桑，它是国际上最具有权威性的咨询工程师组织。

FIDIC专业委员会编制了许多规范性的文件，这些文件不仅被FIDIC成员国采用，而且世界银行、亚洲开发银行的招标文件也常常采用。FIDIC出版的标准化合同格式有：《土木工程施工合同条件》(国际上通称FIDIC"红皮书")、《电气和机械工程合同条件》(黄皮书)、《业主/咨询工程师标准服务协议书》(白皮书)及《设计/建造/交钥匙工程合同条件》(橘皮书)等。1999年，FIDIC组织重新对以上合同进行了修订，出版了新的《施工合同条件》(新红皮书)、《生产设备和设计——建造合同条件》《EPC/交钥匙项目合同条件》以及《简明合同格式》。在这四类合同条件中，《施工合同条件》的使用最为广泛。

对工程的类别而言，FIDIC合同条件适用于一般的土木工程，包括市政道路工程、工业与民用建筑工程及土壤改善工程。

FIDIC土木工程施工合同条件由"通用条件"和"专用条件"两大部分组成，构成合同的组成文件包括：

(1)合同协议书；
(2)中标通知书；
(3)投标书；
(4)通用条件；
(5)专用条件；
(6)构成合同一部分的任何其他文件。

通用条件按照条款的内容，大致可分为权益性条款、管理性条款、经济性条款、技术性条款和法规性条款等方面。条款的内容涉及工程项目施工阶段业主和承包商各方的权利和义务；工程师的权利和责任；各种可能预见的事件发生后的责任界限；合同正常履行过程中各方遵循的工作程序；因意外事件而使合同被迫解除时各方应遵循的工作原则。

专用条件是相对于"通用"条件而言的，通用条件的条款编写是根据不同地区、不同行业的土建类工程施工的共性条件而编写的，但有些条款还必须考虑工程的具体特点和所在地区情况予以必要的变动。针对通用条件中条款的规定加以具体化，进行相应的补充完善、修订，或取代其中的某些内容，增补通用条件中没有规定的条款。

FIDIC 编制了标准的投标书及其附件格式。投标书的格式文件只有一页内容，投标人只需在投标书中空格内填写投标报价并签字后，即可与其他材料一起构成有法律效力的投标文件。投标书附件是针对通用条件和专用条件内涉及工期和费用的内容作出明确的条件和具体的数值，与专用条件中的条款序号和具体要求相一致，以使承包商在投标时予以考虑，并在合同履行过程中作为双方遵照执行的依据。

FIDIC 认为，随着项目的不断复杂化和项目融资渠道的多元化，为了在预定的时间和要求的预算内圆满完成项目，技术方面和管理方面的标准化是必不可少的。使用内容详尽的标准合同条件，可以平衡分配合同各方之间的风险和责任，降低投标者的投标风险和难度，并可能导致比较低的标价。另外，标准合同条件的广泛使用使合同管理人员的培训和经验积累有了更好的条件。FIDIC 合同条件是在长期的国际工程实践中形成并逐渐发展和成熟起来的国际工程惯例，它是国际工程中通用的、规范化的典型的合同条件。

任务单元二　建筑工程担保的类型

一、合同担保

(一)担保的概念

担保是指当事人根据法律规定或者双方约定，为促使债务人履行债务实现债权人的权利的法律制度。担保通常由当事人双方订立担保合同。担保合同是被担保合同的从合同，被担保合同是主合同，主合同无效，从合同也无效。但担保合同另有约定的按照约定。

担保活动应当遵循平等、自愿、公平、诚实信用的原则。

(二)担保的方式

《担保法》规定的担保方式主要包括保证、抵押、质押、留置和定金五种。

1. 保证

(1)保证的概念。保证是指保证人和债权人约定，当债务人不履行债务时，保证人按照约定履行债务或者承担责任的行为。保证的方式有两种，即一般保证和连带责任保证。

一般保证是指当事人在保证合同中约定，债务人不能履行债务时，由保证人承担责任的保证。一般保证的保证人在主合同纠纷未经审判或者仲裁，并就债务人财产依法强制执行仍不能履行债务前，对债权人可以拒绝承担担保责任。

连带责任保证是指当事人在保证合同中约定保证人与债务人对债务承担连带责任的保证。连带责任保证的债务人在主合同规定的债务履行期届满没有履行债务的，债权人可以要求债务人履行债务，也可以要求保证人在其保证范围内承担保证责任。

在具体合同中，担保方式由担保合同的当事人约定，如果当事人没有约定或者约定不明确的，则按照连带责任保证承担保证责任，这是对债权人权利的有效保护。

(2)保证人。具有代为清偿债务能力的法人、其他组织或者公民，可以作为保证人。但是，以下组织不能作为保证人：

1)企业法人的分支机构、职能部门。企业法人的分支机构有法人书面授权的，可以在授权范围内提供保证。

2)国家机关。经国务院批准为使用外国政府或者国际经济组织贷款进行转贷的除外。

3)学校、幼儿园、医院等以公益为目的的事业单位、社会团体。

(3)保证责任。保证担保的范围包括主债权及利息、违约金、损害赔偿金及实现债权的费用。保证合同另有约定的,按照约定。当事人对保证担保的范围没有约定或者约定不明确的,保证人应当对全部债务承担责任。保证期间债权人与债务人协议变更主合同或者债权人许可债务人转让债务的,应当取得保证人的书面同意,否则保证人不再承担保证责任。保证合同另有约定的按照约定。

(4)保证期间。一般保证的保证人与债权人未约定保证期间的,保证期间为主债务履行期届满之日起六个月。在合同约定的保证期间和前款规定的保证期间,债权人未对债务人提起诉讼或者申请仲裁的,保证人免除保证责任;债权人已提起诉讼或者申请仲裁的,保证期间适用诉讼时效中断的规定。

连带责任保证的保证人与债权人未约定保证期间的,债权人有权自主债务履行期届满之日起六个月内要求保证人承担保证责任。在合同约定的保证期间和前款规定的保证期间,债权人未要求保证人承担保证责任的,保证人免除保证责任。

【例6-2】 某公司向银行申请贷款100万元,某商场作保证人为该笔贷款承担一般保证责任,贷款合同约定的还款期限为2004年12月31日。某公司到期未偿还银行贷款,银行于2005年8月将某公司起诉至法院要求其履行合同义务。如果法院在采取了强制执行措施后,某公司仍然不能偿还银行贷款,作为保证人的某商场应当承担保证责任。请问上述表述是否正确?

解:本题的保证为一般保证,并且没有约定保证期间,因此,保证期间为法定的主合同履行期限届满后的6个月内。在保证期间,债权人未对一般保证的债务人提起诉讼的或者申请仲裁的,保证人免除保证责任。本案中,债权人银行对债务人提起诉讼的时间已经超过了保证期间。

2. 抵押

(1)抵押的概念。抵押是指债务人或者第三人向债权人以不转移占有的方式提供一定的财产作为抵押物,用以担保债务履行的担保方式。债务人或者第三人为抵押人,债权人为抵押权人。

(2)抵押物。债务人或者第三人提供担保的财产为抵押物。由于抵押物是不转移占有的,因此,能够成为抵押物的财产必须具备一定的条件,下列财产可作为抵押物:

1)抵押人所有的房屋和其他地上定着物;

2)抵押人所有的机器、交通运输工具和其他财产;

3)抵押人依法有权处分的国有土地使用权、房屋和其他地上定着物;

4)抵押人依法有权处置的国有机器、交通运输工具和其他财产;

5)抵押人依法承包并经业主同意抵押的荒山、荒沟、荒丘、荒滩等荒地的土地使用权;

6)依法可以抵押的其他财产。

下列财产不得抵押:

1)土地所有权;

2)耕地、宅基地、自留地、自留山等集体所有的土地使用权;

3)学校、幼儿园、医院等以公益为目的的事业单位、社会团体的教育设施、医疗卫生设施和其他社会公益设施;

4)所有权、使用权不明或者有争议的财产;

5)依法被查封、扣押、监管的财产;

6)依法不得抵押的其他财产。

(3)抵押权的实现。债务履行期届满抵押权人未受清偿的,可以与抵押人协议以抵押物折价或者以拍卖、变卖该抵押物所得的价款受偿;协议不成的,抵押权人可以向人民法院提起诉讼。抵押物折价或者拍卖、变卖后，其价款超过债权数额的部分归抵押人所有，不足部分由债务人清偿。

3. 质押

(1)质押的概念。质押是指债务人或者第三人将其动产或权利移交债权人占有，用以担保债权履行的担保。债务人或者第三人为出质人，债权人为质权人，移交的动产为质物。质权是一种约定的担保物权，以转移占有为特征。

(2)质押的分类。质押可分为动产质押和权利质押。

1)动产质押是指债务人或者第三人将其动产移交债权人占有，将该动产作为债权的担保。能够用作质押的动产没有限制。

2)权利质押一般是将权利凭证交付质押人的担保。可以质押的权利包括：

①汇票、支票、本票、债券、存款单、仓单、提单；

②依法可以转让的股份、股票；

③依法可以转让的商标专用权、专利权、著作权中的财产权；

④依法可以质押的其他权利。

4. 留置

留置是指债权人按照合同约定占有债务人的财产，当债务人不能按照合同约定期限履行债务时，债权人有权依照法律规定留置该财产并享有处置该财产得到优先受偿的权利。

留置权以债权人合法占有对方财产为前提，并且债务人的债务已经到了履行期。同时，留置权必须依法行使，不能通过合同约定产生留置权。依《担保法》规定，能够留置的财产仅限于动产，且只有因保管合同、运输合同、加工承揽合同发生的债权，债权人才有可能实施留置。

5. 定金

定金是指当事人双方为了保证债务的履行，约定由当事人一方先行支付给对方一定数额的货币作为担保。定金的数额由当事人约定，但不得超过主合同标的额的20%，定金合同要采用书面形式，并在合同中约定交付定金的期限，定金合同从实际交付定金之日生效。债务人履行债务后，定金应当抵作价款或者收回。

若给付定金的一方不履行约定债务的，无权要求返还定金；收受定金的一方不履行约定债务的，应当双倍返还定金。

二、建筑工程担保

建筑工程担保在国外已有100多年的历史，目前，在国际上得到广泛应用，成为控制建筑工程风险的国际惯例，被称为"绿色担保"。

2004年8月6日原建设部下发了《关于在房地产开发项目中推行建筑工程合同保证担保的若干规定(试行)》的通知(建市〔2004〕137号文)，第一次对建筑工程保证担保作了较为全面系统的规定。

在建筑工程项目中，保证是最常用的担保方式。保证是必须由合同双方当事人以外的第三人作为保证人的担保形式。无论是施工投标阶段，还是施工履约阶段，由银行或第三人提供的信用担保(投标保函、履约保函)都是担保法中所规定的保证，预付款担保也是如此。其中，银行出具的保证称为保函，其他保证人出具的保证称为保证书。

建筑工程担保合同是指义务人(业主或承包商)或第三人(或保险公司)与权利人(承包商或业主)签订为保证建筑工程合同全面、正确履行而明确双方权利义务关系的协议。

建筑工程中经常采用的担保类型包括投标担保、履约担保、预付款担保、支付担保和工程保修担保五种，下面一一加以阐述。

(一)投标担保

1. 投标担保的概念

投标担保,或投标保证金,是指投标人保证中标后履行签订承发包合同的义务,否则,招标人将对投标保证金予以没收。根据《工程建设项目施工招标投标办法》规定,施工投标保证金的数额一般不超过投标总价的2%,最高不得超过80万元人民币。勘察设计招投标中投标保证金数额一般不超过勘察设计费投标报价的2%,最多不超过10万元人民币。国际上常见的投标担保的保证金数额为2%~5%。

投标保证金有效期应当超出投标有效期30天。投标人不按招标文件要求提交投标保证金的,该投标文件将被拒绝,作废标处理。采用投标担保有两个作用:一是保护招标人不因中标人不签约而蒙受经济损失;二是在一定程度上起筛选投标人的作用。

2. 投标保证金的形式

投标保证金的形式有很多种,通常的做法有如下几种:

(1)交付现金;
(2)支票;
(3)银行汇票;
(4)不可撤销信用证;
(5)银行保函;
(6)由保险公司或者担保公司出具投标保证书。

3.《世界银行采购指南》关于投标保证金的规定

投标保证金应当根据投标商的意愿采用保付支票、信用证或者由信用好的银行出具保函等形式。应允许投标商提交由其选择的任何合格国家的银行直接出具的银行保函。投标保证金应当在投标有效期满后28天内一直有效,其目的是给借款人在需要索取保证金时,有足够的时间采取行动。一旦确定不能对其授予合同,应及时将投标保证金退还给落选的投标人。

(二)履约担保

1. 履约担保的概念

履约担保是指业主在招标文件中规定的要求承包商提交的保证履行合同义务的担保。履约担保的有效期始于工程开工之日,终止日期则可以约定为工程竣工交付之日或者保修期满之日。由于合同履行期限应该包括保修期,履约担保的时间范围也应该覆盖保修期,如果确定履约担保的终止日期为工程竣工交付之日,则需要另外提供工程保修担保。

2. 履约担保的形式

履约担保可以采用银行履约保函或履约担保书。在保修期内,工程保修担保可以采用预留保留金的方式。

(1)银行履约保函。银行履约保函是由商业银行开具的担保证明,通常为合同金额的10%左右。银行保函分为有条件的银行保函和无条件的银行保函。

有条件的保函是指在承包商没有实施合同或者未履行合同义务时,由业主或监理工程师出具证明说明情况,并由担保人对已执行合同部分和未执行部分加以鉴定,确认后才能收兑银行保函,由招标人得到保函中的款项。建筑行业通常倾向于采用这种形式的保函。

无条件的保函是指在承包商没有实施合同或者未履行合同义务时,业主不需要出具任何证明和理由,只要看到承包商违约,就可对银行保函进行收兑。

(2)履约担保书。当承包商在履行合同中违约时,开出担保书的担保公司或者保险公司用该项担保金去完成施工任务或者向业主支付该项保证金。采用工程采购项目保证金提供担保形式的，其金额一般为合同价的30%～50%。若承包商违约，由工程担保人代为完成工程建设，有利于工程建设的顺利进行。

(3)保留金。保留金是指在业主根据合同的约定，每次支付工程进度款时扣除一定数目的款项，作为承包商完成其修补缺陷义务的保证。保留金一般为每次工程进度款的10%，但总额一般应限制在合同总价款的5%（通常最高不得超过10%）。一般在工程移交时，业主将保留金的一半支付给承包商；质量保修期满1年（一般最高不超过2年）后14天内，将剩下的一半支付给承包商。保留金可以促使承包商履行合同约定，完成建设任务，保护业主权益。

履约保证金额的大小取决于招标项目的类型与规模，但必须保证承包商违约时，业主不受损失。在投标须知中，业主要规定使用哪一种形式的履约担保。业主应当按照招标文件中的规定提交履约担保。没有按照上述要求提交履约担保的业主将把合同授予次低标者，并没收投标保证金。

3. FIDIC《土木工程施工合同条件》关于履约担保的规定

如果合同要求承包商为其正确履行合同取得担保时，承包商应在收到中标函之后28天内，按投标书附件中注明的金额取得担保，并将此保函提交给业主。该保函应与投标书附件中规定的货币种类及其比例相一致。当向业主提交此保函时，承包商应将这一情况通知工程师。该保函采取本条件附件中的格式或由业主和承包商双方同意的格式。提供担保的机构须经业主同意。除非合同另有规定，执行本款时所发生的费用应由承包商负担。

在承包商根据合同完成施工和竣工，并修补了任何缺陷之前，履约担保将一直有效。在发出缺陷责任证书之后，不应对该担保提出索赔，并应在上述缺陷责任证书发出后14天内将该保函退还给承包商。

(三)预付款担保

1. 预付款担保的概念

预付款担保是指承包商与业主签订合同后，承包商正确、合理使用业主支付的预付款的担保，建筑工程合同签订以后，业主给承包商一定比例的预付款，一般为合同金额的10%，但需由承包商的开户银行向业主出具预付款担保。

预付款担保保证承包商能够按照合同规定进行施工，偿还业主已支付的全部预付金额。如果承包商中途毁约，中止工程，使业主不能在规定期限内从应付工程款中扣除全部预付款，则业主作为保函的受益人有权凭预付款担保向银行索赔该保函的担保金额作为补偿。

2. 预付款担保的形式

预付款担保主要采用银行保函，担保金额一般与预付款等值。预付款一般逐月从工程预付款中扣除，预付款担保的担保金额也相应逐月减少。承包商在施工期间，应当定期从业主处取得同意此保函减值的文件，并送交银行确认。承包商还清全部预付款后，业主应退还预付款担保，承包商将其退回银行注销，解除担保责任。

3.《世界银行采购指南》关于预付款担保的规定

《世界银行采购指南》规定，货物或土建工程合同签字后支付的任何动员预付款及类似的支出应参照这些支出的估算金额，并应在招标文件中予以规定。对其他预付款的支付金额和时间，比如为交运到现场用于土建工程的材料所作的材料预付款，也应有明确规定。招标文件应规定为预付款所需的任何保证金所应作出的安排。

4. FIDIC《土木工程施工合同条件》关于预付款担保的规定

FIDIC《土木工程施工合同条件》应用指南在证书与支付条款中规定，如欲包括预付款条款，可增加一款如下：投标书附件中规定的预付款额，应在承包商根据业主呈交或认可的履约保证书和已经业主认可的条件对全部预付款价值进行担保的保函之后,由工程师开具证明支付给承包商。上述担保额应按照工程师根据本款颁发的临时证书中的指示,用承包商偿还的款项逐渐冲销。该预付款不受保留金约束。

(四)支付担保

1. 支付担保的概念

支付担保是指为保证业主履行工程合同约定的工程款支付义务,由担保人为业主向承包商提供的,保证业主支付工程款的担保,即业主在签订工程建设合同的同时,应当向承包商提交业主工程款支付担保。

2. 支付担保的形式

支付担保主要采取银行保函、履约保证金、担保公司担保的形式。

支付担保的主要作用是通过对业主资信状况进行严格审查并落实各项反担保措施,确保工程费用及时支付到位;一旦业主违约,付款担保人将代为履约。

国际上还有一种特殊的担保即付款担保,即在有分包人的情况下,业主要求承包商提供的向分包人付款的担保。付款担保能够保证工程款真正支付给实施工程的单位或个人,如果承包商不能及时、足额地将分包工程款支付给分包人,业主可以向担保人索赔,并可以直接向分包人付款。

3.《建设工程合同(示范文本)》关于支付担保的规定

《建设工程合同(示范文本)》规定了关于资金来源证明及支付担保的内容:除专用合同条款另有约定外,发包人应在收到承包人要求提供资金来源证明的书面通知后28天内,向承包人提供能够按照合同约定支付合同价款的相应资金来源证明。

除专用合同条款另有约定外,发包人要求承包人提供履约担保的,发包人应当向承包人提供支付担保。支付担保可以采用银行保函或担保公司担保等形式,具体由合同当事人在专用合同条款中约定。

4. 保修担保

工程保修担保保证在工程保修期内出现质量缺陷时,承包方将按照保修合同的约定负责维修。保修担保可含在履约担保之内,也可单独出具。

各种担保形式的比较一览图如图6-3所示。

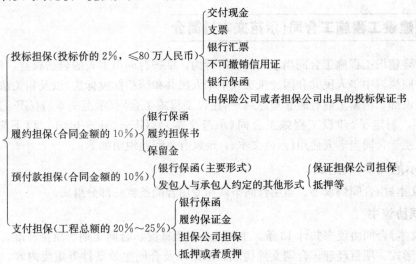

图6-3 各担保形式比较一览图

任务单元三　　建筑工程项目合同管理

一、建筑工程项目施工合同的订立

施工合同的订立应该遵循合同订立的一般原则，订立施工合同应遵守的原则如下。

1. 遵守国家法律、法规和国家计划原则

订立施工合同，必须遵守国家法律、法规，也应遵守国家的固定资产投资计划和其他计划（如贷款计划等）。具体合同订立时，不论是合同的内容、程序还是形式，都不得违法。除了须遵守国家法律、法规外，考虑到建筑工程施工对经济发展、社会生活有多方面的影响，国家还对建筑工程施工制定了许多强制性的管理规定，施工合同当事人订立合同时也都必须遵守。

2. 平等、自愿、公平的原则

签订施工合同的双方当事人，具有平等的法律地位，任何一方都不得强迫对方接受不平等的合同条件，合同内容应当是双方当事人的真实意思表示。合同的内容应当是公平的，不能单纯损害一方的利益。对于显失公平的合同，当事人一方有权申请人民法院或者仲裁机构予以变更或者撤销。

3. 诚实信用原则

诚实信用原则要求合同的双方当事人订立施工合同时要诚实，不得有欺诈行为。合同当事人应当如实将自身和工程的情况介绍给对方。在履行合同时，合同当事人要守信用，严格履行合同。

4. 等价有偿原则

等价有偿原则要求合同双方当事人在订立和履行合同时，应该遵循社会主义市场经济的基本规律，等价有偿地进行交易。

5. 不损害社会公众利益和扰乱社会经济秩序原则

合同双方当事人在订立、履行合同时，不能扰乱社会经济秩序，不能损害社会公众利益。

二、《建设工程施工合同(示范文本)》简介

为了指导建设工程施工合同当事人的签约行为，维护合同当事人的合法权益，依据《中华人民共和国合同法》《中华人民共和国建筑法》《中华人民共和国招标投标法》以及相关法律法规，住房和城乡建设部、国家工商行政管理总局对《建设工程施工合同(示范文本)》(GF—1999—0201)进行了修订，制定了《建设工程施工合同(示范文本)》(GF—2013—0201)(以下简称《示范文本》)。为了便于合同当事人使用《示范文本》，现就有关问题说明如下：

（一）《示范文本》的组成

《示范文本》由合同协议书、通用合同条款和专用合同条款三部分组成。

1. 合同协议书

《示范文本》合同协议书共计 13 条，主要包括工程概况、合同工期、质量标准、签约合同价和合同价格形式、项目经理、合同文件构成、承诺以及合同生效条件等重要内容，集中约定了合同当事人基本的合同权利义务。

2. 通用合同条款

通用合同条款是合同当事人根据《中华人民共和国建筑法》《中华人民共和国合同法》等法律法规的规定，就工程建设的实施及相关事项，对合同当事人的权利义务作出的原则性约定。通用合同条款共计20条，具体条款分别为：一般约定、发包人、承包人、监理人、工程质量、安全文明施工与环境保护、工期和进度、材料与设备、试验与检验、变更、价格调整、合同价格、计量与支付、验收和工程试车、竣工结算、缺陷责任与保修、违约、不可抗力、保险、索赔和争议解决。前述条款安排既考虑了现行法律法规对工程建设的有关要求，也考虑了建设工程施工管理的特殊需要。

3. 专用合同条款

专用合同条款是对通用合同条款原则性约定的细化、完善、补充、修改或另行约定的条款。合同当事人可以根据不同建设工程的特点及具体情况，通过双方的谈判、协商对相应的专用合同条款进行修改补充。在使用专用合同条款时，应注意以下事项：

(1)专用合同条款的编号应与相应的通用合同条款的编号一致；

(2)合同当事人可以通过对专用合同条款的修改，满足具体建设工程的特殊要求，避免直接修改通用合同条款；

(3)在专用合同条款中有横道线的地方，合同当事人可针对相应的通用合同条款进行细化、完善、补充、修改或另行约定；如无细化、完善、补充、修改或另行约定，则填写"无"或画"/"。

(二)《示范文本》的性质和适用范围

《示范文本》为非强制性使用文本。《示范文本》适用于房屋建筑工程、土木工程、线路管道和设备安装工程、装修工程等建设工程的施工承发包活动，合同当事人可结合建设工程具体情况，根据《示范文本》订立合同，并按照法律法规规定和合同约定承担相应的法律责任及合同权利义务。

1. 施工合同订立的程序

合同法规定，合同的订立必须经过要约和承诺两个阶段。施工合同的订立也应经过要约和承诺两个阶段。其订立方式有两种：直接发包和招标发包。如果没有特殊情况，建筑工程的施工都应通过招标投标确定施工企业。这两种方式实际上都包含要约和承诺的过程。在工程招标投标过程中，投标人根据业主提供的招标文件在约定的报送期内发出的投标文件即为要约，招标人通过评标，向投标人发出中标通知书即为承诺。

(1)要约。

1)要约及其有效的条件。要约是希望和他人订立合同的意思表示。要约应当符合如下规定：①内容具体确定；②表明经受要约人承诺，要约人即受该意思表示约束。也就是说，要约必须是特定人的意思表示，必须是以缔结合同为目的，必须具备合同的主要条款。

有些合同在要约之前还会有要约邀请。所谓要约邀请，是希望他人向自己发出要约的意思表示。要约邀请并不是合同成立过程中的必经过程，它是当事人订立合同的预备行为，这种意思表示的内容往往不确定，不含有合同得以成立的主要内容和相对人同意后受其约束的表示，在法律上无须承担责任。寄送的价目表、拍卖公告、招标公告、招股说明书、商业广告等，为要约邀请。商业广告的内容符合要约规定的，视为要约。

2)要约的生效。要约到达受要约人时生效。如采用数据电文形式订立合同，收件人指定特定系统接收数据电文的，该数据电文进入该特定系统的时间，视为到达时间；未指定特定系统的，该数据电文进入收件人的任何系统的首次时间，视为到达时间。

3)要约的撤回和撤销。要约可以撤回，撤回要约的通知应当在要约到达受要约人之前或者与要约同时到达受要约人。要约可以撤销。撤销要约的通知应当在受要约人发出承诺通知之前到达受要约人。但有下列情形之一的，要约不得撤销：①要约人确定了承诺期限或者以其他形式明示要约不可撤销；②受要约人有理由认为要约是不可撤销的，并已经为履行合同作了准备工作。

4)要约的失效。有下列情形之一的，要约失效：①拒绝要约的通知到达要约人；②要约人依法撤销要约；③承诺期限届满，受要约人未作出承诺；④受要约人对要约的内容作出实质性变更。

(2)承诺。承诺是受要约人同意要约的意思表示。除根据交易习惯或者要约表明可以通过行为作出承诺的之外，承诺应当以通知的方式作出。

1)承诺的期限。承诺应当在要约确定的期限内到达要约人。要约没有确定承诺期限的，承诺应当依照下列规定到达：①除非当事人另有约定，以对话方式作出的要约应当即时作出承诺；②以非对话方式作出的要约，承诺应当在合理期限内到达。以信件或者电报作出的要约，承诺期限自信件载明的日期或者电报交发之日开始计算。信件未载明日期的，自投寄该信件的邮戳日期开始计算。以电话、传真等快速通信方式作出的要约，承诺期限自要约到达受要约人时开始计算。

2)承诺的生效。承诺通知到达要约人时生效。承诺不需要通知的，根据交易习惯或者要约的要求作出承诺的行为时生效。采用数据电文形式订立合同的，承诺到达的时间适用于要约到达受要约人时间的规定。受要约人在承诺期限内发出承诺，按照通常情形能够及时到达要约人，但因其他原因承诺到达要约人时超过承诺期限的，除要约人及时通知受要约人因承诺超过期限不接受该承诺的以外，该承诺有效。

3)承诺的撤回。承诺可以撤回，撤回承诺的通知应当在承诺通知到达要约人之前或者与承诺通知同时到达要约人。

4)逾期承诺。受要约人超过承诺期限发出承诺的，除要约人及时通知受要约人该承诺有效的以外，为新要约。

5)要约内容的变更。承诺的内容应当与要约的内容一致。有关合同标的、数量、质量、价款或者报酬、履行期限、履行地点和方式、违约责任和解决争议方法等的变更，是对要约内容的实质性变更。受要约人对要约的内容作出实质性变更的，为新要约。承诺对要约的内容作出非实质性变更的，除要约人及时表示反对或者要约表明承诺不得对要约的内容作出任何变更的以外，该承诺有效，合同的内容以承诺的内容为准。

(3)合同的成立。承诺生效时合同成立，即中标通知书发出后，承包方和发包方就完成了合同缔结过程，中标的施工企业应当与建设单位及时签订合同。依据《招标投标法》和《房屋建筑和市政基础设计工程施工招标投标管理办法》的规定，中标通知书发出30天内，中标单位应与建设单位依据招标文件、投标书等签订工程承发包合同。投标书中已确定的合同条款在签订时不得更改，合同价应与中标价相一致。如果中标的施工企业拒绝与建设单位签订合同，则投标保函出具者应当承担相应的保证责任，建设行政主管部门或其授权机构还可以给予一定的行政处罚。

1)合同成立的时间。当事人采用合同书形式订立合同的，自双方当事人签字或者盖章时合同成立。当事人采用信件、数据电文等形式订立合同的，可以在合同成立之前要求签订确认书。签订确认书时合同成立。

2)合同成立的地点。承诺生效的地点为合同成立的地点。采用数据电文形式订立合同的，收件人的主营业地为合同成立的地点；没有主营业地的，其经常居住地为合同成立的地点。当事人另有约定的，按照其约定。当事人采用合同书形式订立合同的，双方当事人签字或者盖章的地点为合同成立的地点。

3)合同成立的其他情形。合同成立的情形还包括：

①法律、行政法规规定或者当事人约定采用书面形式订立合同，当事人未采用书面形式但一方已经履行主要义务，对方接受的；

②采用合同书形式订立合同，在签字或者盖章之前，当事人一方已经履行主要义务，对方接受的。

2. 建筑工程项目投标管理

施工合同绝大多数都采取招标投标的方式订立，投标是承包商获取合同的重要途径。建筑工程投标是指投标人在同意招标人拟订好的招标文件的前提下，对招标项目提出自己的报价和相应条件，通过竞争以求获得招标项目的行为。投标通常按照下面的程序进行：

(1)资格预审。资格预审是招标人对于潜在投标人或者投标人进行的第一步审查，不能通过资格预审将失去投标机会，业主的资格预审主要审查潜在投标人或者投标人是否符合下列条件：具有独立订立合同的权利；具有履行合同的能力，包括专业、技术资格的能力，资金、设备和其他物质设施状况，管理能力，经验、信誉和相应的从业人员；没有处于被责令停业，投标资格被取消，财产被接管、冻结，破产状态；在最近三年内没有骗取中标和严重违约及重大工程质量问题；法律、行政法规规定的其他资格条件。

资格预审时，招标人不得以不合理的条件限制、排斥潜在投标人或者投标人，不得对潜在投标人或者投标人实行歧视待遇。任何单位和个人不得以行政手段或者其他不合理方式限制投标人的数量。

(2)投标前准备工作。在正式投标前，投标人通常要进行大量的准备工作，充分的准备工作常常能大大地提高中标机会，投标人一般应进行下面几个方面的准备工作：

1)开展调查工作。主要包括对市场宏观政治经济环境的调查，对工程所在地区的环境和工程现场的考察，对工程业主的调查和对竞争对手公司的调查。

①对市场宏观政治经济环境的调查。具体包括关于政治形势、政府经济状况、当地的法律和法规、所在国金融环境、所在国的基础设施状况以及建筑行业的情况。

②对工程所在地区的环境和工程现场的考察。具体包括对一般自然条件的调查和对施工条件的调查。

a. 一般自然条件，包括工程场地的地理位置；工程场地的地形、地貌、植被，当地气象水文资料；工程地质情况，特别要注意了解异常的基础地质情况。

b. 施工条件，包括结合工程施工组织设计要求，考察施工场地有无布置施工临时设施和生活营地的位置；进场道路、供电、供水排水、通信设施情况；当地材料的质量、储量和适用性等；现场附近可以提供的熟练工人、非熟练工人和普通机械操作手的素质和数量、工资水平。

③对工程业主的调查。具体包括项目所在国政府投资项目的情况、私营企业的工程项目以及合营公司招标的项目。

④对竞争对手公司的调查。具体包括该公司的能力和过去几年内他们的工程承包实绩，包括其已完工和正在实施的项目的情况；该公司的主要特点以及他们的优势和劣势。

2)深入研究招标文件。投标人要认真、深入地研究招标文件，特别注意下面几个方面的内容：

①关于合同条件方面。包括明确投标截止日期和工期；关于保函和保险的要求；付款条件和物价调整条款；关于违约罚金的规定条款；关于争议、仲裁和法律诉讼程序的规定。

②关于承包责任范围和报价要求方面。包括明确总合同或合同的每一部分的类型；认真落实需要报价的详细范围；认真研究招标文件中的核心文件之一的"工程量表"；承包商可能获得

补偿的权利。

3)参加标前会议和察勘现场。

①对工程内容范围不清的问题,应当提请说明。

②对招标文件中图纸与技术说明互相矛盾之处,可请求说明应以何者为准。

③对含糊不清的重要合同条件,可以请求澄清、解释。

④要求业主或咨询公司对所有问题所作的答复发出书面文件,并宣布这些补充发给的文件是招标文件不可分割的部分,或与招标文件具有同等效力。

(3)投标文件的编制和投送。结合现场踏勘和投标预备会的结果,进一步分析招标文件;校核招标文件中的工程量清单;根据工程类型编制施工规划或施工组织设计,根据工程价格构成进行工程估价,确定利润方针,计算和确定报价;形成投标文件;进行投标担保。

投标文件一般包括下列内容:投标函、投标报价、施工组织设计、商务和技术偏差表。

投标人应当在招标文件要求提交投标文件的截止时间前,将投标文件密封送达投标地点。投标人在招标文件要求提交投标文件的截止时间前,可以补充、修改或者撤回已提交的投标文件,并书面通知招标人。补充、修改的内容为投标文件的组成部分。在提交投标文件截止时间后到招标文件规定的投标有效期终止之前,投标人不得补充、修改、替代或者撤回其投标文件。投标人补充、修改、替代投标文件的,招标人不予接受;投标人撤回投标文件的,其投标保证金将被没收。

(4)中标及合同签订。评标委员会提出书面评标报告后,招标人一般应当在 15 日内确定中标人,但最迟应当在投标有效期结束日前 30 个工作日内确定。

招标人和中标人应当自中标通知书发出之日起 30 日内,按照招标文件和中标人的投标文件订立书面合同。

中标人应按照招标人要求提供履约保证金或其他形式履约担保,招标人也应当同时向中标人提供工程款支付担保。

招标人与中标人签订合同后 5 个工作日内,应当向中标人和未中标的投标人退还投标保证金。

依法必须进行施工招标的项目,招标人应当自发出中标通知书之日起 15 日内,向有关行政监督部门提交招标投标情况的书面报告。

3. 施工合同谈判

合同谈判是为实现某项交易并使之达成契约的谈判。采用招投标方式订立合同的,合同谈判的目的是将双方已达成的协议具体化或对某些非实质性的内容进行增补与删改。在合同谈判中,应解决的主要问题包括以下几个方面。

(1)工程内容和范围的确认。对于在谈判讨论中经双方确认的内容及范围方面的修改或调整,应和其他所有在谈判中双方达成一致的内容一样,以文字方式确定下来,并以"合同补遗"或"会议纪要"方式作为合同附件,并说明它构成合同的一部分。

对于一般的单价合同,如业主在原招标文件中未明确工程量变更部分的限度,则谈判时应要求与业主共同确定一个"增减量幅度"。当超过该幅度时,承包商有权要求对工程单价进行调整。

(2)合同价格条款。合同依据计价方式的不同主要有总价合同、单价合同和成本加酬金合同,在谈判中根据工程项目的特点加以确定所采取的合同计价方式。

价格调整和合同单价及合同总价共同确定了工程承包合同的实际价格,直接影响着承包商的经济利益。在建筑工程实践中,承包商在合同谈判阶段务必对合同的价格调整条款予以充分的重视。

(3)合同款支付方式的条款。工程合同的付款分四个阶段进行,即预付款、工程进度款、最终付款和退还保留金,谈判时应明确合同款的支付方式。

(4)关于工期和维修期。承包商首先应根据投标文件中自己填报的工期及考虑工程量的变动而产生的影响,与业主最后确定工期。

合同文本中应当对保修工程的范围和保修责任及保修期的开始和结束时间有明确的说明,承包商应该只承担由于材料和施工方法及操作工艺等不符合合同规定而产生的缺陷。如承包商认为业主提供的投标文件中对它们说明得不清楚时,应该与业主谈判落实清楚,并补充在"合同补遗"上。

4. 分包合同订立

《建筑法》第二十九条规定:"建筑工程总承包单位可以将承包工程中的部分工程发包给具有相应资质条件的分包单位。"专业工程分包是指施工总承包企业将其所承包工程中的专业工程发包给具有相应资质的其他建筑企业完成的活动。工程分包合同是指承包商为将工程承包合同中某些专业工程施工交由另一承包商(分包商)完成而与其签订的合同。

建筑工程总承包单位可以将承包工程中的部分工程发包给具有相应资质条件的分包单位;但是,除总承包合同中约定的分包外,必须经建设单位认可。

(1)分包目的。分包在工程中较频繁出现,总承包商进行工程分包的目的主要有以下几种:

1)技术上需要。总承包商不可能,也不必具备总承包合同工程范围内的所有专业工程的施工能力。通过分包的形式可以弥补总承包商技术、人力、设备、资金等方面的不足。同时,总承包商又可通过这种形式扩大经营范围,承接自己不能独立承担的工程。

2)经济上的目的。对有些分项工程,如果总承包商自己承担会亏本,而将它分包出去,让报价低同时又有能力的分包商承担,总承包商不仅可以避免损失,而且可以取得一定的经济效益。

3)转嫁或减少风险。通过分包,可以将总包合同的风险部分地转嫁给分包商。这样,大家共同承担总承包合同风险,提高工程经济效益。

4)业主的要求。业主指令总承包商将一些分项工程分包出去,在国际工程中,一些国家规定,外国总承包商承接工程后必须将一定量的工程分包给本国承包商,或工程只能由本国承包商承接,外国承包商只能分包。这是对本国企业的一种保护措施。

业主对分包商有较高的要求,也要对分包商作资格审查。没有工程师(业主代表)的同意,承包商不得分包工程。由于承包商向业主承担全部工程责任,分包商出现任何问题都由总包负责,所以,对于分包商的选择要十分慎重。一般在总承包合同报价前就要确定分包商的报价,商谈分包合同的主要条件,甚至签订分包意向书。

(2)关于分包的法律禁止性规定。法律规定施工单位不得转包或违法分包工程,法律禁止的违法分包行为如下:

1)总承包单位将建筑工程分包给不具备资质条件或超越自身资质条件的单位;

2)总承包合同未有约定又未经建设单位认可,承包单位将承包的部分工程分包;

3)施工总承包单位将建筑工程的主体结构分包给其他单位;

4)转包、挂靠:

①转让、出借资质证书或者以其他方式允许他人以本企业名义承揽工程;

②项目管理机构的人员不是本单位成员,与本单位无人事或劳务合同、工资福利以及劳动保险关系的;

③建设单位的工程款直接进入项目管理机构财务的。

三、建筑工程项目施工合同的实施

施工合同各项内容的实施主要体现在双方各自权利的实现及对各自义务的完全履行上。

(一)施工合同内容的实施

1. 合同双方的主要工作

(1)业主的主要工作。根据专用条款约定的内容和时间,业主应分阶段或一次完成以下工作:

1)办理土地征用、拆迁补偿、平整施工场地等工作,使施工场地具备施工条件,并在开工后继续解决以上事项的遗留问题。

2)将施工所需水、电、通信线路从施工场地外部接至专用条款约定地点,并保证施工期间需要。

3)开通施工场地与城乡公共道路的通道,以及专用条款约定的施工场地内的主要交通干道,满足施工运输的需要,保证施工期间的畅通。

4)向承包商提供施工场地的工程地质和地下管线资料,保证数据真实,位置准确。

5)办理施工许可证和临时用地、停水、停电、中断道路交通、爆破作业以及可能损坏道路、管线、电力、通信等公共设施法律、法规规定的申请批准手续及其他施工所需的证件(证明承包商自身资质的证件除外)。

6)确定水准点与坐标控制点,以书面形式交给承包商并进行现场交验。

7)组织承包商和设计单位进行图纸会审和设计交底。

8)协调处理施工现场周围地下管线和邻近建筑物、构筑物(包括文物保护建筑)、古树名木的保护工作,并承担有关费用。

9)业主应做的其他工作,双方在专用条款内约定。

业主可以将上述部分工作委托承包商办理,具体内容由双方在专用条款内约定,其费用由业主承担。

(2)承包商的主要工作。承包商按专用条款约定的内容和时间完成以下工作:

1)根据业主的委托,在其设计资质允许的范围内,完成施工图的设计或与工程配套的设计,经工程师确认后使用,发生的费用由业主承担。

2)向工程师提供年、季、月工程进度计划及相应进度统计报表。

3)按工程需要提供和维修非夜间施工使用的照明、围栏设施,并负责安全保卫。

4)按专用条款约定的数量和要求,向业主提供在施工现场办公和生活的房屋及设施,发生的费用由业主承担。

5)遵守有关部门对施工场地交通、施工噪声以及环境保护和安全生产等的管理规定,按管理规定办理有关手续,并以书面形式通知业主。业主承担由此发生的费用,因承包商责任造成的罚款除外。

6)已竣工工程未交付业主之前,承包商按专用条款约定负责已完工程的成品保护工作,保护期间发生损坏,承包商自费予以修复。要求承包商采取特殊措施保护的单位工程的部位和相应追加的合同价款,在专用条款内约定。

7)按专用条款的约定做好施工现场地下管线和邻近建筑物、构筑物(包括文物保护建筑)、古树名木的保护工作。

8)保证施工场地清洁符合环境卫生管理的有关规定。交工前清理现场,达到专用条款约定的要求,承担因自身原因违反有关规定造成的损失和罚款。

9)承包商应做的其他工作,双方在专用条款内约定。

承包商不履行上述各项义务,造成业主损失的,应对业主的损失给予赔偿。

2. 施工合同履行的主要规则

根据《合同法》的规定,履行施工合同应遵循以下共性规则:

(1)履行施工合同应遵循的原则。

1)全面履行原则。当事人应当按照合同约定全面履行自己的义务,即当事人应当严格按照合同约定的标准、数量、质量,由合同约定的履行义务的主体在合同约定的履行期限、履行地点,按照合同约定的价款或者报酬、履行方式,全面地完成合同所约定的属于自己的义务。

2)诚实信用原则。当事人应当遵循诚实信用原则,根据合同的性质、目的和交易习惯履行通知、协助、保密等义务。

诚实信用原则要求合同当事人在履行合同过程中维持合同双方的合同利益平衡，以诚实、真诚、善意的态度行使合同权利、履行合同义务，不对另一方当事人进行欺诈，不滥用权利。

（2）合同有关内容没有约定或者约定不明确问题的处理。合同生效后，当事人就质量、价款或者报酬、履行地点等内容没有约定或者约定不明确的，可以协议补充；不能达成补充协议的，按照合同有关条款或者交易习惯确定。

依照上述基本原则和方法仍不能确定合同有关内容的，应当按照下列方法处理：

1）质量要求不明确问题的处理方法。质量要求不明确的，按照国家标准、行业标准履行；没有国家标准、行业标准的，按照通常标准或者符合合同目的的特定标准履行。

2）价款或者报酬不明确问题的处理方法。价款或者报酬不明确的，按照订立合同时履行地的市场价格履行；依法应当执行政府定价或者政府指导价的，在合同约定的交付期限内政府价格调整时，按照交付时的价格计价。逾期交付标的物的，遇价格上涨时，按照原价格执行；价格下降时，按照新价格执行。逾期付款的，遇价格上涨时，按照新价格执行；价格下降时，按照原价格执行。

3）履行地点不明确问题的处理方法。履行地点不明确，给付货币的，在接受货币一方所在地履行；交付不动产的，在不动产所在地履行；其他标的，在履行义务一方所在地履行。

4）履行期限不明确问题的处理方法。履行期限不明确的，债务人可以随时履行，债权人也可以随时要求履行，但应当给对方必要的准备时间。

5）履行方式不明确问题的处理方法。履行方式不明确的，按照有利于实现合同目的的方式履行。

6）履行费用的负担不明确问题的处理方法。履行费用的负担不明确的，由履行义务一方负担。

（二）施工合同实施控制

1. 实施控制程序

施工合同实施控制程序，如图6-4所示。

2. 实施控制的主要内容

合同实施控制的主要内容即收集合同实施的实际信息，将合同的实施情况与合同实施计划进行对比分析，找出其中的偏差并进行分析，主要包括进度控制、质量控制、成本控制、安全控制、风险控制等。在合同执行后必须进行合同后评价，将合同实施过程中的经验总结出来，为以后的合同管理提供借鉴。合同实施后评价的内容主要包括合同签订情况评价、合同执行情况评价、合同管理工作状况评价和合同条款评价，如图6-5所示。

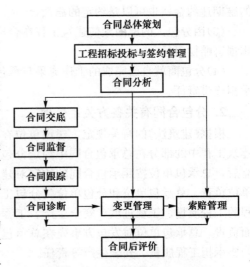

图6-4 施工合同实施控制程序

在合同实施控制中要充分地运用合同所赋予的权力和可能性。利用合同控制手段对各方面进行严格管理，最大限度地利用合同赋予的权力，如指令权、审批权、检查权等来控制工期、成本和质量。在对工程实施进行跟踪诊断时，要利用合同分析原因，处理好工程实施中的差异问题，并落实责任。在对工程实施进行调整时，要充分利用合同将对方的要求（如赔偿要求）降到最小。所以，在技术、经济、组织、管理等措施中，首先要考虑到用合同措施来解决问题。合同结束前，应验证合同的全部条件和要求都得到满足，验证有关承包工作的反馈情况。

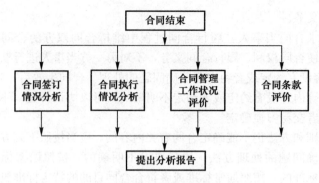

图 6-5 合同实施后评价

(三) 分包合同实施

1. 分包商责任

分包合同订立时,总分包双方就各自的责任义务作出具体、明确的规定。分包商的义务主要有:

(1)保证分包工程质量;

(2)确保分包工程按合同规定的工期完成,并及时通知总包商对工程进行竣工验收;

(3)依合同规定编制分包工程的预算、施工方案、施工进度计划,参加总包商的综合平衡;

(4)在保修期内,对由于施工不当造成的所有质量问题,负有无偿及时修理的义务。

分包商违反上述建设法的规定或分包合同的义务,应承担相应的法律责任,包括民事责任和行政责任,具体如下:

(1)分包商将承包的工程转包的,或者违反建筑法的规定进行再次分包的,责令改正,没收违法所得并处罚款,可以责令停业整顿,降低资质等级;情节严重的,吊销资质证书。

(2)分包商因施工原因致使工程质量不符合约定的,应当在合理期限内无偿修理或者返工、改建。经过修理或者返工、改建后,造成逾期交付的,分包人应当承担违约责任,可以是约定的逾期违约金,也可以是约定的赔偿金。

(3)因分包人的原因致使建筑工程在合理使用期限内造成人身和财产损害的,分包人应当承担损害赔偿责任。

(4)分包商就自己完成的工作成果与承包商(总承包商或者勘察、设计、施工承包商)向业主承担连带责任。

2. 分包合同有关各方关系处理

根据《建筑法》的有关规定,建设单位在对建设项目公开招标的前提下,可以将允许分包的建筑工程中的部分在总承包合同中约定分包给具有相应资质条件的分包单位;分包合同依法成立后,总承包单位按照承包合同的约定对建设单位负责;分包单位按照分包合同约定对总承包单位负责。总承包单位和分包单位就分包工程对建设单位承担连带责任。总承包单位对建筑工程的工程质量、工程进度、安全生产、工程竣工验收、工程资料备案、工程综合验收资料要全面负责。总承包单位对发包方事先在总承包工程合同中约定的分包单位、自己分包的建筑工程均要承担工程质量、安全生产等责任。

四、施工合同变更

合同的变更有广义和狭义之分。广义的合同变更是指合同法律关系的主体和合同内容的变更。狭义的合同变更仅指合同内容的变更,不包括合同主体的变更。

合同主体的变更是指合同当事人的变动,即原来的合同当事人退出合同关系而由合同以外的第三人替代，第三人称为合同的新当事人。合同主体的变更实质上就是合同的转让。合同内容的变更是指在合同成立以后、履行之前或者在合同履行开始之后尚未履行完毕之前，合同当事人对合同内容的修改或者补充。这里所指的合同变更是指合同内容的变更。

(一)变更的原因

施工合同范本中，将工程变更分为工程设计变更和其他变更两类。其他变更是指合同履行中业主要求变更工程质量标准及其他实质性变更。发生这类情况后，由当事人双方协商解决。工程施工中经常发生设计变更，对此通用条款作出了较详细的规定。

工程师在合同履行管理中应严格控制变更，施工中承包商未得到工程师的同意，不允许对工程设计随意变更。工程变更一般主要有以下几个方面的原因：

(1)业主新的变更指令，对建筑的新要求。如业主有新的意图，业主修改项目计划、消减项目预算等。

(2)由于设计人员、监理方人员、承包商事先没有很好地理解业主的意图，或设计的错误，导致图纸修改。

(3)工程环境的变化，预定的工程条件不准确，要求实施方案或实施计划变更。

(4)由于产生新技术和知识，有必要改变原设计、原实施方案或实施计划，或由于业主指令及业主责任的原因造成承包商施工方案的改变。

(5)政府部门对工程新的要求，如国家计划变化、环境保护要求、城市规划变动等。

(6)由于合同实施出现问题，必须调整合同目标或修改合同条款。

(二)变更的程序

1. 工程变更的提出

根据工程实施的实际情况，承包商、业主方都可以根据需要提出工程变更。

(1)业主方提出变更。

1)施工中业主需对原工程设计进行变更，应提前14天以书面形式向承包商发出变更通知。

2)变更超过原设计标准或批准的建设规模时，业主应报规划管理部门和其他有关部门重新审查批准，并由原设计单位提供变更的相应图纸和说明。

3)工程师向承包商发出设计变更通知后，承包商按照工程师发出的变更通知及有关要求，进行所需的变更。

4)因设计变更导致合同价款的增减及造成的承包商损失由业主承担，延误的工期相应顺延。

(2)承包商提出变更。

1)施工中承包商不得因施工方便，要求对原工程设计进行变更。

2)承包商在施工中提出的合理化建议被业主采纳，若建议涉及对设计图纸或施工组织设计的变更及对材料、设备的换用，则须经工程师审查并批准。

3)未经工程师同意承包商擅自更改或换用，承包商应承担由此发生的费用，并赔偿业主的有关损失，延误的工期不予顺延。

4)工程师同意采用承包商的合理化建议，所发生费用和获得收益的分担或分享，由业主和承包商另行约定。

2. 工程变更指令的发出和执行

为了避免耽误工程，工程师和承包商就变更价格和工期补偿达成一致意见之前有必要先行发布变更指示，先执行工程变更工作，然后再就变更价格和工期补偿进行协商与确定。

工程变更指示的发出有两种形式：书面形式和口头形式。一般情况下要求用书面形式发布变更指示，如果由于情况紧急而来不及发出书面指示，承包商应该根据合同规定要求工程师书面认可。

(三)工程变更的责任分析与补偿要求

根据工程变更的具体情况可以分析确定工程变更的责任和费用补偿。

由于业主要求、政府部门要求、环境变化、不可抗力、原设计错误等导致的设计修改,应该由业主承担责任,由此所造成的施工方案的变更以及工期的延长和费用的增加应该向业主索赔。

由于承包商的施工过程、施工方案出现错误、疏忽而导致设计的修改,应该由承包商承担责任。

施工方案变更要经过工程师的批准,不论这种变更是否会对业主带来好处(如工期缩短、节约费用)。由于承包商的施工过程、施工方案本身的缺陷而导致施工方案的变更,由此所引起的费用增加和工期延长应该由承包商承担责任。

(四)合同价款的变更

合同变更后,当事人应当按照变更后的合同履行。因合同的变更使当事人一方受到经济损失的,受损失的一方可向另一方当事人要求损失赔偿。在施工合同的变更中,主要表现为合同价款的调整。

1. 确定变更合同价款的程序

(1)承包商在工程变更确定后 14 天内,可提出变更涉及的追加合同价款要求的报告,经工程师确认后相应调整合同价款。如果承包商在双方确定变更后的 14 天内,未向工程师提出变更工程价款的报告,视为该项变更不涉及合同价款的调整。

(2)工程师应在收到承包商的变更合同价款报告后 14 天内,对承包商的要求予以确认或作出其他答复。工程师无正当理由不确认或答复时,自承包商的报告送达之日起 14 天后,视为变更价款报告已被确认。

(3)工程师确认增加的工程变更价款作为追加合同价款,与工程进度款同期支付。工程师不同意承包商提出的变更价款,按合同约定的争议条款处理。

因承包商自身原因导致的工程变更,承包商无权要求追加合同价款。

2. 确定变更合同价款的原则

确定变更合同价款时,应维持承包商投标报价单内的竞争性水平。

(1)合同中已有适用于变更工程的价格,按合同已有的价格变更合同价款;

(2)合同中只有类似于变更工程的价格,可以参照类似价格变更合同价款;

(3)合同中没有适用或类似于变更工程的价格,由承包商提出适当的变更价格,经工程师确认后执行。

五、施工合同终止

合同的权利义务终止又称为合同的终止或者合同的消灭,是指因某种原因而引起的,合同权利义务关系在客观上不复存在。

(一)合同终止的原因

导致合同终止的原因有很多,一种情况是合同双方已经按照约定履行完合同,合同自然终止。另外,发生法律规定或者当事人约定的情况,或经当事人协商一致,而使合同关系终止的,称为合同解除。

在施工合同的履行过程中,可以解除合同的情形如下:

1. 合同的协商解除

施工合同当事人协商一致，可以解除。这是在合同成立以后、履行完毕以前，双方当事人通过协商而同意终止合同关系的解除。当事人的这项权利是合同中意思自治的具体体现。

2. 发生不可抗力时合同的解除

因为不可抗力或者非合同当事人的原因，造成工程停建或缓建，致使合同无法履行，合同双方可以解除合同。例如，合同签订后发生了战争、自然灾害等。

3. 当事人违约时合同的解除

(1)业主不按合同约定支付工程款(进度款)，双方又未达成延期付款协议，导致施工无法进行，承包商停止施工超过56天，业主仍不支付工程款(进度款)，承包商有权解除合同。

(2)承包商将其承包的全部工程转包给他人或者肢解后以分包的名义分别转包他人，业主有权解除合同。

(3)合同当事人一方的其他违约致使合同无法履行，合同双方可以解除合同。

一方主张解除合同的，应向对方发出解除合同的书面通知，并在发出通知前7天告知对方。通知到达对方时合同解除。对解除合同有异议的，按照解决合同争议程序处理。

合同解除后尚未履行的，终止履行；已经履行的，根据履行情况和合同性质，当事人要求恢复原状、采取其他补救措施，并有权要求赔偿损失。

(二)终止后义务

合同终止后，当事人双方约定的结算和清理条款仍然有效。承包商应当按照业主要求妥善做好已完工程和已购材料、设备的保护和移交工作，按业主要求将自有机械设备和人员撤出施工场地。业主应为承包商撤出提供必要条件，支付以上所发生的费用，并按合同约定支付已完工程款。已订货的材料、设备由订货方负责退货或解除订货合同，不能退还的货款和退货、解除订货合同发生的费用，由业主承担。

另外，合同终止后，当事人双方都应当遵循诚实信用原则，履行通知、协助、保密等后合同义务。

六、违约与争议

(一)违约责任

1. 违约责任认定

违约责任是指合同当事人不履行或者不适当履行合同义务所应承担的民事责任。当事人一方不履行合同义务或者履行合同义务不符合约定的，应当承担继续履行、采取补救措施或者赔偿损失等违约责任。

2. 承担违约责任方式

(1)继续履行。继续履行是指在合同当事人一方不履行合同义务或者履行合同义务不符合合同约定时，另一方合同当事人有权要求其在合同履行期限届满后继续按照原合同约定的主要条件履行合同义务的行为。例如，业主无正当理由不支付工程竣工结算价款，承包商可以请求法院强制业主继续履行付款业务。

(2)采取补救措施。采取补救措施是指当事人一方履行合同义务不符合规定的，对方可以请求法院强制其在继续履行合同义务的同时采取补救措施。例如，在合同履行过程中，如果承包商的部分工程施工质量不符合合同约定的质量标准，则工程师可以要求承包商对该部分工程进行返工或者返修。

(3)赔偿损失。当事人一方不履行合同义务或者履行合同义务不符合约定的,在履行义务或者采取补救措施后,对方还有其他损失的,应当赔偿损失。损失赔偿额应当相当于因违约所造成的损失,包括合同履行后可以获得的利益,但不得超过违反合同一方订立合同时预见到或者应当预见到的因违反合同可能造成的损失。例如,由于业主违约造成工期拖延的,业主应给予承包商工期上的赔偿即顺延工期。

当事人一方违约后,对方应当采取适当措施防止损失的扩大;没有采取适当措施致使损失扩大的,不得就扩大的损失要求赔偿。当事人因防止损失扩大而支出的合理费用,由违约方承担。

(4)违约金。当事人可以约定一方违约时应当根据违约情况向对方支付一定数额的违约金,也可以约定因违约产生的损失赔偿额的计算方法。约定的违约金低于造成的损失的,当事人可以请求人民法院或者仲裁机构予以增加;约定的违约金过分高于造成的损失的,当事人可以请求人民法院或者仲裁机构予以适当减少。

当事人就迟延履行约定违约金的,违约方支付违约金后,还应履行债务。

(5)定金。当事人可以依照《中华人民共和国担保法》约定一方向对方给付定金作为债权的担保。债务人履行债务后,定金应当抵作价款或者收回。给付定金的一方不履行约定的债务的,无权要求返还定金;收受定金的一方不履行约定的债务的,应当双倍返还定金。

当事人既约定违约金,又约定定金的,当一方违约时,对方可以选择适用违约金或者定金条款。

(6)免责事由。当事人一方因不可抗力不能履行合同的,应就不可抗力影响的全部或部分免除责任,但法律另有规定的除外。但当事人延迟履行合同后发生不可抗力的不能免除责任。

(二)争议解决

合同争议是指合同当事人之间对合同履行状况和合同违约责任承担等问题所产生的意见分歧。建筑工程合同(特别是建设工程施工合同)在履行过程中争议的解决是一个十分复杂的问题,可能的主要原因有两个:一是建筑工程合同是一类内容、关系特别复杂的合同类型;二是建筑工程合同复杂的技术背景。而建筑工程合同关系的稳定和有效维系对于合同的当事人双方而言是十分重要的。

国内《合同法》《仲裁法》规定了和解、调解、仲裁、诉讼四种纠纷解决方式。另外,在国际工程建设领域,最近十几年,还出现了许多种新的争议解决方案。具有代表性的有:FIDIC《土木工程施工合同条件》(1987年版)所确立的以工程师(监理工程师)为核心的争议解决模式,NEC《合同条件》(新工程合同条件)所确立的以独立的裁决人为核心的争议解决方式,FIDIC《合同条件》(1999年版)和世界银行土木工程采购文件范本所确立的DAB(Dispute Adjustment Board)争议解决模式等。

业主、承包商在履行合同时发生争议,可以和解或者要求有关主管部门调解。当事人不愿和解、调解或者和解、调解不成的,双方可以在专用条款内约定以下一种方式解决争议,即双方达成仲裁协议,向约定的仲裁委员会申请仲裁,也可以向有管辖权的人民法院起诉。

发生争议后,在一般情况下,双方都应继续履行合同,保持施工连续,保护好已完工程。当出现下列情况时,可停止履行合同:

(1)单方违约导致合同确已无法履行,双方协议停止施工;
(2)调解要求停止施工且为双方接受;
(3)仲裁机构要求停止施工;
(4)法院要求停止施工。

合同争议解决方案

任务单元四　建筑工程项目索赔管理

一、建筑工程项目索赔概述

1. 索赔的概念

索赔是指在合同的实施过程中，合同一方因对方不履行或未能正确履行合同所规定的义务或未能保证承诺的合同条件实现而遭受损失后，向对方提出的补偿要求。施工索赔的含义是广义的，是法律和合同赋予当事人的正当权利。索赔是相互的、双向的。承包商可以向业主索赔，业主可以向承包商索赔，通常我们所说的索赔一般指承包方向发包方提出的索赔。

索赔的含义一般包括以下几个方面：

(1) 一方违约使另一方蒙受损失，受损方向另一方提出赔偿损失的要求；

(2) 发生了应由发包方承担责任的特殊风险事件或遇到了不利的自然条件等情况，使承包方蒙受了较大损失而向发包方提出补偿损失的要求；

(3) 承包方本应当获得正当利益，但由于没有及时得到监理工程师的确认和发包方应给予的支持，而以正式函件的方式向发包方索要。

2. 索赔的性质

索赔的性质属于经济补偿行为，而不是惩罚。索赔方所受到的损害，与被索赔方的行为并不一定存在法律上的因果关系。导致索赔事件的发生，可以是一方行为造成的，也可能是任何第三方行为所导致。索赔工作是承、发包双方之间经常发生的管理业务，是双方合作的方式，一般情况下索赔都可以通过协商方式解决。只有发生争议才会导致提出仲裁或诉讼，即使这样，索赔也被看成是遵法守约的正当行为。

3. 反索赔的概念

反索赔是相对索赔而言，是对提出索赔的一方的反驳(回应、索赔)，即指合同当事人一方向对方提出索赔要求时，被索赔方从自己的利益出发，依据合法理由减少或抵消索赔方的要求，甚至反过来向对方提出索赔要求的行为。

索赔与反索赔具有同时性，索赔是发包方和承包方都拥有的权利。在工程实践中，一般把发包方向承包方的索赔要求称作反索赔。在反索赔时，发包方处于主动的有利地位，发包方在经工程师证明承包方违约后，可以直接从应付工程款中扣回款项，或从银行保函中得以补偿。

4. 索赔的作用

(1) 索赔可以保证合同的正确实施。

(2) 索赔是落实和调整合同当事人双方权利义务关系的手段。

(3) 索赔有助于对外承、发包工程的开展。

(4) 促使工程造价更加合理。

二、建筑工程项目索赔的分类

(一) 按索赔当事人分类

(1) 承包方与发包方之间的索赔；

(2) 承包方与分包方之间的索赔；

(3)承包方与供货方之间的索赔；
(4)承包方与保险方之间的索赔。

(二)按索赔事件的影响分类

1. 工期拖延索赔

由于发包方未能按合同规定提供施工条件，如未及时交付设计图纸、技术资料、场地、道路等；或非承包商原因业主指令停止工程实施；或其他不可抗力因素作用等原因，造成工程中断；或工程进度放慢，使工期拖延，承包方对此提出索赔。

2. 不可预见的外部障碍或条件索赔

如果在施工期间，承包商在现场遇到一个有经验的承包方通常不能预见到的外界障碍或条件，例如，地质与预计的(业主提供的资料)不同，出现未预见到的岩石、淤泥或地下水等。

3. 工程变更索赔

由于发包方或工程师指令修改设计、增加或减少工程量、增加或删除部分工程、修改实施计划、变更施工次序，造成工期延长和费用损失，承包方对此提出索赔。

4. 工程终止索赔

由于某种原因，如不可抗力因素影响、发包方违约，使工程被迫在竣工前停止实施，并不再继续进行，使承包方蒙受经济损失，因此，承包方提出索赔。

5. 其他索赔

如货币贬值、汇率变化、物价和工资上涨、政策法令变化、发包方推迟支付工程款等原因引起的索赔。

(三)按索赔要求分类

1. 工期索赔

由于非承包方责任的原因而导致施工进度延误，承包方向发包方提出要求延长工期、推迟竣工日期的索赔称为工期索赔。

工期索赔形式上是对权利的要求，目的是避免在原定的竣工日不能完工时，被发包方追究拖期违约的责任。获准合同工期延长，不仅意味着免除拖期违约赔偿的风险，而且有可能得到提前工期的奖励，最终仍反映在经济效益上。

2. 费用索赔

费用索赔是承包方向发包方提出在施工过程中由于客观条件改变而导致承包方增加开支或损失的索赔，以挽回不应由承包方负担的经济损失。费用索赔的目的是要求经济补偿。

承包方在进行费用索赔时，应当遵循以下两个原则：
(1)所发生的费用应该是承包方履行合同所必需的，如果没有该费用支出，合同将无法继续履行；
(2)给予补偿后，承包方应按约定继续履行合同。

常见的费用索赔项目包括人工费、材料费、机械使用费、低值易耗品、工地管理费等。为便于管理，承、发包双方和监理工程师应事先将这些费用列出清单。

(四)按索赔所依据的理由分类

1. 合同内索赔

合同内索赔即索赔以合同条文作为依据，发生了合同规定给承包方以补偿的干扰事件，承包方根据合同规定提出索赔要求。这是最常见的索赔。

2. 合同外索赔

合同外索赔是指工程在实施过程中发生的干扰事件的性质已经超过合同范围，在合同中找不出具体的依据，一般必须根据适用于合同关系的法律解决索赔问题。

3. 道义索赔

道义索赔是指由于承包方失误（如报价失误、环境调查失误等）或发生承包方应负责的风险而造成承包商重大的损失。

(五)按索赔的处理方式分类

1. 单项索赔

单项索赔是针对某一干扰事件提出的。索赔的处理是在合同实施过程中，干扰事件发生时，或发生后立即进行。它由合同管理人员处理，并在合同规定的索赔有效期内向发包方提交索赔意向书和索赔报告。单项索赔通常原因单一，责任简单，分析起来比较容易，处理起来比较简单。

2. 总索赔

总索赔又叫作一揽子索赔或综合索赔。这是在国际工程中经常采用的索赔处理和解决方法。一般在工程竣工前，承包方将工程实施过程中未解决的单项索赔集中起来，提出一份总索赔报告。合同双方在工程交付前或交付后进行最终谈判，以一揽子方案解决索赔问题。由于在一揽子索赔中，许多干扰事件交织在一起，影响因素比较复杂，责任分析和索赔值的计算很困难，使索赔处理和谈判都很困难。

三、建筑工程项目索赔的原因

建筑产品、建筑产品的生产以及建筑市场的经营方式有自己独特的特点，导致在现代承包工程中，特别是在国际上的承包工程中，索赔经常发生，而且索赔金额常常巨大，这主要是由以下几个方面的原因造成的。

(一)发包方违约行为

(1)发包方未按照合同约定的时间和要求提供原材料、设备、场地、资金、技术资料；

(2)未及时进行图纸会审和设计交底；

(3)拖延合同规定的责任，如拖延图纸的批准，拖延隐蔽工程的验收，拖延对承包方问题的答复，造成施工延误；

(4)未按合同约定支付工程款；

(5)发包方提前占用部分永久性工程，造成对施工不利的影响。

(二)不可抗力事件

不可抗力是指人们不能预见、不能避免、不能克服的客观情况，建筑工程施工中的不可抗力包括因战争、动乱、空中飞行物坠落或其他非业主和承包商责任造成的爆炸、火灾以及专用条款约定的风、雨、雪、洪水、地震等自然灾害。

在许多情况下，不可抗力事件的发生会造成承包方的损失，不可抗力事件的风险承担应当在合同中约定，具体如下。

1. 合同约定工期内发生的不可抗力

施工合同范本通用条款规定，因不可抗力事件导致的费用及延误的工期由双方按以下方法分别承担：

(1)工程本身的损害、因工程损害导致第三方人员伤亡和财产损失以及运至施工场地用于施工的材料和待安装的设备的损害，由发包方承担；

(2)承发包双方人员的伤亡损失，分别由各自负责；

(3)承包方机械设备损坏及停工损失,由承包方承担;

(4)停工期间,承包方应工程师要求留在施工场地的必要的管理人员及保卫人员的费用由发包方承担;

(5)工程所需清理、修复费用,由发包方承担;

(6)延误的工期相应顺延。

2. 迟延履行合同期间发生的不可抗力

按照《合同法》规定的基本原则,因合同一方迟延履行合同后发生不可抗力,不能免除迟延履行方的相应责任。

投保"建筑工程一切险""安装工程一切险"和"人身意外伤害险"是转移风险的有效措施。如果工程是发包方负责办理的工程险,在承包方有权获得工期顺延的时间内,发包方应在保险合同有效期届满前办理保险的延续手续;若因承包方原因不能按期竣工,承包方也应自费办理保险的延续手续。对于保险公司的赔偿不能全部弥补损失的部分,则应由合同约定的责任方承担赔偿义务。

(三)监理工程师的不正当指令

监理工程师是接受发包方委托进行工程监理工作的,其不正当指令给承包方造成的损失应当由发包方承担。其不正当指令主要包括发出的指令有误,影响了正常的施工;对承包方的施工组织进行不合理的干预,影响施工的正常进行;因协调不力或无法进行合理协调,导致承包方的施工受到其他项目参与方的干扰,进而造成了承包方的损失。

(四)合同变更

合同变更频繁地出现在建筑工程领域,常见的合同变更主要包括:

(1)发包方对工程项目提出新的要求,如提高或降低建筑标准、项目的用途发生变化、核减预算投资等;

(2)设计出现不合理之处甚至错误,对设计图纸进行修改;

(3)施工现场条件与原地质勘察有很大出入导致合同变更;

(4)双方签订新的变更协议、备忘录、修正案;

(5)采用新的技术和方法,有必要修改原设计及实施方案。

四、建筑工程项目索赔成立的条件及索赔依据

(一)索赔成立的条件

索赔的成立,应该同时具备以下三个前提条件:

(1)与合同对照,事件已造成了承包商工程项目成本的额外支出,或直接工期损失;

(2)造成费用增加或工期损失的原因,按合同约定不属于承包商的行为责任或风险责任;

(3)承包商按合同规定的程序提交索赔意向通知和索赔报告。

以上三个条件必须同时具备,缺一不可。

索赔案例练习题

(二)索赔依据

建筑工程项目索赔依据主要包括合同文件和订立合同所依据的法律法规以及相关证据,其中合同文件是索赔的最主要依据。

1. 合同文件

作为建筑工程项目索赔依据的合同文件主要包括：

(1)本合同协议书；

(2)中标通知书；

(3)投标书及其附件；

(4)本合同专用条款；

(5)本合同通用条款；

(6)标准、规范及有关技术文件；

(7)图纸；

(8)工程量清单；

(9)工程报价单或预算书。

在合同履行中，业主和承包商有关工程的洽商、变更等书面协议或文件视为本合同的组成部分。

2. 订立合同所依据的法律法规

(1)适用法律和法规。建筑工程合同文件适用国家的法律和行政法规。需要明示的法律、行政法规，由双方在专用条款中约定。

(2)适用标准、规范。双方在专用条款内约定适用国家标准、规范的名称。

3. 相关证据

证据作为索赔文件的一部分，关系到索赔的成败，证据不足或没有证据，索赔是不成立的。可以作为证据使用的材料主要有书证、物证、证人证言、视听材料、被告人供述和有关当事人陈述、鉴定结论、勘验、检验笔录。

在工程索赔中提出索赔一方可提供的证据包括下列证明材料：

(1)招标文件、合同文本及附件，其他的各种签约文件(备忘录、修正案等)，发包方认可的工程实施计划，各种工程图纸(包括图纸修改指令)，技术规范等；

(2)工程量清单、工程预算书和图纸、标准、规范，以及其他有关技术资料、技术要求；

(3)合同履行过程中来往函件，各种纪要、协议，如业主的变更指令，各种认可信、通知、对承包商问题的答复信等；

(4)施工组织设计和具体的施工进度计划安排和实际施工进度记录；

(5)工程照片、气象资料、工程中的各种检查验收报告和各种技术鉴定报告；

(6)工地的交接记录(应注明交接日期，场地平整情况，水、电、路情况等)，图纸和各种资料交接记录；

(7)建筑材料和设备的采购、订货、运输、进场、使用方面的记录、凭证和报表等；

(8)市场行情资料，包括市场价格、官方的物价指数、工资指数、中央银行的外汇比率等公布材料；

(9)各种会计核算资料；

(10)国家法律、法令、政策文件；

(11)施工中送停电、气、水和道路开通、封闭的记录和证明；

(12)其他有关资料。

五、建筑工程项目索赔的程序

(一)索赔程序

当出现索赔事件时，承包方可按下列程序以书面形式向发包方索赔。

1. 提出索赔意向通知

凡发生不属于承包方责任的事件导致竣工日期拖延或成本增加时，承包方即可以书面的索赔通知书形式，在索赔事项发生后的 28 天以内，向工程师正式提出索赔意向通知。该意向通知是承包商就具体的索赔事件向工程师和业主表示的索赔愿望和要求。

如果超过这个期限，工程师和发包方有权拒绝承包方的索赔要求。索赔事件发生后，承包方有义务做好现场施工的同期记录，工程师有权随时检查和调阅，以判断索赔事件造成的实际损害。

2. 提交索赔报告

在索赔通知书发出后的 28 天内，或工程师可能同意的其他合理时间，向工程师提出延长工期和(或)补偿经济损失的索赔报告及有关资料。索赔报告应当包括承包方的索赔要求和支持这个索赔要求的有关证据，证据应当详细和真实。

3. 监理工程师审核索赔报告

在接到索赔报告后，监理工程师应分析索赔通知，客观分析事件发生的原因，研究承包方的索赔证明，并查阅同期记录。

工程师通过审核索赔报告，可以从以下几个方面反驳对方的索赔要求：

(1)索赔事项不属于业主或工程师的责任，是与承包商有关的第三方的责任；
(2)业主和承包商共同负有责任，承包商必须划分和证明双方责任大小；
(3)事实证据不足或合同依据不足；
(4)承包商未遵守意向通知的规定；
(5)合同中有对业主的免责条款；
(6)承包商以前表示过放弃索赔；
(7)承包商没有采取措施避免或减少损失；
(8)承包商必须提供进一步的证据；
(9)损失计算夸大等。

监理工程师应在收到承包方送交的索赔报告有关资料后，于 28 天内给予答复，或要求承包方进一步补充索赔理由和证据。监理工程师在收到承包方送交的索赔报告的有关资料后 28 天未予答复或未对承包方作进一步要求的，视为该项索赔已经被认可。

4. 持续索赔

当索赔事件持续进行时，承包方应当阶段性地向工程师发出索赔意向，在索赔事件终了后 28 天内，向工程师送交索赔的有关资料和最终索赔报告，工程师应在 28 天内给予答复或要求承包方进一步补充索赔理由和证据。逾期未答复，视为该项索赔成立。

通常，工程师的处理决定不是终局性的，若承包方或发包方接受最终的索赔处理决定，索赔事件的处理即告结束。承包方或发包方不能接受监理工程师对索赔的答复，则会导致合同的争议，就应通过协商、调解、"或裁或诉"方法解决。

(二)索赔报告的编制方法

索赔报告是承包商向业主索赔的正式书面材料，也是业主审议承包商索赔请求的主要依据，编写索赔报告应注意下列事项。

1. 明确索赔报告的基本要求

(1)必须说明索赔的合同依据。有关索赔的合同依据主要有两类：一是关于承包商有资格因额外工作而获得追加合同价款的规定；二是有关业主或工程师违反合同，给承包商造成额外损失时有权要求补偿的规定。

(2)索赔报告中必须有详细准确的损失金额或时间的计算。

(3)必须证明索赔事件同承包商的额外工作、额外损失或额外支出之间的因果关系。

2. 索赔报告必须准确

索赔报告不仅要有理有据，而且要求必须准确。

(1)责任分析清楚、准确。索赔报告中不能有责任含混不清或自我批评的语言，要强调索赔事件的不可预见性，事发后已经采取措施，但无法制止不利影响等。

(2)索赔值的计算依据要正确，计算结果要准确。索赔值的计算应采用文件规定或公认的计算方法，计算结果不能有差错。

(3)索赔报告的用词要恰当。

3. 索赔报告的形式和内容要求

索赔报告的内容应简明扼要，条理清楚。索赔报告一般包括总述部分、论证部分、索赔款项(或工期)计算部分和证据部分。

(1)总述部分。概要论述索赔事项发生的日期和过程；承包方为该索赔事项付出的努力和附加开支；承包方的具体索赔要求。

(2)论证部分。论证部分是索赔报告的关键部分，其目的是说明自己有索赔权，是索赔能否成立的关键。

(3)索赔款项(或工期)计算部分。如果说合同论证部分的任务是解决索赔权能否成立，则款项计算是解决能得多少款项。前者定性，后者定量。

(4)证据部分。要注意引用的每个证据的效力或可信程度，对重要的证据资料最好附以文字说明，或附以确认件。

4. 准备细节性资料

准备好与索赔有关的各种细节性资料，以备谈判中作进一步说明。

综上所述，发包方和承包方对索赔的管理，应当通过加强施工合同管理，严格执行合同，使对方没有提出索赔的理由和根据。在索赔事件发生后，也应积极收集有关证据资料，以便分清责任，剔除不合理的索赔要求。总之，有效的合同管理是保证合同顺利履行、减少或防止索赔事件发生、降低索赔事件损失的重要手段。

【例6-3】 某施工单位(乙方)与某建设单位(甲方)签订了某工厂的土方工程与基础工程合同，承包商在合同标明有松软石的地方没有遇到松软石，因而工期提前1个月。但在合同中另一处未标明有坚硬岩石的地方遇到了一些工程地质勘察没有探明的孤石。施工过程中遇到数天季节性大雨后又转为特大暴雨引起山洪暴发，造成现场临时道路、管网和施工用房等设施以及已施工的部分基础被冲坏，施工设备损坏，运进现场的部分材料被冲走，乙方数名施工人员受伤，雨后乙方用了很多工时清理现场和恢复施工条件。为此乙方按照索赔程序提出了延长工期和费用补偿要求。请问乙方提出的索赔要求能否成立？为什么？

解： 对于天气条件变化引起的索赔应分两种情况处理：

(1)对于前期的季节性大雨，这是一个有经验的承包商预先能够合理估计的因素，应在合同工期内考虑，由此造成的时间和费用损失不能给予补偿。

(2)对于后期特大暴雨引起的山洪暴发，不能视为一个有经验的承包商预先能够合理估计的因素，应按不可抗力因素处理由此引起的索赔问题。被冲坏的现场临时道路、管网和施工用房等设施以及已施工的部分基础，被冲走的部分材料，清理现场和恢复施工条件，受伤的甲方以及甲方雇佣的人员等经济损失应由甲方承担；损坏的施工设备，受伤的施工人员以及由此造成的人员窝工和设备闲置等经济损失应由乙方承担，工期顺延。

【例6-4】 某施工单位与建设单位签订了某综合办公楼的施工合同，合同工期为10个月。

在工程施工过程中，遭受到了百年不遇的特大暴雨的袭击，给施工单位造成了一定的损失，施工单位认为遭受百年不遇的特大暴雨的袭击属于不可抗力事件，故及时向监理工程师提出索赔要求，提交了索赔意向通知和索赔报告，索赔报告中的基本要求如下：

(1)部分已完工程遭到破坏，造成损失 10 万元，应由业主承担修复的经济责任。

(2)施工单位人员因此灾害导致数人受伤，处理伤病医疗费用和补偿总计 4 万元，业主应给予赔偿。

(3)施工单位进场的使用机械、设备受到损坏，造成损失 10 万元，由于现场停工造成台班费损失 5 万元，业主应负担赔偿和修复的经济责任。工人窝工费 4 万元，业主应予支付。

(4)因暴风雨造成现场停工 8 天，要求合同工期顺延 8 天。

(5)由于工程破坏，清理现场需费用 3 万元，业主应予支付。

请问对施工单位提出的要求，应如何处理？

【解】经济损失应由双方分别承担，工期延误应予签证顺延。

(1)工程修复、重建 10 万元工程款应由业主支付；

(2)4 万元的医疗费用和补偿索赔要求不予认可，由施工单位承担；

(3)19 万元的索赔不予认可，由施工单位承担；

(4)认可顺延合同工期 8 天；

(5)3 万元的清理现场费用由建设单位承担。

【例 6-5】 某施工单位与业主签订了某综合楼工程施工合同。经过监理方审核批准的施工进度网络图如图 6-6 所示(时间单位：月)，假定各项工作均匀施工。

在施工中发生了如下事件：

事件一：因施工单位租赁的机械设备大修，导致晚开工 1 天。

事件二：基坑开挖(B 工作)后，因发现了地质勘测中未勘测到的软土层，监理工程师下达了停工的指令，拖延工期 8 天。

事件三：在主体结构(G 工作)施工中，因遇连续罕见特大暴雨，工程停工 3 天。

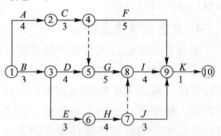

图 6-6 施工进度网络图

事件四：在进行到 H 工作时，业主提供的材料不合格，延误了 3 个月。

问题：

(1)请指出图中的关键工作及关键线路。

(2)施工单位对上述哪些事件向业主要求工期索赔成立？哪些不成立？并说明理由。如成立，各事件可索赔工期多少天？

【解】(1)该网络计划的关键路线为：①→②→④→⑤→⑧→⑨→⑩ 和 ①→③→⑤→⑧→⑨→⑩。该网络计划的关键工作有：A、B、C、D、G、I、K。

(2)事件一工期索赔不成立，因为此事件为施工单位责任。事件二工期索赔成立，因为此事件为非施工单位责任，并且在关键线路上，可索赔工期 8 天。事件三工期索赔成立，因为此事件属不可抗力，可索赔工期 3 天。事件四因为 H 工作有 2 个月的总时差，所以，能索赔工期 1 个月(3−2=1)。

索赔案例练习题

综合训练题

一、单项选择题

1. 合同法律关系的客体是指(　　)。
   A. 合同的当事人　　　　　　　　　B. 合同双方的权利
   C. 合同双方的义务　　　　　　　　D. 合同的标的

2. 建筑工程委托监理合同的标的是(　　)。
   A. 货物　　　　B. 货币　　　　C. 服务　　　　D. 工程项目

3. 在招标投标活动中，(　　)属于违反招标投标法的行为。
   A. 没有编制标底
   B. 委托代理机构进行招标
   C. 在招标文件中规定不允许外省施工单位参与
   D. 委托评标委员会定标

4. 公开招标是指(　　)。
   A. 招标人以投标邀请书的方式邀请特定的法人或者其他组织投标
   B. 招标人以招标公告的方式邀请不特定的法人或者其他组织投标
   C. 发布招标广告吸引或者直接邀请众多投标人参加投标并按照规定程序从中选择中标人的行为
   D. 有限招标

5. 招标人与中标人应当自中标通知发出之日(　　)天内，按招标文件和中标人的投标文件订立书面合同。
   A. 40　　　　B. 30　　　　C. 50　　　　D. 20

6. 按照承包工程计价方式分类不包括(　　)。
   A. 总价合同　　B. 单价合同　　C. 成本加酬金合同　　D. 预算合同

7. 评标委员会推荐的中标候选人应当限定在(　　)人，并标明排列顺序。
   A. 1~2　　　　B. 1~3　　　　C. 1~4　　　　D. 1~5

8. 招标人与中标人签订合同后(　　)个工作日内，应当向中标人和未中标的投标人退还投标保证金。
   A. 2　　　　B. 3　　　　C. 5　　　　D. 6

9. 明确工程变更的索赔有效期，由合同具体规定，一般为(　　)天。
   A. 28　　　　B. 27　　　　C. 26　　　　D. 25

10. 承包商签订合同后，将合同的一部分分包给第三方承担时，(　　)。
    A. 应征得业主同意　　　　　　　　B. 可不经过业主同意
    C. 自行决定后通知业主　　　　　　D. 自行决定后通知监理工程师

11. 按照施工合同中索赔程序的规定，承包方受到不属于他应承担责任事件的干扰而受到损害，应在事件发生后28天内首先向工程师提交(　　)。
    A. 索赔证据　　　　　　　　　　　B. 索赔意向通知
    C. 索赔依据　　　　　　　　　　　D. 索赔报告

12. 我国《建设工程施工合同(示范文本)》规定，工程师在收到承包商提交的索赔报告后的28天内未作出任何答复，则该索赔应认为(　　)。
    A. 已经批准　　B. 被拒绝　　C. 尚待批准　　D. 已经被认可

13. 施工合同中索赔的性质属于（　　）。
    A. 经济补偿　　　　　　　　　　B. 经济惩罚
    C. 经济制裁　　　　　　　　　　D. 经济补偿和经济制裁

14. 以下关于索赔的说法不正确的是（　　）。
    A. 索赔是相互的　　　　　　　　B. 索赔是双向的
    C. 业主不可以向承包商索赔　　　D. 承包商可以向业主索赔

15. 索赔按索赔当事人分类包括（　　）。
    A. 承包商与业主之间索赔　　　　B. 业主与分包人之间索赔
    C. 业主与供货人之间索赔　　　　D. 业主与保险人之间的索赔

16. 施工企业的项目经理指挥失误，给建设单位造成损失的，建设单位应当要求（　　）赔偿。
    A. 施工企业　　　　　　　　　　B. 施工企业的法定代表人
    C. 施工企业的项目经理　　　　　D. 具体的施工人员

17. 工程师要求的暂停施工的赔偿与责任的说法错误的为（　　）。
    A. 停工责任在业主，由业主承担所发生的追加合同价款，赔偿承包商由此造成的损失，相应顺延工期
    B. 停工责任在承包商，由承包商承担发生的费用，相应顺延工期
    C. 停工责任在承包商，因为工程师不及时作出答复，导致承包商无法复工，由业主承担违约责任
    D. 停工责任在承包商，由承包商承担发生的费用，工期不予顺延

18. 中标的承包商将由（　　）决定。
    A. 评标委员会　　　　　　　　　B. 业主
    C. 上级行政主管部门　　　　　　D. 监理工程师

19. 根据施工索赔的规定，可以认为索赔是指（　　）。
    A. 只限承包商向业主索赔　　　　B. 业主无权向承包商索赔
    C. 业主与承包商之间的双向索赔　D. 不包括承包商与分包商之间的索赔

20. 在工程施工中由于（　　）原因导致的工期延误，承包方应当承担违约责任。
    A. 不可抗力　　　　　　　　　　B. 承包方的设备损坏
    C. 设计变更　　　　　　　　　　D. 工程量变化

21. 当事人采用合同书形式订立的，自（　　）合同成立。
    A. 双方当事人制作合同书时　　　B. 双方当事人表示受合同的约束时
    C. 双方当事人签字或盖章时　　　D. 双方当事人达成一致意见时

22. 合同争议的解决顺序为（　　）。
    A. 和解—调解—仲裁—诉讼　　　B. 调解—和解—仲裁—诉讼
    C. 和解—调解—诉讼—仲裁　　　D. 调解—和解—诉讼—仲裁

二、多项选择题

1. 合同法律关系的构成要素为（　　）。
   A. 主体　　　B. 客体　　　C. 事件　　　D. 内容
   E. 工商管理部门

2. 公开招标设置资格预审程序的目的是（　　）。
   A. 选取中标人　　　　　　　　　B. 减少评标工作量
   C. 优选最有实力的承包商参加投标　D. 迫使投标单位降低投标报价
   E. 了解投标人准备实施招标项目的方案

3. 建筑工程施工分包合同的当事人是( )。
   A. 业主 B. 监理单位 C. 承包商 D. 工程师
   E. 分包单位
4. 按索赔当事人的不同可分为( )。
   A. 承包商与业主之间索赔 B. 承包商与分包人之间的索赔
   C. 承包商与供货人之间索赔 D. 承包商与保险人之间的索赔
   E. 业主与分包人之间的索赔
5. 按索赔所依据的理由分类分为( )。
   A. 合同内索赔 B. 合同外索赔 C. 道义索赔 D. 单项索赔
   E. 总索赔
6. 索赔成立的条件有( )。
   A. 与合同对照，事件已造成了承包商工程项目成本的额外支出，或直接工期损失
   B. 因为某种原因使得承包商或业主受到严重的利益影响，并带有严重经济损失
   C. 造成费用增加或工期损失的原因，按合同约定不属于承包商的行为责任或风险责任
   D. 承包商按合同规定的程序提交索赔意向通知和索赔报告
   E. 业主违反合同给承包商造成时间费用的损失
7. 合同文件是索赔的最主要依据，包括( )。
   A. 本合同协议书及中标通知书
   B. 投标书及其附件
   C. 本合同专用条款和通用条款
   D. 标准、规范及有关技术文件，图纸，工程量清单和工程报价单或预算书
   E. 相关证据
8. 与建筑工程有关的其他合同包括( )。
   A. 建筑工程委托监理合同 B. 建筑工程物资采购合同
   C. 建筑工程保险公司 D. 建筑工程担保合同
   E. 建筑工程总承包合同
9. 关于分包的法律禁止性规定中违法分包的内容有( )。
   A. 总承包单位将建筑工程分包给不具备相应资质条件的单位
   B. 建筑工程合同中未有约定，又未经建设单位认可，承包单位将其承包的部分建筑工程交由其他单位完成的
   C. 施工总承包单位将建筑工程主体结构的施工分包给其他单位的
   D. 分包单位将其承包的建筑工程再分包的
   E. 不履行合同约定的责任和义务，将其承包的全部建筑工程转给他人或者将其承包的全部工程肢解后以分包的名义分别转包给他人承包的行为
10. 建筑工程索赔的起因有( )。
    A. 承包商违约，包括业主和工程师没有履行合同责任；没有正确地行使合同赋予的权力，工程管理失误，不按合同支付工程款
    B. 合同错误，如合同条文不全、错误、矛盾等
    C. 工程环境变化，包括法律、市场物价、货币换率、自然条件的变化等
    D. 不可抗力的因素以及合同的变更，如双方协议签订的新的变更合同、备忘录、修正案以及其他等
    E. 合同变更

三、综合题

1. 某厂房建设场地原为农田。按设计要求在厂房建造时，厂房地坪范围内的耕植土应清除，基础必须埋在老土层下 2.00 m 处。为此，业主在"三通一平"阶段就委托土方施工公司清除了耕植土并用黏土回填压实至一定设计标高，故在施工招标文件中指出，施工单位无须再考虑清除耕植土问题。某施工单位中标后，与业主签订了固定价格合同。然而，在开挖基坑时发现，相当一部分基础开挖深度虽已达到设计标高，但仍未见老土，且在基坑和场地范围内仍有一部分深层的耕植土和池塘淤泥等必须清除。

问题：

(1)在工程中遇到地基条件与原设计所依据的地质资料不符时，承包商应该怎么办？

(2)根据修改的设计图纸，基坑开挖要加深加大，造成土方工程量增加，施工工效降低。在施工中又发现了较有价值的出土文物，造成承包商部分施工人员和机械窝工，同时承包商为保护文物付出了一定的措施费用。请问承包商应如何处理此事？

2. 某建筑公司与某工厂签订了修建建筑面积为 2 000 m² 工业厂房的施工总承包合同，建筑公司编制的施工方案和进度计划已获得监理工程师批准。双方合同约定 8 月 10 日开工，8 月 20 日完工。在实际施工中发生了如下几项事件：

事件一：因建筑公司租赁的挖掘机大修，晚开工 3 d；

事件二：施工过程中，因遇软土层，接到监理工程师 8 月 14 日停工的指令，进行地质复查；

事件三：8 月 18 日接到监理工程师于 8 月 19 日复工令，同时提出基坑开挖深度加深 1.5 m 的设计变更通知单，由此增加土方开挖量；

事件四：8 月 19—21 日，因下特大暴雨迫使基坑开挖暂停，造成人员窝工；

事件五：8 月 22 日用 28 个工日修复冲坏的永久性道路，8 月 23 日恢复挖掘工作，最终基坑于 8 月 29 日挖坑完毕。

问题：

(1)上述哪些事件建筑公司可以向厂方要求索赔？哪些事件不可以要求索赔？并说明原因。

(2)每项事件工期索赔各是多少天？总计工期索赔是多少天？

3. 某工程进入安装调试阶段后，由于雷电引发了一场火灾。在火灾结束后 24 小时内施工单位向项目监理机构通报了火灾损失情况：工程本身损失 150 万元；总价值 100 万元的待安装设备彻底报废；施工单位人员所需医疗费预计 15 万元，租赁的施工机械损坏赔偿 10 万元；其他单位临时停放在现场的一辆价值 25 万元的汽车被烧毁。另外，大火扑灭后施工单位停工 5 天，造成其他施工机械闲置损失 2 万元以及必要的管理保卫人员费用支出 1 万元，并预计工程所需清理、修复费用 200 万元。损失情况经项目监理机构审核属实。

问题：此项损失属于什么原因造成？责任如何分担？

4. 某承包商(乙方)于某年 3 月 6 日与某业主(甲方)签订一项施工合同，合同规定，甲方于 3 月 14 日提供施工现场，工程开工日期为 3 月 16 日，竣工日期为 4 月 12 日，合同日历工期为 38 天。工期每提前 1 天奖励 3 000 元，每拖后 1 天罚款 5 000 元。乙方按时提交了施工方案和网络进度计划(图 6-7)，并得到甲方代表的批准。

实际施工过程中发生了如下几项事件：

事件一：因拆迁工作拖延，甲方于 3 月 17 日才提供出全部场地，影响了工作 A、B，使该两项作业时间均延长了 2 天，并使这两项工作分别窝工 6、8 个工日，工作 C 为此受到影响。

事件二：乙方与租赁商原约定，工作 D 使用的某种机械于 3 月 27 日进场，但因运输问题，推迟到 3 月 30 日才进场，造成 D 工作实际作业时间增加 1 天，多用人工 7 个工日。

事件三：在工作 E 施工时，因设计变更，造成施工时间增加 2 天，多用工 14 个工日，其他费用增加 1.5 万元。

事件四：工作 F 是一项隐蔽工程，施工完毕后经工程师验收合格后进行了覆盖。事后甲方代表认为该项工作很重要，要求工程师在该项工作的两个主要部位进行剥露检查。检查结果为：a 部位完全合格，但 b 部位的偏差超出了规范允许的范围，乙方根据甲方要求进行返工处理，合格后工程师予以签字验收。

其中，部位 a 的剥露和覆盖用工为 6 个工日，其他费用为 1 000 元；部位 b 的剥露、返工及覆盖用工 20 个工日，其他费用为 1.2 万元。因为 F 工作的重新检验和返工处理影响了工作 H 的正常施工，使工作 H 的作业时间延长 2 天，多用工 10 个工日。

问题：

(1) 在上述事件中，乙方可以就哪些向甲方提出工期和费用补偿要求？为什么？

(2) 该工程实际施工天数为多少天？可得到工期补偿多少天？工期奖罚天数为多少天？

(3) 假设工程所在地人工费标准为 30 元/工日，窝工人工费补偿标准为 18 元/工日，管理费和利润不予补偿。则在该项工程施工中，乙方可得到的合理的经济补偿额是多少？

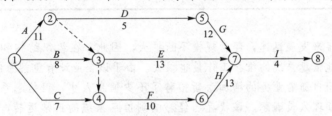

图 6-7　综合题 4 图

项目七　建筑工程项目信息管理

学习目标

1. 了解项目管理信息系统的意义和功能，工程管理信息化的含义和意义。
2. 熟悉建筑工程项目信息的分类、信息编码的方法和信息处理的方法。
3. 掌握建筑工程项目信息管理的含义、目的和任务。

引例

【背景材料】

某企业近几年来发展迅速，经营规模不断扩大，因此，在组织结构和管理流程等方面需要变革，相应地信息系统的维护工作量也很大。由于该企业没有重视系统文档管理工作，尽管信息管理部门也随着业务的增加而新招聘了不少信息人才，但信息系统维护工作仍然不能使企业各层管理人员满意。该状况已经影响到信息系统的正常运转，更谈不上继续开发和购置新的信息系统。企业高层领导和信息主管已注意到这一问题，正研究如何改变局面。请根据该企业信息系统维护工作现状，指出信息系统文档方面必须及时解决的问题，并提出解决问题的建议。

任务单元一　建筑工程项目信息管理概述

我国从工业发达国家引进项目管理的概念、理论、组织、方法和手段，历时 20 年左右，在工程实践中取得了不少成绩。但是，至今多数业主方和施工方的信息管理水平还相当落后，其落后表现在对信息管理含义的理解，以及信息管理的组织、方法和手段基本上还停留在传统的方式和模式上。

因此，我们应认识到，目前我国在建筑工程项目管理中最薄弱的工作环节是信息管理，应用信息技术提高建筑业生产效率，提升建筑行业管理和项目管理的水平和能力是 21 世纪建筑业发展的重要课题。

一、建筑工程项目信息管理的含义和目的

信息指的是用口头的方式、书面的方式或电子的方式传输（传达、传递）的知识、新闻，或可靠的，或不可靠的情报。声音、文字、数字和图像等都是信息表达的形式。建筑工程项目的实施需要人力资源和物质资源，应认识到信息也是项目实施的重要资源之一。

信息管理指的是信息传输的合理的组织和控制。

项目的信息管理是通过对各个系统、各项工作和各种数据的管理，使项目的信息能方便和有效地获取、存储、存档、处理和交流。项目的信息管理的目的是在通过有效的项目信息传输的组织和控制（信息管理）为项目建设的增值服务。

建筑工程项目的信息包括在项目决策过程、实施过程（设计准备、设计、施工和物资采购过程等）和运行过程中产生的信息，以及其他与项目建设有关的信息，它包括项目的组织类信息、管理类信息、经济类信息、技术类信息和法规类信息。

据国际有关文献资料介绍，建筑工程项目实施过程中存在的诸多问题，其中，2/3与信息交流（信息沟通）的问题有关；建筑工程项目10％～33％的费用增加与信息交流存在的问题有关；在大型建筑工程项目中，信息交流的问题导致工程变更和工程实施的错误约占工程总成本的3％～5％。由此可见信息管理的重要性。

二、建筑工程项目信息管理的任务

（一）信息管理手册

业主方和项目参与各方都有各自的信息管理任务，为充分利用和发挥信息资源的价值、提高信息管理的效率，以及实现有序的和科学的信息管理，各方都应编制各自的信息管理手册，以规范信息管理工作。信息管理手册描述和定义信息管理的任务、执行者（部门）、每项信息管理任务执行的时间和其工作成果等，其主要内容包括：

(1)确定信息管理的任务（信息管理任务目录）；
(2)确定信息管理的任务分工表和管理职能分工表；
(3)确定信息的分类；
(4)确定信息的编码体系和编码；
(5)绘制信息输入输出模型（反映每一项信息处理过程的信息的提供者、信息的整理加工者、信息整理加工的要求和内容，以及经整理加工后的信息传递给信息的接受者，并用框图的形式表示）；
(6)绘制各项信息管理工作的工作流程图（如信息管理手册编制和修订的工作流程，为形成各类报表和报告，收集信息、审核信息、录入信息、加工信息、信息传输和发布的工作流程，以及工程档案管理的工作流程等）；
(7)绘制信息处理的流程图（如施工安全管理信息、施工成本控制信息、施工进度信息、施工质量信息、合同管理信息等的信息处理的流程）；
(8)确定信息处理的工作平台（如以局域网作为信息处理的工作平台，或用门户网站作为信息处理的工作平台等）及明确其使用规定；
(9)确定各种报表和报告的格式，以及报告周期；
(10)确定项目进展的月度报告、季度报告、年度报告和工程总报告的内容及其编制原则和方法；
(11)确定工程档案管理制度；
(12)确定信息管理的保密制度，以及与信息管理有关的制度。

在国际上，信息管理手册广泛应用于工程管理领域，它是信息管理的核心指导文件。我国施工企业应对此引起重视，并在工程实践中得以应用。

（二）信息管理部门的工作任务

项目管理班子中各个工作部门的管理工作都与信息处理有关，它们都承担一定的信息管理任务，而信息管理部门是专门从事信息管理的工作部门，它们的主要工作任务是：

(1)负责编制信息管理手册，在项目实施过程中进行信息管理手册的必要的修改和补充，并

检查和督促其执行;
(2)负责协调和组织项目管理班子中各个工作部门的信息处理工作;
(3)负责信息处理工作平台的建立和运行维护;
(4)与其他工作部门协同组织收集信息、处理信息和形成各种反映项目进展和项目目标控制的报表和报告;
(5)负责工程档案管理等。

在国际上,许多建筑工程项目都专门设立信息管理部门(或称为信息中心),以确保信息管理工作的顺利进行;也有一些大型建筑工程项目专门委托咨询公司从事项目信息动态跟踪和分析,以信息流指导物质流,从宏观上和总体上对项目的实施进行控制。

项目信息管理案例

三、建筑工程项目信息的分类和表现形式

(一)建筑工程项目信息的分类

业主方和项目参与各方可根据各自项目管理的需求确定其信息管理的分类,但为了信息交流的方便和实现部分信息共享,应尽可能作一些统一分类的规定,如项目的分解结构应统一。

从不同的角度对建筑工程项目的信息进行分类:

(1)按项目管理工作的对象,即按项目的分解结构,如子项目1、子项目2等进行信息分类。
(2)按项目实施的工作过程,如设计准备、设计、招标投标和施工过程等进行信息分类。
(3)按项目管理工作的任务,如投资控制、进度控制、质量控制等进行信息分类。
(4)按信息的内容属性,如组织类信息、管理类信息、经济类信息,技术类信息和法规类信息,如图7-1所示。

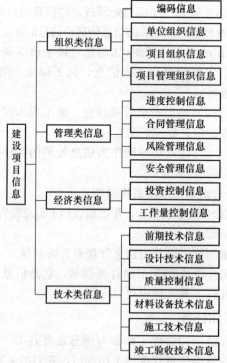

图7-1 建筑项目的信息

(二)建筑工程项目信息的表现形式

建筑工程项目信息的表现形式见表7-1。

表7-1 建筑工程项目信息表现形式

表现形式	示例
书面形式	・设计图纸、说明书、任务书、施工组织设计、合同文本、概预算书、会计、统计等各类报表、工作条例、规章、制度等 ・会议纪要、谈判记录、技术交底记录、工作研讨记录等 ・个别谈话记录：如监理工程师口头提出、电话提出的工程变更要求，在事后应及时追补的工程变更文件记录、电话记录等
技术形式	由电报、录像、录音、磁盘、光盘、图片、照片等记载储存的信息
电子形式	电子邮件、Web网页

四、建筑工程项目信息编码的方法

编码由一系列符号（如文字）和数字组成，编码是信息处理的一项重要的基础工作。

一个建筑工程项目有不同类型和不同用途的信息，为了有组织地存储信息，方便信息的检索和信息的加工整理，必须对项目的信息进行编码，其编码方法见表7-2。

表7-2 建筑工程项目信息编码的方法

类别	内容
项目的结构编码	依据项目结构图对项目结构的每一层的每一个组成部分进行编码
项目管理组织结构编码	依据项目管理的组织结构图，对每一个工作部门进行编码
项目的政府主管部门和各参与单位编码	包括政府主管部门；业主方的上级单位或部门；金融机构；工程咨询单位；设计单位；施工单位；物资供应单位；物业管理单位等
项目实施的工作项编码	应覆盖项目实施的工作任务目录的全部内容，它包括：设计准备阶段的工作项；设计阶段的工作项；招标投标工作项；施工和设备安装工作项；项目动用前的准备工作项等
项目的投资项编码（业主方）/成本项编码（施工方）	不是概预算定额确定的分部分项工程的编码，而是综合考虑概算、预算、标底、合同价和工程款的支付等因素，建立统一的编码，以服务于项目投资目标的动态控制
项目的进度项（进度计划的工作项）编码	综合考虑不同层次、不同深度和不同用途的进度计划工作项的需要，建立统一的编码，服务于项目进度目标的动态控制
项目进展报告和各类报表编码	包括项目管理形成的各种报告和报表的编码
合同编码	参考项目的合同结构和合同的分类，应反映合同的类型、相应的项目结构和合同签订的时间等特征
函件编码	反映发函者、收函者、函件内容所涉及的分类和时间等，以便函件的查询和整理
工程档案编码	根据有关工程档案的规定、项目的特点和项目实施单位的需求而建立

以上这些编码是因不同的用途而编制的，如投资项编码（业主方）/成本项编码（施工方）服务于投资控制工作/成本控制工作；进度项编码服务于进度控制工作。但是有些编码并不是针对某一项管理工作而编制的，如投资控制/成本控制、进度控制、质量控制、合同管理、编制项目进展报告等都要使用项目的结构编码，因此，就需要进行编码的组合。

五、建筑工程项目施工文件档案管理

(一)施工单位在建设工程档案管理中的职责

(1)实行技术负责人负责制,逐级建立健全施工文件管理岗位责任制,配备专职档案管理员,负责施工资料的管理工作。

(2)建设工程实行总承包的,总承包单位负责收集、汇总各分包单位形成的工程档案,各分包单位应将本单位形成的工程文件整理、立卷后及时移交总承包单位。

(3)可以按照施工合同的约定,接受建设单位的委托进行工程档案的组织、编制工作。

(4)按要求在竣工前将施工文件整理汇总完毕,再移交建设单位进行工程竣工验收。

(5)负责编制的施工文件的套数不得少于地方城建档案管理部门要求。

(二)施工文件档案管理的主要内容

(1)工程施工技术管理资料:
1)图纸会审记录文件;
2)工程开工报告相关资料(开工报审表、开工报告);
3)技术、安全交底记录文件;
4)施工组织设计(项目管理规划)文件;
5)施工日志记录文件;
6)设计变更文件;
7)工程洽商记录文件;
8)工程测量记录文件;
9)施工记录文件;
10)工程质量事故记录文件;
11)工程竣工文件。

(2)工程质量控制资料:
1)工程项目原材料、构配件、成品、半成品和设备的出厂合格证及进场检(试)验报告;
2)施工试验记录和见证检测报告;
3)隐蔽工程验收记录文件;
4)交接检查记录。

(3)工程施工质量验收资料:
1)施工现场质量管理检查记录;
2)单位(子单位)工程质量竣工验收记录;
3)分部(子分部)工程质量验收记录文件;
4)分项工程质量验收记录文件;
5)检验批质量验收记录文件。

(4)竣工图。

(三)施工文件的立卷

(1)立卷的基本原则。一个建设工程由多个单位工程组成时,工程文件按单位工程立卷。

施工文件资料应根据工程资料的分类和"专业工程分类编码参考表"进行立卷。

卷内资料排列顺序要依据卷内的资料构成而定,一般顺序为封面、目录、文件部分、备考表、封底。

卷内资料若有多种资料时，同类资料按日期顺序排列，不同资料之间的排列顺序应按资料的编号顺序排列。

(2)立卷的具体要求。施工文件可按单位工程、分部工程、专业、阶段等组卷，竣工验收文件按单位工程专业组卷。

竣工图可按单位工程专业等进行组卷，每一专业根据图纸多少组成一卷或多卷。

(四)施工文件的归档

归档要求：所有竣工图应加盖竣工图章。利用施工图改绘竣工图，必须明确变更修改要求；凡施工图结构，工艺，平面布置等有重大改变，或变更部分超过图面1/3，应重新绘制竣工图。

施工文件管理案例

任务单元二　项目管理信息系统的意义和功能

一、项目管理信息系统的含义

项目管理信息系统(Project Management Information System，PMIS)是基于计算机的项目管理的信息系统，主要用于项目的目标控制。管理信息系统(Management Information System，MIS)是基于计算机管理的信息系统，但主要用于企业的人、财、物、产、供、销的管理。项目管理信息系统与管理信息系统服务的对象和功能是不同的。

项目管理信息系统的应用，主要是用计算机的手段，进行项目管理有关数据的收集、记录、存储、过滤和把数据处理的结果提供给项目管理班子的成员。它是项目进展的跟踪和控制系统，也是信息流的跟踪系统。

二、项目管理信息系统的建立

1. 建立项目管理信息系统的目的

建立项目管理信息系统的目的是为了项目管理信息系统能及时、准确地提供施工管理所需要的信息，完整地保存历史信息以便预测未来，为项目经理提供决策的依据，还能发挥电子计算机的管理作用，以实现数据的共享和综合应用。

2. 建立项目管理信息系统的必要条件

首先，应建立科学的项目管理组织体系。要有完善的规章制度，采用科学有效的方法；要有完善的经济核算基础，提供准确而完整的原始数据，使管理工作程序化，报表文件统一化。而完整的、经编号的数据资料，可以方便地输入计算机，从而建立有效的管理信息系统，并为有效地利用信息创造条件。

其次，要有创新精神和信心。

最后，要有使用电子计算机的条件，既要配备机器，也要配备硬件、软件及人员，以使项目管理信息系统能在电子计算机上运行。

3. 项目管理信息系统的设计开发

设计开发项目管理信息系统的工作应包括以下三个方面：

(1)系统分析。通过系统分析,可以确定项目管理信息系统的目标,掌握整个系统的内容。首先,要调查建立项目管理信息系统的可行性,即对项目系统的现状进行调查。其次,调查系统的信息量和信息流,确定各部门要保存的文件、输出的数据格式;分析用户的需求,确定纳入信息系统的数据流程图。再次,确定电子计算机硬件和软件的要求,然后选择最优方案,同时还要有未来数据量的扩展余地。

(2)系统设计。利用系统分析的结果进行系统设计,建立系统流程图,提出程序的详细技术资料,为程序设计做准备工作。系统设计分两个阶段进行:首先进行概要设计,包括输入、输出文件格式的设计、代码设计、信息分类、子系统模块和文件设计,确定流程图,指出方案的优缺点,判断方案的可行性,并提出方案所需要的物质条件;然后进行详细设计,将前一阶段的成果具体化,包括输入、输出格式的详细设计,流程图的详细设计,程序说明书的编写等。

(3)系统实施。系统实施的内容包括程序设计与调试、系统转换、运行和维护,项目管理,系统评价等。

程序设计,是根据系统设计明确程序设计的要求,如使用何种语言、文件组织,数据处理等;然后绘制程序框图;再编写程序,并写出操作说明书。

程序调试,是对单个程序进行语法和逻辑检验,目的是消除程序的错误。

系统调试,则是对系统运行状况进行监测、维护,保证系统正常运行。

项目管理,按照项目管理的方法,结合信息管理体统的特点,让信息系统为项目管理更好地服务,加强项目控制与项目组建的信息沟通。

三、项目管理信息系统的功能

项目管理信息系统的功能包括:投资控制(业主方)或成本控制(施工方);进度控制;合同管理。有些项目管理信息系统还包括质量控制和一些办公自动化的功能。下面分别介绍一下各自功能。

1. 投资控制的功能

(1)项目的估算、概算、预算、标底、合同价、投资使用计划和实际投资的数据计算和分析;

(2)进行项目的估算、概算、预算、标底、合同价、投资使用计划和实际投资的动态比较(如概算和预算的比较、概算和标底的比较、概算和合同价的比较、预算和合同价的比较等),并形成各种比较报表;

(3)计划资金的投入和实际资金的投入的比较分析;

(4)根据工程的进展进行投资预测等。

2. 成本控制的功能

(1)投标估算的数据计算和分析;

(2)计划施工成本;

(3)计算实际成本;

(4)计划成本与实际成本的比较分析;

(5)根据工程的进展进行施工成本预测等。

3. 进度控制的功能

(1)计算工程网络计划的时间参数,并确定关键工作和关键路线;

(2)绘制网络图和计划横道图;

(3)编制资源需求量计划;

(4)进度计划执行情况的比较分析;

(5)根据工程的进展进行工程进度预测。
4. 合同管理的功能
(1)合同基本数据查询；
(2)合同执行情况的查询和统计分析；
(3)标准合同文本查询和合同辅助起草等。

四、项目管理信息系统的意义

20世纪70年代末期和80年代初期，国际上已有项目管理信息系统的商品软件，项目管理信息系统现已被广泛地用于业主方和施工方的项目管理。应用项目管理信息系统的主要意义是：
(1)实现项目管理数据的集中存储；
(2)有利于项目管理数据的检索和查询；
(3)提高项目管理数据处理的效率；
(4)确保项目管理数据处理的准确性；
(5)可方便地形成各种项目管理需要的报表。

任务单元三　计算机在建筑工程项目管理中的运用

一、工程管理信息化的内涵

(一)工程管理信息化的含义

信息化指的是信息资源的开发和利用，以及信息技术的开发和应用。信息化是继人类社会农业革命、城镇化和工业化的又一个新的发展时期的重要标志。

工程管理信息化指的是工程管理信息资源的开发和利用，以及信息技术在工程管理中的开发和应用。工程管理信息属于领域信息化的范畴，它和企业信息化也有联系。

我国建筑业和基本建设领域应用信息技术与工业发达国家相比，还存在较大的数字鸿沟，它反映在信息技术在工程管理中应用的观念上，也反映在有关的知识管理上，还反映在有关技术的应用方面。

工程管理的信息资源包括：组织类工程信息、管理类工程信息、经济类工程信息、技术类工程信息和法规类信息等。在建设一个新的工程项目时，应重视开发和充分利用国内和国外同类或类似工程项目的有关信息资源。

信息技术在工程管理中的开发和应用，包括在项目决策阶段的开发管理、实施阶段的项目管理和使用阶段的设施管理中开发和应用信息技术。

(二)工程管理信息化的发展阶段

自20世纪70年代开始，信息技术经历了一个迅速发展的过程，信息技术在建设工程管理中的应用也有一个相应的发展过程：

20世纪70年代，发展单项程序的应用，如工程网络计划的时间参数的计算程序、施工图预算程序等。

20世纪80年代，逐步扩展到区域规划、建筑CAD设计、工程造价计算、钢筋计算、物资台账管理、工程计划网络制定等，及经营管理方面程序系统的应用，如项目管理信息系统、设施管理信息系统(Facility Management Information System, FMIS)等。

20 世纪 90 年代,又扩展到工程量计算、大体积混凝土养护、深基坑支护、建筑物垂直度测量、施工现场的 CAD 等。这时出现了程序系统的集成,它是随着工程管理的集成而发展的。

20 世纪 90 年代末期至今,扩展到基于网络平台的工程管理。

(三)工程管理信息化的意义

工程管理信息化有利于提高建筑工程项目的经济效益和社会效益,以达到为项目建设增值的目的。

工程管理信息资源的开发和信息资源的充分利用,可吸取类似项目的正反两方面的经验和教训,许多有价值的组织信息、管理信息、经济信息、技术信息和法规信息将有助于项目决策期多种可能方案的选择,有利于项目实施期的项目目标控制,也有利于项目建成后的运行。

通过信息技术在工程管理中的开发和应用能实现。

(1)信息存储数字化和存储相对集中,如图 7-2 所示。

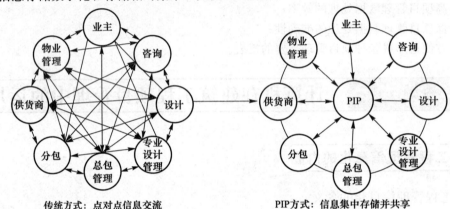

图 7-2 信息存储数字化和存储相对集中

(2)信息处理和变换的程序化。
(3)信息传输的数字化和电子化。
(4)信息获取便捷。
(5)信息透明度提高。
(6)信息流扁平化。

信息技术在工程管理中的开发和应用的意义在于:

(1)"信息存储数字化和存储相对集中"有利于项目信息的检索和查询,有利于数据和文件版本的统一,并有利于项目的文档管理;

(2)"信息处理和变换的程序化"有利于提高数据处理的准确性,并可提高数据处理的效率;

(3)"信息传输的数字化和电子化"可提高数据传输的抗干扰能力,使数据传输不受距离限制并可提高数据传输的保真度和保密性;

(4)"信息获取便捷""信息透明度提高"以及"信息流扁平化"有利于项目参与方之间的信息交流和协同工作。

二、互联网在建筑工程项目信息处理的应用

在当今的时代,信息处理已逐步向电子化和数字化的方向发展,但建筑业和基本建设领域

的信息化已明显落后于许多其他行业，建设工程项目信息处理基本上还沿用传统的方法和模式。因此，我们应采取有效措施，使信息处理由传统的方式向基于网络的信息处理平台方向发展，以充分发挥信息资源的价值，以及信息对项目目标控制的作用。

基于网络的信息处理平台由一系列硬件和软件构成，它包括：

(1)数据处理设备(包括计算机、打印机、扫描仪、绘图仪等)。

(2)数据通信网络(包括形成网络的有关硬件设备和相应的软件)。

(3)软件系统(包括操作系统和服务于信息处理的应用软件)等。

数据通信网络主要有如下三种类型：

1)局域网(LAN——由与各网点连接的网线构成网络，各网点对应于装备有实际网络接口的用户工作站)；

2)城域网(MAN——在大城市范围内两个或多个网络的互联)；

3)广域网(WAN——在数据通信中，用来连接分散在广阔地域内的大量终端和计算机的一种多态网络)。

互联网是目前最大的全球性的网络，它连接了覆盖100多个国家的各种网络，如商业性的网络(.com或.co)、大学网络(.ac或.edu)、研究网络(.org或.net)和军事网络(.mil)等，并通过网络连接数以千万台的计算机，以实现连接互联网的计算机之间的数据通信。互联网由若干个学会、委员会和集团负责维护和运行管理。

建筑工程项目的业主方和项目参与各方往往分散在不同的地点，或不同的城市，或不同的国家，因此，其信息处理应考虑充分利用远程数据通信的方式，如：

(1)通过电子邮件收集信息和发布信息。

(2)通过基于互联网的项目专用网站(Project Specific Web Site，PSWS)实现业主方内部、业主方和项目参与各方，以及项目参与各方之间的信息交流、协同工作和文档管理。或通过基于互联网的项目信息门户(Project information Portal，PIP)为众多项目服务的公用信息平台实现业主方内部、业主方和项目参与各方，以及项目参与各方之间的信息交流、协同工作和文档管理。

(3)召开网络会议。

(4)基于互联网的远程教育与培训等。

三、计算机在建设工程项目管理中的运用

当前，建筑工程项目管理应用软件种类很多，它们各有不同的功能和操作特点，下面简单介绍几种常用项目管理应用软件。

(一)Microsoft Office Project

Microsoft Project是Microsoft公司开发的项目管理系统，它是应用最普遍的项目管理软件之一，Project 4.0、Project 98、Project已经在我国获得了广泛的应用。

借助Project和其他辅助工具，可以满足一般要求不是很高的项目管理的需求；但如果项目比较复杂，或对项目管理的要求很高，那么该软件可能很难让人满意，这主要是该软件在处理复杂项目的管理方面还存在一些不足的地方。例如，资源层次划分上的不足，费用管理方面的功能太弱等。但就其市场定位和低廉的价格来说，Project是一款不错的项目管理软件。

1. 软件的特点

(1)充足的任务节点处理数量。可以处理的任务节点数量多少是一个工程项目管理软件能否胜任大型复杂工程项目管理的最基本的条件。该系统可以处理的任务节点数已经超过100万个，

可以处理的资源数也已经超过100万个，实际上只取决于计算机系统的资源情况。

（2）强大的群体项目处理能力。一个大型项目要划分成若干个子项目，以及子子项目。为了实现分级管理，通常按工作分解结构进行分解或是从顶上向下分解，先粗后细进行设计；或是从底向上，先制定各子项目计划，再逐级向上集成，最后形成整个大系统。无论采用哪种方式，都要求工程项目管理软件具有同时处理多个项目的能力。

（3）Project同时处理群体项目的数量已经达到1 000多个。这样高的技术指标已经能够满足大型复杂工程项目管理的需求。如何把子项目组成主项目，这也是能否有效地管理大型项目的要素之一。Project提供了比较完善的解决方案。

（4）突出的易学易用性，完备的帮助文档。Project是迄今为止易用性最好的项目管理软件之一，其操作界面和操作风格与大多数人平时使用的Microsoft Office软件中的Word、Excel完全一致。对中国用户来说，该软件有很大吸引力的一个重要原因是在所有引进的国外项目管理软件当中，只有该软件实现了"从内到外"的"完全"汉化，包括帮助文档的整体汉化。

（5）强大的扩展能力，与其他相关产品的融合能力。作为Microsoft Office的一员，Project也内置了Visual Basic for Application（VBA），VBA是Microsoft开发的交互式应用程序宏语言，用户可以利用VBA作为工具进行二次开发，一方面可以帮助用户实现日常工作的自动化；另一方面还可以开发该软件所没有提供的功能。此外，用户可以依靠Microsoft Project与Office家族其他软件的紧密联系，将项目数据输出到Word中生成项目报告，输出到Excel中生成电子表格文件或图形，输出到Power Point中生成项目演示文件，还可以将Microsoft Project的项目文件直接存储为Access数据库文件，实现与项目管理信息系统的直接对接。

2. 软件的功能

（1）进度计划管理。Project为项目的进度计划管理提供了完备的工具，用户可以根据自己的习惯和项目的具体要求采用"自上而下"或"自下而上"的方式安排整个建设工程项目。

（2）资源管理。Project为项目资源管理提供了适度、灵活的工具，用户可以方便地定义和输入资源，可以采用软件提供的各种手段观察资源的基本情况和使用状况，同时还提供了解决资源冲突的手段。

（3）费用管理。Project为项目管理工作提供了简单的费用管理工具，可以帮助用户实现简单的费用管理。

（4）组织信息。只要用户将系统所需要的参数、条件输入后，系统就可自动将这些信息进行整理，这样用户可以看到项目的全局。同时，该系统还可以根据用户输入的信息来安排完成任务所需要的时间框架，以及设定什么时候将某种资源分配给某种任务等。

（5）信息共享。该系统具有强大的网络发布功能。可以将项目数据导出为HTML格式，这样就可以在Internet上发布该项目有关的信息。

（6）方案选择。该系统可以对不同的方案进行比较，从而为用户找出最优方案。系统能随时对项目进程进行检验，如发现问题，可以向用户提供解决方案。

（7）拓展功能。该系统可以根据用户输入的数据计算其他信息，然后向用户反映这些结果对项目其他部分以及对整个项目的影响。

（8）跟踪任务功能。Project可以将用户项目执行过程中得到的实际数据输入计算机代替计划数据，并据此计算其他信息，然后向用户显示这些变动对项目其他任务及整个日程的影响，并为后面的项目管理提供有价值的依据。

（二）Building Information Modeling/Building Information Management（BIM）

建筑信息模型（Building Information Modeling）或者建筑信息管理（Building Information Management)（简称 BIM），是以建筑工程项目的各项相关信息数据作为基础，建立起三维的建筑模型，通过数字信息仿真模拟建筑物所具有的真实信息。它具可视化、协调性、模拟性、优化性、可出图性、一体化性、参数化性和信息完备性八大特点。

1. BIM 简介

BIM 涵盖了几何学、空间关系、地理信息系统、各种建筑组件的性质及数量（例如供应商的详细信息），可以用来展示整个建筑生命周期，包括了兴建过程及营运过程。从 BIM 设计过程的资源、行为、交付三个基本维度，给出设计企业的实施标准的具体方法和实践内容。BIM 不是简单地将数字信息进行集成，而是一种数字信息的应用，并可以用于设计、建造、管理的数字化方法。这种方法支持建筑工程的集成管理环境，可以使建筑工程在其整个进程中显著提高效率、大量减少风险。

BIM 用数字化的建筑组件表示真实世界中用来建造建筑物的构件。对于传统计算机辅助设计用矢量图形构图来表示物体的设计方法来说是个基本的改变，因为它能够结合众多图形来展示对象。

施工文件对准确信息的需求来自多方面，包括图纸、采购细节、环境状况、文件提交程序和其他与建筑物品质规格相关的文件。支持建筑信息模型的人士期望这样的技术，可以为设计、建造、建筑物业主/经营者创建沟通的桥梁，提供处理工程专案所需要的实时相关信息。而提供准确信息的方法是经由工程的各个参与方在各自运行工作的责任期间，就其拥有的信息，对这个建筑信息模型进行增添和参考。例如，当大厦管理员发现一些渗漏事件，首先可能不是探索整栋大厦，而是转向在建筑信息模型查找位于嫌疑地点的阀门。他并且能够依据适当的计算机计算能力，获得阀门的规格、制造商、零件号码和其他在过去曾被研究过的信息，针对可能的原因进行维护。

2. BIM 的特点

（1）可视化（Visualization）。可视化即"所见所得"的形式。对于建筑行业来说，可视化的真正运用在建筑业的作用是非常大的，例如，经常拿到的施工图纸，只是各个构件的信息在图纸上采用线条绘制表达，但是其真正的构造形式就需要建筑业参与人员去自行想象了。对于一般简单的东西来说，这种想象也未尝不可，但是近几年建筑业的建筑形式各异，复杂造型在不断的推出，那么这种光靠人脑去想象的东西就未免有点不太现实了。所以，BIM 提供了可视化的思路，让人们将以往的线条式的构件形成一种三维的立体实物图形展示在人们的面前。建筑业也有设计方面出效果图的事情，但是这种效果图是分包给专业的效果图制作团队进行识读设计制作出的线条式信息制作出来的，并不是通过构件的信息自动生成的，缺少了同构件之间的互动性和反馈性。BIM 提到的可视化是一种能够同构件之间形成互动性和反馈性的可视，在 BIM 建筑信息模型中，由于整个过程都是可视化的，所以，可视化的结果不仅可以用来效果图的展示及报表的生成，更重要的是，项目设计、建造、运营过程中的沟通、讨论、决策都在可视化的状态下进行。

（2）协调性（Coordination）。协调性是建筑业中的重点内容，不管是施工单位还是业主及设计单位，无不在做着协调及相配合的工作。一旦项目在实施过程中遇到了问题，就要将各有关人士组织起来开协调会，找各施工问题发生的原因，提解决办法，然后作出变更，做相应补救措施等进行问题的解决。那么这个问题的协调真的就只能在出现问题后再进行协调吗？在设计时，往往由于各专业设计师之间的沟通不到位，而出现各种专业之间的碰撞问题，例如，暖通等专业中的管道在进行布置时，由于施工图纸是各自绘制在各自的施工图纸上的，真正施工过程中，可能在布置管线时正好在此处有结构设计的梁等构件在此妨碍着管线的布置，这种就是施工中常遇到的碰撞问题，像这样的碰撞问题的协调解决就只能在问题出现之后再进行解决吗？

BIM 的协调性服务就可以帮助处理这种问题,也就是说,BIM 建筑信息模型可在建筑物建造前期对各专业的碰撞问题进行协调,生成协调数据,提供出来。当然 BIM 的协调作用也并不是只能解决各专业间的碰撞问题,它还可以解决设计布置中的一些协调问题,例如,电梯井布置与其他设计布置及净空要求的协调,防火分区与其他设计布置的协调,地下排水布置与其他设计布置的协调等。

(3)模拟性(Simulation)。模拟性并不是只能模拟设计出的建筑物模型,还可以模拟不能够在真实世界中进行操作的事物。在设计阶段,BIM 可以对设计上需要进行模拟的一些东西进行模拟试验,例如,节能模拟、紧急疏散模拟、日照模拟、热能传导模拟等;在招标投标和施工阶段可以进行 4D 模拟(三维模型加项目的发展时间),也就是根据施工的组织设计模拟实际施工,从而来确定合理的施工方案来指导施工。同时还可以进行 5D 模拟(基于 3D 模型的造价控制),从而来实现成本控制;后期运营阶段可以模拟日常紧急情况的处理方式的模拟,例如,地震人员逃生模拟及消防人员疏散模拟等。

(4)优化性。事实上整个设计、施工、运营的过程就是一个不断优化的过程,当然优化和 BIM 也不存在实质性的必然联系,但在 BIM 的基础上可以做更好的优化、更好地做优化。优化受三样东西的制约:信息、复杂程度和时间。没有准确的信息做不出合理的优化结果,BIM 模型提供了建筑物的实际存在的信息,包括几何信息、物理信息、规则信息,还提供了建筑物变化以后的实际存在。复杂程度高到一定程度,参与人员本身的能力无法掌握所有的信息,必须借助一定的科学技术和设备的帮助。现代建筑物的复杂程度大多超过参与人员本身的能力极限,BIM 及与其配套的各种优化工具提供了对复杂项目进行优化的可能。基于 BIM 的优化可以做下面的工作。

1)项目方案优化:把项目设计和投资回报分析结合起来,设计变化对投资回报的影响可以实时计算出来;这样业主对设计方案的选择就不会主要停留在对形状的评价上,而更多地可以使得业主知道哪种项目设计方案更有利于自身的需求。

2)特殊项目的设计优化:例如,裙楼、幕墙、屋顶、大空间到处可以看到异形设计,这些内容看起来占整个建筑的比例不大,但是占投资和工作量的比例和前者相比却往往要大得多,而且通常也是施工难度比较大和施工问题比较多的地方,对这些内容的设计施工方案进行优化,可以带来显著的工期和造价改进。

(5)可出图性。BIM 并不是为了出大家日常多见的建筑设计院所出的建筑设计图纸,及一些构件加工的图纸,而是通过对建筑物进行了可视化展示、协调、模拟、优化以后,可以帮助业主出如下图纸:

1)综合管线图(经过碰撞检查和设计修改,消除了相应错误以后);

2)综合结构留洞图(预埋套管图);

3)碰撞检查侦错报告和建议改进方案。

(6)一体化性。基于 BIM 技术可进行从设计到施工再到运营贯穿了工程项目的全生命周期的一体化管理。BIM 的技术核心是一个由计算机三维模型所形成的数据库,不仅包含了建筑的设计信息,而且可以容纳从设计到建成使用,甚至是使用周期终结的全过程信息。

(7)参数化性。参数化建模指的是通过参数而不是数字建立和分析模型,简单地改变模型中的参数值就能建立和分析新的模型;BIM 中图元是以构件的形式出现,这些构件之间的不同,是通过参数的调整反映出来的,参数保存了图元作为数字化建筑构件的所有信息。

(8)信息完备性。信息完备性体现在 BIM 技术可对工程对象进行 3D 几何信息和拓扑关系的描述,以及完整的工程信息描述。

由上述内容,我们可以大体了解 BIM 的相关内容。BIM 在世界很多国家已经有比较成熟的

BIM 标准或者制度。BIM 在我国建筑市场内要顺利发展，必须将 BIM 和国内的建筑市场特色相结合，才能够满足国内建筑市场的特色需求，同时 BIM 将会给国内建筑业带来一次巨大变革。

3. Revit 软件

Revit 是 Autodesk 公司一套系列软件的名称。Revit 系列软件是专为建筑信息模型（BIM）构建的，可帮助建筑设计师设计、建造和维护质量更好、能效更高的建筑。

Revit 是我国建筑业 BIM 体系中使用最广泛的软件之一。

Revit 作为一种应用程序，它提供了 Revit Architecture、Revit MEP 和 Revit Structure 软件的功能。

Revit Architecture 软件可以按照建筑师和设计师的思考方式进行设计，因此，可以提供更高质量、更加精确的建筑设计。建筑设计通过使用专为支持建筑信息模型工作流而构建的工具，可以获取并分析概念，并可通过设计、文档和建筑保用户的视野。强大的建筑设计工具可帮助用户捕捉和分析概念，以及保持从设计到建筑的各个阶段的一致性。

Revit MEP 软件向暖通、电气和给水排水（MEP）工程师提供工具，可以设计最复杂的建筑系统。MEP 工程设计使用信息丰富的模型在整个建筑生命周期中支持建筑系统，可对暖通、电气和给水排水进行设计和分析高效的建筑系统以及为这些系统编档。

Revit Structure 软件为结构工程师和设计师提供了工具，可以更加精确地设计和建造高效的建筑结构。

为支持建筑信息建模（BIM）而构建的 Revit 可帮助用户使用智能模型，通过模拟和分析深入了解项目，并在施工前预测性能。使用智能模型中固有的坐标和一致信息，可提高文档设计的精确度。专为结构工程师构建的工具可帮助用户更加精确地设计和建筑高效的建筑结构。

（三）工程项目管理系统 PKPM

工程项目管理系统 PKPM 是由中国建筑科学研究院与中国建筑业协会工程项目管理委员会共同开发的一体化施工项目管理软件。它以工程数据库为核心，以施工管理为目标，针对施工企业的特点而开发。

(1) 标书制作及管理软件，可提供标书全套文档编辑、管理、打印功能，根据投标所需内容，可从模板素材库、施工资料库、常用图库中，选取相关内容，任意组合，自动生成规范的标书及标书附件或施工组织设计。还可导入其他模块生成的各种资源图表和施工网络计划图以及施工平面图。

(2) 施工平面图设计及绘制软件，提供了临时施工的水、电、办公、生活、仓储等计算功能，生成图文并茂的计算书供施工组织设计使用，还包括从已有建筑生成建筑轮廓，建筑物布置，绘制内部运输道路和围墙，绘制临时设施（水电）工程管线、仓库与材料堆场、加工厂与作业棚、起重机与轨道，标注各种图例符号等。该软件还可提供自主版权的通用图形平台，并可利用平台完成各种复杂的施工平面图。

(3) 项目管理软件。项目管理软件是施工项目管理的核心模块，它具有很高的集成性，行业上可以和设计系统集成，施工企业内部可以同施工预算、进度、成本等模块数据共享。该软件以《建设工程项目管理规范》（GB/T 50326）为依据进行开发，软件自动读取预算数据，生成工序、确定资源、完成项目的进度、成本计划的编制，生成各类资源需求量计划、成本降低计划、施工作业计划以及质量安全责任目标，通过网络计划技术、多种优化、流水作业方案、进度报表、前锋线等手段实施进度的动态跟踪与控制，通过质量测评、预控及通病防治实施质量控制。

其功能和特点如下：

1) 按照项目管理的主要内容，实现四控制（进度、质量、成本、安全）、三管理（合同、现场、信息)、一提供(为组织协调提供数据依据)的项目管理软件。

2)提供了多种自动建立施工工序的方法。

3)根据工程量、工作面和资源计划安排及实施情况自动计算各工序的工期、资源消耗、成本状况,换算日历时间,找出关键路径。

4)可同时生成横道图、单代号网络图、双代号网络图和施工日志。

5)具有多级子网功能,可处理各种复杂工程,有利于工程项目的微观和宏观控制。

6)能自动布图,能处理各种搭接网络关系、中断和强制时限。

7)自动生成各类资源需求曲线等图表,具有所见即所得的打印输出功能。

8)系统提供了多种优化、流水作业方案及里程碑功能实现进度控制。

9)通过前锋线功能动态跟踪与调整实际进度,及时发现偏差并采取调整措施。

10)利用三算对比、国际上通行的赢得值原理进行成本的跟踪与动态调整。

11)对于大型、复杂及进度、计划等都难以控制的工程项目,可采用国际上流行的"工作包"管理控制模式。

12)可对任意复杂的工程项目进行结构分解,在工程项目分解的同时,对工程项目的进度、质量、成本、安全目标等进行了分解,并形成结构树,使得管理控制清晰,责任目标明确。

13)利用严格的材料检验、监测制度,工艺规范库,技术交底、预检、隐蔽工程验收、质量预控专家知识库进行质量保证;统计分析"质量验评"结果,进行质量控制。

14)利用安全技术标准和安全知识库进行安全设计和控制。

15)可编制月度、旬作业计划,技术交底,收集各种现场资料等进行现场管理。

16)利用合同范本库签订合同和实施合同管理。

(四)清华斯维尔项目管理软件

清华斯维尔项目管理软件是将网络计划及优化技术应用于建设项目的实际管理中,以国内建设行业普遍采用的横道图双代号时标网络图作为项目进度管理与控制的主要工具。通过挂接各类工程定额实现对项目资源、成本的精确分析与计算。不仅能够从宏观上控制工期、成本,还能从微观上协调人力、设备、材料的具体使用。

1. 软件的特点

(1)遵循规范。软件设计严格遵循《工程网络计划技术规程》(JGJ/T 121)、《网络计划技术》(GB/T 13400.1~3)等国家标准,提供单起单终、过桥线、时间参数双代号网络图等重要功能。

(2)灵活实用。系统提供"所见即所得"的矢量图绘制方式及全方位的图形属性自定义功能,与 Word 等常用软件的数据交互,极大地增强了软件的灵活性。

(3)控制方便。可以方便地进行任务分解,建立完善的大纲任务结构与子网络,实现项目计划的分级控制与管理。

(4)制图高效。系统内图表类型丰富实用,并提供拟人化操作模式,制作网络图快速精美,智能生成施工横道图、单代号网络图、双代号时标网络图、资源管理曲线等各类图表,智能流水、搭接、冬歇期、逻辑网络图等功能更好地满足实际绘图与管理的需要。

(5)接口标准。该软件提供对 Ms Project 项目数据接口,确保快捷、安全地进行数据交换并智能生成双代号网络图;可输出图形为 AutoCAD. Emf 通用图形格式。

(6)输出精美。满足用户对输出模式和规格的要求,保证图表输出美观、规范,并可以导出到 Excel 进行二次调整处理。

2. 软件的功能

(1)项目管理。以树型结构的层次关系组织实际项目并允许同时打开多个项目文件进行操作。

(2)编辑处理。可随时插入、修改、删除、添加任务,实现或取消任务间的四类逻辑关系,进行升级或降级的子网操作,以及任务查找等功能。

(3)数据录入。可方便地选择在图形界面或表格界面中完成各类任务信息的录入工作。

(4)视图切换。可随时选择在横道图、双代号、单代号、资源曲线等视图界面间进行切换,从不同角度观察、分析实际项目。同时在一个视图内进行数据操作时,其他视图动态适时的改变。

(5)图形处理。能够对网络图、横道图进行放大、缩小、拉长、缩短、鹰眼、全图等显示,以及对网络图的各类属性进行编辑等操作。

(6)数据管理与接口。实现项目数据的备份与恢复,Ms Project 项目数据的导入与导出、AutoCAD 图形文件输出,Emf 图形输出等操作。

(7)图表打印。可方便地打印出施工横道图、单代号网络图、双代号网络图、资源需求曲线图、关键任务表、任务网络时阅参数计算表等多种图表。

综合训练题

一、单项选择题

1. 信息是( )。
   A. 情报　　　　B. 对数据的解释　　　　C. 数据　　　　D. 载体
2. 建设工程信息流由( )组成。
   A. 建设各方的数据流
   B. 建设各方的信息流
   C. 建设各方的数据流综合
   D. 建设各方各自的信息流综合
3. 基于互联网的建筑项目信息管理系统功能分为( )。
   A. 电子商务功能
   B. 文档管理功能
   C. 基本功能和扩展功能
   D. 通知与桌面管理功能
4. 基于互联网的建筑工程信息管理系统的特点有( )等。
   A. 用户是建设单位的承包单位
   B. 用户包括政府、监理单位、材料供应商
   C. 用户是建设工程的所有参与单位
   D. 用户依靠政府建设主管部门的网站
5. 建筑工程项目管理软件分为综合进度计划管理软件和( )两大类。
   A. 面向大型、复杂工程项目的项目管理软件
   B. 合同事务管理与费用控制管理软件
   C. 对各阶段进行集成的管理软件
   D. 多功能集成项目管理软件
6. 从项目管理软件适用的工程对象来划分,有( )。
   A. 适用于某个阶段的特殊用途的项目管理软件
   B. 面向大中小型项目、复杂工程项目和企业事务管理项目的项目管理软件
   C. 网络计划管理软件
   D. 费用控制管理软件

二、多项选择题

1. 信息的特点有( )等。
   A. 真实性　　　　B. 系统性　　　　C. 有效性　　　　D. 不完全性

E. 时效性　　　　　　　F. 适用性
2. 建筑工程项目信息工作原则有(　　)等。
   A. 适用性　　　B. 可扩充性　　　C. 标准化　　　D. 时效性
   E. 定量化　　　F. 简单性
3. 建筑工程信息管理的基本环节包括(　　)。
   A. 信息的收集、传递　　　　　　B. 信息的加工、整理
   C. 信息的检索、存储　　　　　　D. 数据和信息的收集、传递
   E. 数据和信息的加工、整理　　　F. 数据和信息的检索、存储
4. 在施工实施期,要收集的信息包括(　　)等。
   A. 施工单位人员、设备能源　　　B. 原材料等供应、使用、保管
   C. 设计文件图纸、概预算　　　　D. 项目经理管理程序
   E. 相关法律、法规、规章、规范、规程　　F. 施工期气象中长期趋势
5. 建筑工程信息管理系统的基本功能包括(　　)。
   A. 进度控制　　　　　　　　　　B. 编制进度计划
   C. 投资控制　　　　　　　　　　D. 项目结算与预算、合同价的对比分析
   E. 质量控制　　　　　　　　　　F. 项目建设的质量要求和质量标准的制订
   G. 合同管理　　　　　　　　　　H. 提供和选择标准的合同文本
6. 建筑工程项目信息管理的基本任务是(　　)。
   A. 组织项目基本情况的信息,并系统化,编制项目手册
   B. 规定项目报告及各种资料的基本要求
   C. 按照项目实施、项目组织、项目管理工作过程建立项目管理信息系统流程,在实际工作中保证这个系统正常运行,并控制信息流
   D. 决定提供的信息和数据介质
   E. 决定分发信息的类型
7. 基于互联网的建筑工程信息管理系统的特点包括(　　)。
   A. 提供各种管理报表
   B. 经济法规库的查询
   C. 项目投资的各类数据查询
   D. 以企业内部网 Extrdenet 等作为信息交换平台
   E. 用户是建筑工程的所有参与单位
   F. 主要功能是项目信息的共享和传递,基本功能是对项目信息进行管理
8. 基于互联网的建筑工程项目信息管理系统的扩展功能包括(　　)。
   A. 多媒体的信息交互　　　　　　B. 在线项目管理
   C. 电子商务功能　　　　　　　　D. 网站管理与报告
   E. 工作流管理　　　　　　　　　F. 资料的管理

三、简答题
1. 建筑工程项目信息管理的目的是什么?
2. 信息管理部门的工作任务是什么?
3. 建筑工程项目信息如何分类?
4. 建筑工程项目信息编码的方法有哪些?
5. 项目管理信息系统的功能是什么?

项目八　建筑工程项目风险管理

任务单元一　建筑工程项目风险管理概述

一、风险及工程风险基本知识

古人云："天有不测风云"，意味着生存就可能会面临灾祸，提醒我们要有风险意识，要对世界事物不确定性和风险性有一定程度的认识。常言道："风险无处不在，风险无时不有""风险会带来灾难，风险与机会并存"。这说明风险的客观性和存在的普遍性。同时揭示了风险的灾难性，但事物要发展，必须能够面对失败的威胁，不冒任何风险是不可能取得成功的。

(一)风险的概念

风险源于法文的 rispue，17 世纪中叶被引入到英文 risk。关于风险的定义很多，最基本的表达是：在给定情况下和特定时间内，那些可能发生的结果之间的差异，差异越大则风险越大。另一个具有代表性的定义为：不利事件发生的不确定性，认为风险是不期望发生事件的客观不确定性。它具有消极的不良后果，它的发生具有潜在的可能性。对建设工程项目管理而言，风险是指可能出现的影响项目目标实现的不确定因素。

(二)风险的要素

风险的要素主要包括风险因素、风险事件、损失、损失机会。

1. 风险因素(Hazard)

风险因素是指能产生或增加损失概率和损失程度的条件或因素，是风险事件发生的潜在原因，是造成损失的内在或间接原因。通常，风险因素可分为以下三种：

(1)自然风险因素(Physical Hazard)。该风险因素是指有形的，并能直接导致某种风险的事物，如冰雪路面、汽车发动机性能不良或制动系统故障等均可能引发车祸而导致人员伤亡。

(2)道德风险因素(Moral Hazard)。该风险因素是无形的因素，与人的品德修养有关，如人的品质缺陷或欺诈行为。

(3)心理风险因素(Morale Hazard)。该风险因素也是无形的因素，与人的心理状态有关。例如，投保后疏于对损失的防范，自认为身强力壮而不注意健康。

2. 风险事件(Peril)

风险事件是指造成损失的偶发事件，是造成损失的外在原因或直接原因，如失火、雷电、地震、偷盗、抢劫等事件。要注意把风险事件与风险因素区别开来，例如，汽车的制动系统失灵导致车祸中人员伤亡，这里制动系统失灵是风险因素，而车祸是风险事件。不过有时两者很难区别。

3. 损失

损失是指非故意的、非计划的和非预期的经济价值的减少，通常以货币单位来衡量。损失一般可分为直接损失和间接损失两种，也有的学者将损失分为直接损失、间接损失和隐蔽损失三种。其实，在对损失后果进行分析时，对损失如何分类并不重要，重要的是要找出一切已经发生和可能发生的损失，尤其是对间接损失和隐蔽损失要进行深入分析，其中有些损失是长期起作用的，是难以在短期内弥补和扭转的，即使做不到定量分析，至少也要进行定性分析，以便对损失后果有一个比较全面而客观的估计。

4. 损失机会

损失机会是指损失出现的概率。概率分为客观概率和主观概率两种。

客观概率是某事件在长时期内发生的频率。客观概率的确定主要有以下3种方法：一是演绎法。例如，掷硬币每一面出现的概率各为1/2，掷骰子每一面出现的概率为1/6。二是归纳法。例如，60岁人比70岁人在5年内去世的概率小，木结构房屋比钢筋混凝土结构房屋失火的概率大。三是统计法，即根据过去的统计资料的分析结果所得出的概率。根据概率论的要求，采用这种方法时，需要有足够多的统计资料。

主观概率是个人对某事件发生可能性的估计。主观概率的结果受到很多因素的影响，如个人的受教育程度、专业知识水平、实践经验等，还可能与年龄、性别、性格等有关。因此，如果采用主观概率，应当选择在某一特定事件方面专业知识水平较高、实践经验较为丰富的人来估计。对于工程风险的概率，在统计资料不够充分的情况下，以专家作出的主观概率代替客观概率是可行的，必要时可综合多个专家的估计结果。

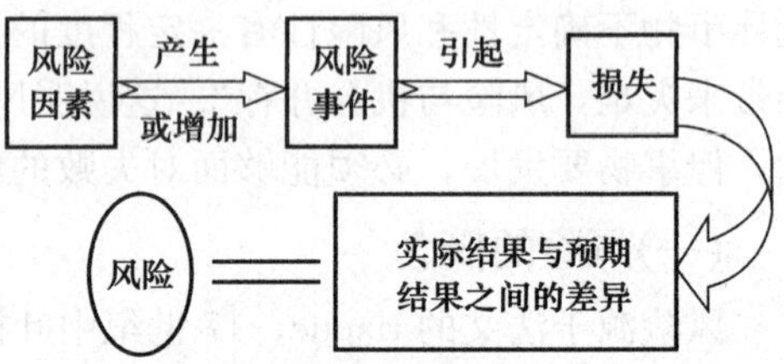

风险因素、风险事件、损失与风险之间的关系如图8-1所示。

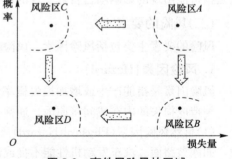

图8-1 风险因素、风险事件、损失与风险之间的关系图

(三) 风险量和风险等级

风险量反映不确定的损失程度和损失发生的概率。若某个可能发生的事件其可能的损失程度和发生的概率都很大，则其风险量就很大，如图8-2所示的风险区 A。若某事件经过风险评估，它处于风险区 A，则应采取措施，降低其概率，使它移位至风险区 B 或采取措施降低其损失量，使它移位至风险区 C。风险区 B 和 C 的事件则应采取措施，使其移位至风险区 D。

图8-2 事件风险量的区域

在《建设工程项目管理规范》(GB/T 50326)的条文说明中所列风险等级评估见表8-1。

表8-1 风险等级评估

风险等级 后果 可能性	轻度损失	中度损失	重度损失
很大	III	IV	V
中等	II	III	IV
极小	I	II	III

按表 8-1 的风险等级划分，图 8-2 中的各风险区的风险等级如下：
(1)风险区 A——Ⅴ等风险；
(2)风险区 B——Ⅲ等风险；
(3)风险区 C——Ⅲ等风险；
(4)风险区 D——Ⅰ等风险。

在风险等级评估表中，我们把风险的发生概率进行了细化，分为 3 个级别：极小、中等、很大。损失程度同样也划分为 3 个级别：轻度、中度、重度。

两个指标均最小，定为Ⅰ级风险；两个指标均最大，定为Ⅴ级风险。

那么对应Ⅳ级风险的描述是：3 级概率，2 级损失，或者是 2 级概率，3 级损失。也就是 A 和 C 之间，或者 A 和 B 之间都是Ⅳ级风险。

【例 8-1】某项目采用固定价格合同，对于承包商来说，如果估计价格上涨的风险发生可能性为中等，估计如果发生所造成的损失属于重大损失，则此种风险的等级应评为(　　)等风险。
A. Ⅱ　　　　　　　B. Ⅲ　　　　　　　C. Ⅳ　　　　　　　D. Ⅴ
答案：C

【解】这个题目里的描述，发生概率中等，即为 2 级概率，损失程度重大，即为 3 级损失，那么风险等级应该为Ⅳ级风险。答案是 C。

(四)风险的分类

风险可根据不同的角度进行分类，常见的风险分类方式有以下几种。

1. 按风险的后果分类

按风险所造成的不同后果可将风险分为纯风险和投机风险。

纯风险是指只会造成损失而不会带来收益的风险。例如，自然灾害，一旦发生，将会导致重大损失，甚至人员伤亡，如果不发生，只是不造成损失而已，但不会带来额外的收益。此外，政治、社会方面的风险一般也都表现为纯风险。

投机风险则是指既可能造成损失也可能创造额外收益的风险。例如，一项重大投资活动可能因决策错误或因遇到不测事件而使投资者蒙受灾难性的损失，但如果决策正确，经营有方或赶上大好机遇，则有可能给投资人带来巨额利润。投机风险具有极大的诱惑力，人们常常注意其有利可图的一面，忽视其带来厄运的可能。

纯风险和投机风险两者往往同时存在。例如，房产所有人就同时面临纯风险，如财产损坏，和投机风险，如经济形势变化所引起的房产价值的升降。

纯风险与投机风险还有一个重要区别。在相同的条件下，纯风险重复出现的概率较大，表现出某种规律性。因而人们可能较成功地预测其发生的概率，从而相对容易采取防范措施。而投机风险则不然，其重复出现的概率较小，所谓"机不可失，时不再来"，因而预测的准确性相对较差，也就较难防范。

2. 按风险产生的原因分类

按风险产生的不同原因可将风险分为政治风险、社会风险、经济风险、自然风险、技术风险等。其中，经济风险的界定可能会有一定的差异。例如，有的学者将金融风险作为独立的一类风险来考虑。另外，需要注意的是，除自然风险和技术风险是相对独立的之外，政治风险、社会风险和经济风险之间存在一定的联系，有时表现为相互影响，有时表现为因果关系，难以截然分开。

3. 按风险的影响范围分类

按风险的影响范围大小可将风险分为基本风险和特殊风险。

基本风险是指作用于整个经济或大多数人群的风险，具有普遍性，如战争、自然灾害、高通胀率等。显然，基本风险的影响范围大，其后果严重。

特殊风险是指仅作用于某一特定单体，如个人或企业的风险，不具有普遍性。例如，偷车、抢银行、房屋失火等。特殊风险的影响范围小，虽然就个体而言，其损失有时也相当大，但相对于整个经济而言，其后果不严重。

二、建筑工程风险与风险管理

(一)建筑工程风险

对建筑工程风险的认识，要明确两个基本点：

(1)建筑工程风险大。建筑工程建设周期持续时间长，所涉及的风险因素和风险事件多。对建筑工程的风险因素，最常用的是按风险产生的原因进行分类，即将建设工程的风险因素分为政治、社会、经济、自然、技术等因素。这些风险因素都会不同程度地作用于建设工程，产生错综复杂的影响。同时，每一种风险因素又都会产生许多不同的风险事件。这些风险事件虽然不会都发生，但总会有风险事件发生。总之，建筑工程风险因素和风险事件发生的概率均较大，其中有些风险因素和风险事件的发生概率很大。这些风险因素和风险事件一旦发生，往往造成比较严重的损失后果。

明确这一点，有利于确立风险意识，只有从思想上重视建筑工程的风险问题，才有可能对建筑工程风险进行主动的预防和控制。

(2)参与工程建设的各方均有风险，但各方的风险不尽相同。工程建设各方所遇到的风险事件有较大的差异，即使是同一风险事件，对建筑工程不同参与方的后果有时迥然不同。

例如，同样是通货膨胀风险事件，在可调价格合同条件下，对业主来说是相当大的风险，而对承包商来说则风险很小。其风险主要表现在调价公式是否合理。但是，在固定总价合同条件下，对业主来说就不是风险，而对承包商来说是相当大的风险，其风险大小还与承包商在报价中所考虑的风险费或不可预见费的数额或比例有关。

(二)建筑工程风险管理目标

建筑工程项目风险管理目标应该与企业的总目标相一致，随着企业的环境和特有属性的发展变化而不断调整、改变，力求与之相适应。表8-2列举了适应企业不同条件时的风险管理目标。

表8-2 建筑工程项目风险管理目标

阶段	企业环境及目标	项目风险管理目标
初创阶段	(1)企业初创，规模较小，影响力较小； (2)急需获取项目，以微利维持生存； (3)急需开拓新的(国内其他地区或国际)市场	(1)维持生存、避免经营中断； (2)稳定收入、安定局面； (3)坚持诚信原则
发展阶段	(1)具有一定规模和竞争能力； (2)需要进一步拓宽业务和提升知名度； (3)靠实力和品牌获取项目，利润目标高	(1)降低风险管理成本、提高利润； (2)树立信誉、扩大影响； (3)拓宽业务渠道、扩大市场占有率
垄断阶段	(1)有较大的市场占有率和较高的知名度； (2)与强手对全较量，有很强的竞争优势击败对手； (3)目标是垄断市场、创造更大的经济和社会效益	(1)重点控制和管理纯风险； (2)完善对投机风险的预防和利用措施，敢于冒一定的风险，以获取更大收益

(三)建筑工程项目的主要风险

业主方和其他项目参与方都应建立风险管理体系，明确各层管理人员的相应管理责任，以减少项目实施过程中的不确定因素对项目的影响。建筑工程项目风险是影响施工项目目标实现的事先不能确定的内外部的干扰因素及其发生的可能性。施工项目一般都是规模大、工期长、关联单位多、与环境接口复杂，包含着大量的风险，其主要风险见表8-3。

表8-3 建筑工程项目的主要风险

分类依据	风险种类	内容
风险原因	自然风险	(1)自然力的不确定性变化给施工项目带来的风险，如地震、洪水、沙尘暴等； (2)未预测到的施工项目的复杂水文地质条件、不利的现场条件、恶劣的地理环境等，使交通运输受阻，施工无法正常进行，造成人财损失等风险
	社会风险	社会治安状况、宗教信仰的影响、风俗习惯、人际关系及劳动者素质等形成的障碍或不利条件给项目施工带来的风险
	政治风险	国家政治方面的各种事件和原因给项目施工带来意外干扰的风险。如战争、政变、动乱、恐怖袭击、国际关系变化、政策多变、权力部门专制和腐败等
	法律风险	(1)法律不健全、有法不依、执法不严，相关法律内容变化给项目带来的风险； (2)未能正确、全面地理解有关法规，施工中发生触犯法律行为被起诉和处罚的风险
	经济风险	项目所在国或地区的经济领域出现的或潜在的各种因素变化，如经济政策的变化、产业结构的调整、市场供求变化带来的风险。如汇率风险、金融风险
	管理风险	经营者因不能适应客观形势的变化，或因主观判断失误，或因对已发生的事件处理不当而带来的风险。包括财务风险、市场风险、投资风险、生产风险等
	技术风险	(1)由于科技进步、技术结构及相关因素的变动给施工项目技术管理带来的风险； (2)由于项目所处施工条件或项目复杂程度带来的风险； (3)施工中采用新技术、新工艺、新材料、新设备带来的风险
风险的行为主体	承包商	(1)企业经济实力差，财务状况恶化，处于破产境地，无力采购和支付工资； (2)对项目环境调查、预测不准确，错误理解业主意图和招标文件，投标报价失误； (3)项目合同条款遗漏、表达不清，合同索赔管理工作不力； (4)施工技术、方案不合理，施工工艺落后，施工安全措施不当； (5)工程价款估算错误、结算错误； (6)没有适合的项目经理和技术专家，技术、管理能力不足，造成失误，工程中断； (7)项目经理部没有认真履行合同和保证进度、质量、安全、成本目标的有效措施； (8)项目经理部初次承担施工技术复杂的项目，缺少经验，控制风险能力差； (9)项目组织结构不合理、不健全，人员素质差，纪律涣散，责任心差； (10)项目经理缺乏权威，指挥不力； (11)没有选择好合作伙伴(分包商、供应商)，责任不明，产生合同纠纷和索赔
	业主	(1)经济实力不强，抵御施工项目风险能力差； (2)经营状况恶化，支付能力差或撤走资金，改变投资方向或项目目标； (3)缺乏诚信，不能履行合同；不能及时交付场地、供应材料、支付工程款； (4)管理能力差，不能很好地与项目相关单位协调沟通，影响施工顺利进行； (5)业主违约、苛刻刁难，发出错误指令，干扰正常施工活动
	监理工程师	(1)起草错误的招标文件、合同条件； (2)管理组织能力低，不能正确执行合同，下达错误指令，要求苛刻； (3)缺乏职业道德和公正性
	其他方面	(1)设计内容不全，有错误、遗漏，或不能及时交付图纸，造成返工或延误工期； (2)分包商、供应商违约，影响工程进度、质量和成本； (3)中介人的资信、可靠性差，水平低难以胜任其职，或为获私利不择手段； (4)权力部门(主管部门、城市公共部门：水、电)的不合理干预和个人需求； (5)施工现场周边居民、单位的干预

续表

分类依据	风险种类	内容
风险对目标的影响	工期风险	造成局部或整个工程的工期延长，项目不能及时投产
	费用风险	包括报价风险、财务风险、利润降低、成本超支、投资追加、收入减少等
	质量风险	包括材料、工艺、工程不能通过验收、试生产不合格，工程质量评价为不合格
	信誉风险	造成对企业形象和信誉的损害
	安全风险	造成人身伤亡，工程或设备的损坏

(四)建筑工程风险管理过程

风险管理是为了达到一个组织的既定目标，而对组织所承担的各种风险进行管理的系统过程，其采取的方法应符合公众利益、人身安全、环境保护以及有关法规的要求。风险管理包括策划、组织、领导、协调和控制等方面的工作。建筑工程风险管理在这一点上并无特殊性。风险管理应是一个系统的、完整的过程。本书将建筑工程风险管理过程划分为五部分，这五部分是一个系统的完整的过程，也是一个循环的过程，如图 8-3 所示。

建筑工程风险的其他分类

从图中我们可以看到风险管理包括风险识别、风险估计、风险评价、风险防范和监控、风险决策五方面。它是一个系统的过程，处于不断变化的动态之中，也是一个动态的管理过程对项目风险进行管理的前提，

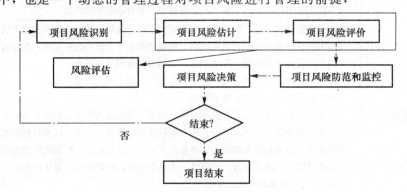

图 8-3　建筑工程项目风险管理过程

把风险控制在系统之内，在不断变化的过程中进行管理。

工程项目风险管理贯穿于工程项目实现的全过程，对于工程项目的承包方，从准备投标开始直到保修期结束。在整个过程中，因各阶段存在的风险因素不同，风险产生的原因不同，管理的主要责任者、管理方法手段也会有所区别，在项目经理承接该项目之前，风险管理的责任主要集中于企业管理层，并主要是从项目宏观上进行风险管理，而工程项目一旦交由项目经理负责后，项目风险管理的主要责任就落实到项目经理以及项目经理所组建的项目团队。

但无论谁是项目风险管理的主要责任人，对于项目整体，都要贯彻全员风险管理意识。

【例 8-2】　下列有关风险的说法不正确的是(　　)。
A. 损失可分为直接损失、间接损失和隐蔽损失
B. 道德风险因素为无形的因素，与人的品德修养有关
C. 风险事件和风险因素两者几乎一样

D. 自然风险因素系指有形的，并能直接导致某种风险的事物

答案：C

【例8-3】 某企业承接了一大型水坝施工任务，但企业有该类项目施工经验的人员较少，大部分管理人员缺乏经验，这类属于建设工程风险类型中的（　　）。

A. 组织风险　　　　　　　　　　　　B. 经济与管理风险
C. 工程环境风险　　　　　　　　　　D. 技术风险

答案：A

任务单元二　建筑工程项目风险识别

一、风险识别的特点和原则

(一)风险识别的特点

(1)个别性。任何风险都有与其他风险不同之处，没有两个风险是完全一致的。不同类型建设工程的风险不同自不必说，而同一建设工程如果建造地点不同，其风险也不同，即使是建造地点确定的建设工程，如果由不同的承包商承建，其风险也不同。因此，虽然不同建设工程风险有不少共同之处，但一定存在不同之处，在风险识别时尤其要注意这些不同之处，突出风险识别的个别性。

(2)主观性。风险识别都是由人来完成的，由于个人的专业知识水平，包括风险管理方面的知识、实践经验等方面的差异，同一风险由不同的人识别的结果就会有较大的差异。风险本身是客观存在，但风险识别是主观行为。在风险识别时，要尽可能减少主观性对风险识别结果的影响。要做到这一点，关键在于提高风险识别的水平。

(3)复杂性。建设工程所涉及的风险因素和风险事件均很多，而且关系复杂、相互影响，这给风险识别带来很强的复杂性。因此，建设工程风险识别对风险管理人员要求很高，并且需要准确、详细的依据，尤其是定量的资料和数据。

(4)不确定性。这一特点可以说是主观性和复杂性的结果。在实践中，可能因为风险识别的结果与实际不符而造成损失，这往往是由于风险识别结论错误导致风险对策决策错误而造成的。由风险的定义可知，风险识别本身也是风险。因而避免和减少风险识别的风险也是风险管理的内容。

(二)风险识别的原则

(1)由粗及细，由细及粗。由粗及细是指对风险因素进行全面分析，并通过多种途径对工程风险进行分解，逐渐细化，以获得对工程风险的广泛认识，从而得到工程初始风险清单。而由细及粗是指从工程初始风险清单的众多风险中，根据同类建设工程的经验以及对拟建建设工程具体情况的分析和风险调查，确定那些对建设工程目标实现有较大影响的工程风险。作为主要风险，即作为风险评价以及风险对策决策的主要对象。

(2)严格界定风险内涵并考虑风险因素之间的相关性。对各种风险的内涵要严格加以界定，不要出现重复和交叉现象。另外，还要尽可能考虑各种风险因素之间的相关性。如主次关系、因果关系、互斥关系、正相关关系、负相关关系等。应当说，在风险识别阶段考虑风险因素之间的相关性有一定的难度，但至少要做到严格界定风险内涵。

(3)先怀疑，后排除。对于所遇到的问题都要考虑其是否存在不确定性，不要轻易否定或排除某些风险，要通过认真的分析进行确认或排除。

(4)排除与确认并重。对于肯定可以排除和肯定可以确认的风险应尽早予以排除和确认。对于一时既不能排除又不能确认的风险再作进一步的分析，予以排除或确认。最后，对于肯定不能排除但又不能肯定予以确认的风险按确认考虑。

(5)必要时，可作实验论证。对于某些按常规方式难以判定其是否存在，也难以确定其对建设工程目标影响程度的风险，尤其是技术方面的风险，必要时可作实验论证，如抗震实验、风洞实验等。这样做的结论可靠，但要以付出费用为代价。

二、风险识别的过程

在项目的大量错综复杂的施工活动中，首先要通过风险识别系统地、连续地对施工项目主要风险事件的存在、发生时间，及其后果作出定性估计，并形成项目风险清单，使人们对整个项目的风险有一个准确、完整和系统的认识和把握，并作为风险管理的基础。

建筑工程项目风险识别过程如图8-4所示。

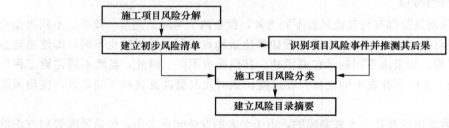

图8-4 风险识别过程框图

1. 施工项目风险分解

施工项目风险分解是确认施工活动中客观存在的各种风险，从总体到细节，由宏观到微观，层层分解，并根据项目风险的相互关系将其归纳为若干个子系统，使人们能比较容易地识别项目的风险。根据项目的特点一般按目标、时间、结构、环境、因素五个维度相互组合分解。

(1)目标维，是按项目目标进行分解，即考虑影响项目费用、进度、质量和安全目标实现的风险的可能性。

(2)时间维，是按项目建设阶段分解，也就是考虑工程项目进展不同阶段(项目计划与设计、项目采购、项目施工、试生产及竣工验收、项目保修期)的不同风险。

(3)结构维，按项目结构(单位工程、分部工程、分项工程等)组成分解，同时相关技术群也能按其并列或相互支持的关系进行分解。

(4)环境维，按项目与其所在环境(自然环境、社会、政治、经济等)的关系分解。

(5)因素维，按项目风险因素(技术、合同、管理、人员等)的分类进行分解。

2. 建立初步项目风险清单

清单中应明确列出客观存在的和潜在的各种风险，应包括各种影响生产率、操作运行、质量和经济效益的各种因素。一般是沿着项目风险的五个维度去寻找，由粗到细，先怀疑、排除后确认，尽量做到全面，不要遗漏重要的风险项目。

3. 识别各种风险事件并推测其结果

根据初步风险清单中列出的各种重要的风险来源，通过收集数据、案例、财务报表分析、专家咨询等方法，推测与其相关联的各种风险结果的可能性，包括营利或损失、人身伤害、自然灾害、时间和成本、节约或超支等方面，重点是资金的财务结果。

4. 进行施工项目风险分类

通过对风险进行分类可以加深对风险的认识和理解，辨清风险的性质和某些不同风险事件之间的关联，有助于制定风险管理目标。

施工项目风险常见的分类方法是以由 6 个风险目录组成的框架形式，每个目录中都列出不同种类的典型风险，然后针对各个风险进行全面检查，这样既能尽量避免遗漏，又可得到一目了然的效果。详见表 8-4。

表 8-4 施工项目风险分类

风险目录	典型的风险
不可预见损失	洪水、地震、火灾、狂风、闪电、塌方
有形损失	结构破坏、设备损坏、劳务人员伤亡、材料或设备发生火灾或被盗窃
财务和经济	通货膨胀、能否得到业主资金、汇率浮动、分包商的财务风险
政治和环境	法律法规变化、战争和内乱、注册和审批、污染和安全规则、没收、禁运
设计	设计失误、遗漏、错误；图纸不全、交付不及时
与施工有关事件	气候、劳务争端和罢工、劳动生产率、不同现场条件、工作失误、设计变更、设备缺陷

5. 建设风险目录摘要

风险目录摘要是将施工项目可能面临的风险汇总并排列出轻重缓急的表格。它能使全体项目人员对施工项目的总体风险有一个全局的印象，每个人不仅考虑自己所面临的风险，而且还能自觉地意识到项目其他方面的风险，了解项目中各种风险之间的联系和可能发生的连锁反应。风险目录摘要的格式见表 8-5。

表 8-5 风险目录摘要

项目名称		
评 述 日 期 负责人		
风险事件	风险事件摘要	风险条件变量

通过风险识别最后建立风险目录摘要，其内容可供风险管理人员参考。但是，由于人们认识的局限性，风险目录摘要不可能完全准确、全面，特别是风险自身的不确定性，决定了风险识别的过程应该是一个动态的连续过程，最后所形成的风险目录摘要也应随着施工的进展、施工项目内外部条件的变化，以及风险的演变而在不断地更新、增删，直至项目结束。

三、风险识别的方法

除采用风险管理理论中所提出的风险识别的基本方法之外，对建筑工程风险的识别，还可以根据其自身特点，采用相应的方法。

(一)德尔菲法(Delphi Method)

德尔菲法又名专家调查法，是由20世纪O·赫尔姆和N·达尔克首创，经过T·J·戈尔登和兰德公司的进一步发展，后来被迅速广泛应用的风险辨识方法。德尔菲法采取反馈匿名函的方式，即专家之间不互相讨论，不发生联系，调查人员对所要预测问题征询各专家的看法和意见，进行集中整理和归纳，再匿名反馈给各专家，再次征得意见，再集中，再反馈，通过多次反复征询、归纳及修改，得出稳定意见作为预测的结果。这种方法具有广泛的代表性，不仅适用于建筑工程项目风险的识别阶段，也适用于评价和决策过程。

(二)财务报表分析法(Financial Statement Analysis)

项目财务报表能全面反映项目的财务状况、现金流量和经营成果，为项目分析识别提供数据来源。通过收集和整理项目财务报告数据，风险识别人员能了解项目拥有资产的种类，以寻找这些资产的风险来源；也能了解项目现有资源，以衡量项目的风险承担能力。因此，只要使用恰当，项目财务报表就能成为风险识别的信息渠道。财务报表分析工作除了可以揭示项目未来的收益和风险，还可以检查项目预定的完成计划，考核管理人员的业绩，有利于建立健全合理的管理机制。

财务报表分析的内容主要有：①偿债能力，分析项目的权益结构，估量项目对债务资金的利用度；②资产的营运能力，分析项目资产的分布和周转情况；③营利能力，分析项目的营利情况以及不同年度项目营利水平的变化情况。

(三)WBS(Work Breakdown Structure)工作分解法

WBS是将整个建筑工程项目分解为若干子项目，再分为若干工作和子工作，直至把项目划分到可以密切关注和操作每个任务的程度，使每步工作具有切实的目标，能清晰地反映出其目标的完成程度。将任务分解得越细，心里越有数，越能有条不紊地工作、统筹安排时间。然而，也不是盲目分解，WBS分解的标准有分解后活动结构清晰、集成所有关键因素、包含里程碑和监控点、清楚定义全部活动等。WBS可按产品结构、实施过程、项目所处地域、项目目标、部门、职能等形式来分解任务。

WBS 工作分解法实例

WBS主要有以下三个步骤：①分解工作任务，将整个项目逐渐细分到合适的程度，以便项目的计划、执行和控制；②定义活动之间的依赖关系，活动依赖关系是确定项目关键路径和活动时间的必要条件，取决于工作要求，决定了活动的优先顺序；③分配时间和资源。

(四)初始清单法(Initial inventory method)

如果对每一个建筑工程风险的识别都从头做起，至少有以下三方面缺陷：一是耗费时间和精力多，风险识别工作的效率低；二是由于风险识别的主观性，可能导致风险识别的随意性，其结果缺乏规范性;三是风险识别成果资料不便积累,对今后的风险识别工作缺乏指导作用。因此,为了避免以上缺陷,有必要建立初始风险清单。

通过适当的风险分解方式来识别风险是建立建筑工程初始风险清单的有效途径。对于大型、复杂的建筑工程,首先将其按单项工程、单位工程分解,再对各单项工程、单位工程分别从时间维、目标维和因素维进行分解,可以较容易地识别出建筑工程主要的、常见的风险。从初始风险清单的作用来看,因素维仅分解到各种不同的风险因素是不够的,还应进一步将各风险因素分解到风险事件。

初始清单法在风险识别中的应用

初始风险清单只是为了便于人们较全面地认识风险的存在,而不至于遗漏重要的工程风险,但并不是风险识别的最终结论。在初始风险清单建立后,还需要结合特定建筑工程的具体情况进一步识别风险,从而对初始风险清单作一些必要的补充和修正。为此,需要参照同类建设工程风险的经验数据,若无现成的资料,则要多方收集或针对具体建设工程的特点进行风险调查。

(五)经验数据法

经验数据法也称为统计资料法,即根据已建各类建设工程与风险有关的统计资料来识别拟建建筑工程的风险。不同的风险管理主体都应有自己关于建筑工程风险的经验数据或统计资料。在工程建设领域,可能有工程风险经验数据或统计资料的风险管理主体包括咨询公司,含设计单位、承包商以及长期有工程项目的业主如房地产开发商。由于这些不同的风险管理主体的角度不同、数据或资料来源不同,其各自的初始风险清单一般多少有些差异。

但是,建设工程风险本身是客观事实,有客观的规律性,当经验数据或统计资料足够多时,这种差异性就会大大减小。何况,风险识别只是对建设工程风险的初步认识,还是一种定性分析。因此,这种基于经验数据或统计资料的初始风险清单可以满足对建筑工程风险识别的需要。

例如,根据建设工程的经验数据或统计资料可以得知,减少投资风险的关键在设计阶段,尤其是初步设计以前的阶段。因此,方案设计和初步设计阶段的投资风险应当作为重点进行详细的风险分析,设计阶段和施工阶段的质量风险最大,需要对这两个阶段的质量风险作进一步的分析,施工阶段存在较大的进度风险,需要作重点分析。由于施工活动是由一个个分部分项工程按一定的逻辑关系组织实施的,因此,进一步分析各分部分项工程对施工进度或工期的影响,更有利于风险管理人员识别建设工程进度风险。

(六)风险调查法

由风险识别的个别性可知,两个不同的建筑工程不可能有完全一致的工程风险。因此,在建筑工程风险识别的过程中,花费人力、物力、财力进行风险调查是必不可少的。这既是一项非常重要的工作,也是建筑工程风险识别的重要方法。

风险调查应当从分析具体建筑工程的特点入手,一方面对通过其他方法已识别出的风险,如初始风险清单所列出的风险,进行鉴别和确认。另一方面,通过风险调查有可能发现此前尚未识别出的重要的工程风险。

建筑工程风险识别案例

通常,风险调查可以从组织、技术、自然及环境、经济、合同等方面分析拟建建设工程的特点以及相应的潜在风险。

风险调查并不是一次性的。由于风险管理是一个系统的、完整的循环过程,因而风险调查也应该在建筑工程实施全过程中不断地进行,这样才能了解不断变化的条件对工程风险状态的影响。当然,随着工程实施的进展,不确定性因素越来越少,风险调查的内容也将相应减少，风险调查的重点有可能不同。

对于建筑工程的风险识别来说，仅仅采用一种风险识别方法是远远不够的，一般都应综合采用两种或多种风险识别方法，才能取得较为满意的结果。而且，不论采用何种风险识别方法组合，都必须包含风险调查法。从某种意义上讲，前五种风险识别方法的主要作用在于建立初始风险清单，而风险调查法的作用则在于建立最终的风险清单。

【例8-4】 风险识别的特点有( )。
A. 个别性　　　　B. 客观性　　　　C. 主观性　　　　D. 复杂性
E. 不确定性
答案：ACDE

【例8-5】 在建设工程风险识别过程中的核心工作是( )。
A. 建设工程风险分解　　　　　　　B. 识别建设工程风险因素
C. 识别建设工程风险事件　　　　　D. 进行建设工程风险评价
E. 识别建设工程风险后果
答案：ABCE

【例8-6】 建设工程风险识别的( )可以避免风险识别工作效率低和风险识别主观性的缺陷。
A. 专家调查法　　B. 财务报表法　　C. 经验数据法　　D. 初始清单法
答案：D

任务单元三　建筑工程项目风险评估

一、风险评估

风险评估包括风险估计和风险评价两部分。系统而全面地识别建筑工程风险只是风险管理的第一步，对认识到的工程风险还要作进一步的分析，也就是风险评估。风险评估的主要任务是对施工项目各阶段的风险事件发生概率、后果严重程度、影响范围大小以及发生时间的估计和评价。其作用是为分析整个施工项目风险或某一类风险提供基础，并进一步为制定风险管理计划、风险评价、确定风险应对措施和进行风险监控提供依据。风险评估过程如图8-5所示。

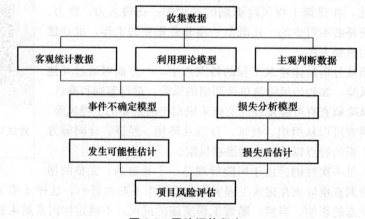

图8-5　风险评估程序

风险评估可以采用定性和定量两大类方法。定性风险评估方法有专家打分法、层次分析法等,其作用在于区分出不同风险的相对严重程度以及根据预先确定的可接受的风险水平,有文献称为"风险度"作出相应的决策。于是从方法上讲,专家打分法和层次分析法有广泛的适用性,并不是风险评价专用的。从广义上讲,定量风险评价方法也有许多种,如敏感性分析、盈亏平衡分析、决策树、随机网络等。

建筑工程风险评估的作用

二、风险量函数

在定量评价建设工程风险时,首要工作是将各种风险的发生概率及其潜在损失定量化,这一工作也称为风险衡量。

为此,需要引入风险量的概念。所谓风险量,是指各种风险的量化结果,其数值大小取决于各种风险的发生概率及其潜在损失。如果以 R 表示风险量,p 表示风险的发生概率,q 表示潜在损失,则 R 可以表示为 p 和 q 的函数,即:

$$R=f(p,q) \tag{8-1}$$

式(8-1)反映的是风险量的基本原理,具有一定的通用性,其应用前提是能通过适当的方式建立关于 p 和 q 的连续性函数。但是,这一点不是很容易做到的。在风险管理理论和方法中,在多数情况下是以离散形式来定量表示风险的发生概率及其损失,因而风险量 R 相应地表示为:

$$R=\sum p_i \cdot q_i \tag{8-2}$$

式(8-2)中,$i=1,2,\cdots,n$,表示风险事件的数量。

与风险量有关的另一个概念是等风险量曲线,就是由风险量相同的风险事件所形成的曲线,如图8-6所示。在图8-6中,R_1、R_2、R_3 为3条不同的等风险量曲线。不同等风险量曲线所表示的风险量大小与其与风险坐标原点的距离成正比,即距原点越近,风险量小。反之,则风险量越大。因此,$R_1<R_2<R_3$。

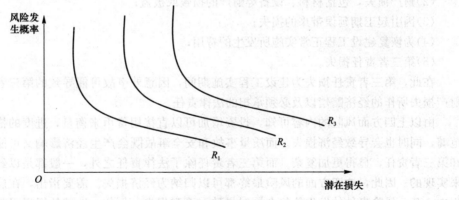

图8-6 等风险量曲线

同时,我们又将风险量分成四个区域,A区、B区、C区、D区,如图8-2所示。

三、风险损失的衡量

风险损失的衡量就是定量确定风险损失值的大小。建筑工程风险损失包括以下几方面。

1. 投资风险

投资风险导致的损失可以直接用货币形式来表现，即法规、价格、汇率和利率等的变化或资金使用安排不当等风险事件引起的实际投资超出计划投资的数额。

2. 进度风险

进度风险导致的损失由以下部分组成：

(1)货币的时间价值。进度风险的发生可能会对现金流动造成影响，在利率的作用下引起经济损失。

(2)为赶上计划进度所需的额外费用。包括加班的人工费、机械使用费和管理费等一切因追赶进度所发生的非计划费用。

(3)延期投入使用的收入损失。这方面损失的计算相当复杂，不仅仅是延误期间内的收入损失，还可能由于产品投入市场过迟而失去商机，从而大大降低市场份额，因而这方面的损失有时是相当巨大的。

3. 质量风险

质量风险导致的损失包括事故引起的直接经济损失，以及修复和补救等措施发生的费用以及第三者责任损失等，可分为以下几个方面：

(1)建筑物、构筑物或其他结构倒塌所造成的直接经济损失；

(2)复位纠偏、加固补强等补救措施和返工的费用；

(3)造成的工期延误的损失；

(4)永久性缺陷对于建设工程使用造成的损失；

(5)第三者责任的损失。

4. 安全风险

安全风险导致的损失包括：

(1)受伤人员的医疗费用和补偿费；

(2)财产损失，包括材料、设备等财产的损毁或被盗；

(3)因引起工期延误带来的损失；

(4)为恢复建设工程正常实施所发生的费用；

(5)第三者责任损失。

在此，第三者责任损失为建设工程实施期间，因意外事故可能导致的第三者的人身伤亡和财产损失所作的经济赔偿以及必须承担的法律责任。

由以上四方面风险的内容可知，投资增加可以直接用货币来衡量，进度的拖延则属于时间范畴，同时也会导致经济损失。而质量事故和安全事故既会产生经济影响又可能导致工期延误和第三者责任，显得更加复杂。而第三者责任除了法律责任之外，一般都是以经济赔偿的形式来实现的。因此，这四方面的风险最终都可以归纳为经济损失。需要指出，在建筑工程实施过程中，某一风险事件的发生往往会同时导致一系列损失。例如，地基的坍塌引起塔式超重机的倒塌，并进一步造成人员伤亡和建筑物的损坏，以及施工被迫停止等。这表明，这一地基坍塌事故影响了建筑工程所有的目标——投资、进度、质量和安全，从而造成相当大的经济损失。

四、风险概率的衡量

衡量建筑工程风险概率有两种方法，相对比较法和概率分布法。一般而言相对比较法主要是依据主观概率，而概率分布法的结果则接近于客观概率。

1. 相对比较法

相对比较法由美国风险管理专家 Richard Prouty 提出，其表示如下：

(1) 几乎是 0，这种风险事件可认为不会发生；

(2) "很小的"，这种风险事件虽有可能发生，但现在没有发生并且将来发生的可能性也不大；

(3) "中等的"，即这种风险事件偶尔会发生，并且能预期将来有时会发生；

(4) "一定的"，即这种风险事件一直在有规律地发生，并且能够预期未来也是有规律地发生。

在这种情况下，可以认为风险事件发生的概率较大。在采用相对比较法时，建筑工程风险导致的损失也将相应划分成重大损失、中等损失和轻度损失，从而在风险坐标上对建设工程风险定位，反映出风险量的大小。

2. 概率分布法

概率分布法可以较为全面地衡量建筑工程风险。因为通过潜在损失的概率分布，有助于确定在一定情况下哪种风险对策或对策组合最佳。概率分布法的常见表现形式是建立概率分布表。为此，需参考外界资料和本企业历史资料。外界资料主要是保险公司、行业协会、统计部门等的资料。但是，这些资料通常反映的是平均数字，且综合了众多企业或众多建设工程的损失经历。因而在许多方面不一定与本企业或本建筑工程的情况相吻合，运用时需作客观分析。本企业的历史资料虽然更有针对性，更能反映建筑工程风险的个别性，但往往数量不够多，有时还缺乏连续性，不能满足概率分析的基本要求。另外，即使本企业历史资料的数量、连续性均满足要求，其反映的也只是本企业的平均水平。在运用时还应当充分考虑资料的背景和拟建建筑工程的特点。由此可见，概率分布表中的数字可能是因工程而异的。

理论概率分布也是风险衡量中所经常采用的一种估计方法。即根据建筑工程风险的性质分析大量的统计数据，当损失值符合一定的理论概率分布或与其近似吻合时，可由特定的几个参数来确定损失值的概率分布。

五、风险衡量方法

1. 风险量等级法

根据等量风险曲线原理，将风险概率分为很小(L)、中等(M)和大(H) 3 个档次，将风险损失分为轻度(L)、中度(M)和重大(H)损失 3 个档次，即风险坐标划分成 9 个区域，于是就有了描述风险量的 5 个等级：①VL(风险量很小)；②L(风险量小)；③M(风险量中等)；④H(风险量大)；⑤VH(风险量很大)，见表 8-6。

表 8-6 风险量等级表

风险概率 p	损失程度 q	风险量 R	等级
很小 L	轻度损失 L		VL

续表

风险概率 p	损失程度 q	风险量 R	等级
中等 M	轻度损失 L		L
大 H	轻度损失 L		M
很小 L	中度损失 M		L
中等 M	中度损失 M		M
大 H	中度损失 M		H
很小 L	重大损失 H		M

续表

风险概率 p	损失程度 q	风险量 R	等级
中等 M	重大损失 H		H
大 H	重大损失 H		VH

2. 风险量计算法

根据风险量计算公式：$R = \sum p_i \cdot q_i$ 可计算出每种风险的期望损失值及多项风险的累计期望损失总值。

【例 8-7】 某工程估算成本为 1.2 亿元，合同工期为 24 个月。经风险识别，认为该项目的主要风险有业主拖欠工程款、材料价格上涨、分包商违约、材料供应不及时而拖延工期等多项风险。试衡量各项风险损失和该项目的总的风险损失。

首先收集有关的信息资料，确定各项风险的概率分布及其损失值，分别计算期望损失值；然后，再将各项风险期望损失汇总，即得该项目的总的风险期望损失金额和总的风险期望损失金额占项目总价的比例。计算过程见表 8-7～表 8-11。

表 8-7 业主拖欠工程款风险期望损失

平均拖期/月	拖欠损失/万元	概率分布/%	期望损失/万元
按期付款	0	50	0
拖期 1 月	505	20	101
拖期 2 月	1010	20	202
拖期 3 月	1515	10	151.5
合计	—	100	454.5

注：拖欠损失＝(总价/工期)(1＋贷款利率)。
本例平均每拖期 1 个月为：(12 000/24)×101％＝505(万元)。

表 8-8 材料价格上涨风险期望损失

材料费上涨/%	经济损失/万元	概率分布/%	期望损失/万元
没有上涨	0	20	0
2	156	50	78
5	390	20	78
8	624	10	62.4
合计	—	100	218.4

注：经济损失＝总价×材料费占总价比重×上涨程度＝总价×65％×上涨程度。
本例 12 000×65％×2％＝156(万元)。

表 8-9　分包商违约风险期望损失

经济损失/万元	概率分布/%	期望损失/万元
0(没有违约)	20	0
100	40	40
200	30	60
300	10	30
合计	100	130

注：根据分包工程性质及分包商素质估计分包商违约造成的经济损失。

表 8-10　材料供应不及时风险期望损失

经济损失/万元	概率分布/%	期望损失/万元
0(没有违约)	20	0
100	40	40
200	30	60
300	10	30
合计	100	130

注：根据材料对工期的影响估算平均拖期 1 d 的损失金额，本例为每拖期供应 1 d 损失 5 万元。

表 8-11　项目风险期望损失汇总

风险因素	期望损失/万元	期望损失/总价/%	期望损失/总期望损失/%
业主拖欠工程款	454.5	0.379	56.19
材料价格上涨	218.4	0.182	27.00
分包商违约	130.0	0.108	16.07
材料供应不及时	6.0	0.005	0.74
总计	808.9	0.674	100.00

由计算可以看出，该项目的总的风险（假定已包括了项目的全部风险）期望损失约为总价的 0.674%，所造成的总风险期望损失为 808.9 万元；从各风险因素期望损失占总期望损失的比重看，其中业主拖欠工程款的风险损失占项目总风险的比重达到 56.19%，危害最大；材料价格上涨的风险占项目总风险的比重达到 27%；分包商违约占 16.07%，影响也不可忽视，都应该是承包商风险防范的重点。

任务单元四　建筑工程项目风险应对与监控

风险应对就是对识别出的风险，经过估计与评价之后，选择并确定最佳的对策结合，并进一步落实到具体的计划和措施中，例如，制定一般计划、应急计划、预警计划等。并且在建筑工程项目实施过程中，对各项风险对策的执行情况进行监控，评价各项风险对策的执行效果；并在项目实施条件发生变化时，确定是否需要提出不同的风险处理方案。除此之外，还需要检查是否有被遗漏的风险或者发现新的风险，也就是进入下一轮的风险识别，开始新一轮的风险管理过程。

一、风险回避

风险回避就是以一定的方式中断风险源，使其不发生或不再发展，从而避免可能产生的潜在损失。例如，某建设工程的可行性研究报告表明，虽然从净现值、内部收益率指标看是可行的，但敏感性分析的结论是对投资额、产品价格、经营成本均很敏感。这意味着该建筑工程的不确定性很大，即风险很大。因而决定不投资建造该建筑工程。采用风险回避这一对策时，有时需要作出一些牺牲，但较之承担风险，这些牺牲比风险真正发生时可能造成的损失要小得多。例如，某投资人因选址不慎原决定在河谷建造某工厂，而保险公司又不愿为其承担保险责任。当投资人意识到在河谷建厂将不可避免地受到洪水威胁，且又别无防范措施时，只好决定放弃该计划。虽然他在建厂准备阶段耗费了不少投资，但与其厂房建成后被洪水冲毁，不如及早改弦易辙，另谋理想的厂址。又如，某承包商参与某建设工程的投标，开标后发现自己的报价远远低于其他承包商的报价，经仔细分析发现，自己的报价存在严重的误算和漏算。因而拒绝与业主签订施工合同。虽然这样做将被没收投标保证金或投标保函，但比承包后严重亏损的损失要小得多。从以上分析可知，在某些情况下，风险回避是最佳对策。在采用风险回避对策时需要注意以下问题：

(1)回避一种风险可能产生另一种新的风险。在建筑工程实施过程中，绝对没有风险的情况几乎不存在。就技术风险而言，即使是相当成熟的技术也存在一定的风险。例如，在地铁工程建设中，采用明挖法施工有支撑失败、顶板坍塌等风险。如果为了回避这种风险而采用逆作法施工方案的话，又会产生地下连续墙失败等其他新的风险。

(2)回避风险的同时也失去了从风险中获益的可能性。由投机风险的特征可知，它具有损失和获益的两重性。例如，在涉外工程中，由于缺乏有关外汇市场的知识和信息，为避免承担由此而带来的经济风险，决策者决定选择本国货币作为结算货币，从而也就失去了从汇率变化中获益的可能性。

(3)回避风险可能不实际或不可能。这一点与建筑工程风险的定义或分解有关。建筑工程风险定义的范围越广或分解得越粗，回避风险就越不可能。例如，如果将建筑工程的风险仅分解到风险因素这个层次，那么任何建筑工程都必然会发生经济风险、自然风险和技术风险，根本无法回避。又如，从承包商的角度，投标总是有风险的，但决不会为了回避投标风险而不参加任何建设工程的投标。建筑工程的几乎每一个活动都存在大小不一的风险，过多地回避风险就等于不采取行动，而这可能是最大的风险所在。由此，可以得出结论，不可能回避所有的风险。正因为如此，才需要其他不同的风险对策。

总之，虽然风险回避是一种必要的，有时甚至是最佳的风险对策，但应该承认这是一种消极的风险对策。如果处处回避，事事回避，其结果只能是停止发展，直至停止生存。因此，应当勇敢地面对风险，这就需要适当运用风险回避以外的其他风险对策。具体作法见表8-12。

表8-12 回避风险的措施及内容

回避风险措施	内容
拒绝承担风险	(1)不参与存在致命风险或风险很大的工程项目投标； (2)放弃明显亏损的项目、风险损失超过自己承受能力和把握不大的项目； (3)利用合同保护自己，不承担应该由业主或其他方承担的风险； (4)不与实力差、信誉不佳的分包商和材料、设备供应商合作； (5)不委托道德水平低下或综合素质不高的中介组织或个人

续表

回避风险措施	内容
控制损失	(1)选择风险小或适中的项目，回避风险大的项目，降低风险损失严重性； (2)施工活动(方案、技术、材料)有多种选择时，面临不同风险，采用损失最小化方案； (3)回避一种风险将面临新的风险时，选择风险损失较小而收益较大的风险防范措施； (4)损失一定小利益避免更大的损失，如： 1)投标时加上不可预见费，承担减少竞争力的风险，但可回避成本亏损的风险； 2)选择信誉好的分包商、供应商和中介，价格虽贵些，但可减小其违约造成的损失； (5)对产生项目风险的行为、活动，订立禁止性规章制度，回避和减小风险损失。 (6)按国际惯例(标准合同文本)公平合理地规定业主和承包商之间的风险分配

二、损失控制

(一)损失控制的概念

损失控制是一种主动、积极的风险对策。损失控制可分为预防损失和减少损失两个方面。预防损失措施的主要作用在于降低或消除损失发生的概率，而减少损失措施的作用在于降低损失的严重性或遏制损失的进一步发展，使损失最小化。一般来说，损失控制方案都应当是预防损失措施和减少损失措施的有机结合。

(二)制定损失控制措施的依据和代价

制定损失控制措施必须以定量风险评价的结果为依据，才能确保损失控制措施具有针对性，取得预期的控制效果。风险评价时特别要注意间接损失和隐蔽损失。制定损失控制措施还必须考虑其付出的代价，包括费用和时间两方面的代价，而时间方面的代价往往还会引起费用方面的代价。损失控制措施的最终确定，需要综合考虑损失控制措施的效果及其相应的代价。由此可见，损失控制措施的选择也应当进行多方案的技术经济分析和比较。

(三)损失控制计划系统

在采用损失控制这一风险对策时，所制定的损失控制措施应当形成一个周密的、完整的损失控制计划系统。就施工阶段而言，该计划系统一般应由预防计划、灾难计划和应急计划三部分组成。

1. 预防计划

预防计划的目的在于有针对性地预防损失的发生，其主要作用是降低损失发生的概率，在许多情况下也能在一定程度上降低损失的严重性。在损失控制计划系统中，预防计划的内容最广泛，具体措施最多，包括组织措施、管理措施、合同措施、技术措施。

组织措施的首要任务是明确各部门和人员在损失控制方面的职责分工，以使各方人员都能为实施预防计划而有效地配合，还需要建立相应的工作制度和会议制度，必要时，还应对有关人员，尤其是现场工人进行安全培训等。采取管理措施，既可采取风险分隔措施，将不同的风险单位分离间隔开来，将风险局限在尽可能小的范围内，以避免在某一风险发生时产生连锁反应或互相牵连，如在施工现场将易发生火灾的木工加工场尽可能设在远离现场办公用房的位置，也可采取风险分散措施。通过增加风险单位以减轻总体风险的压力，达到共同分摊总体风险的目的。如在涉外工程结算中采用多种货币组合的方式付款，从而分散汇率风险。合同措施除要保证整个建设工程总合同结构合理、不同合同之间不出现矛盾之外，要注意合同具体条款的严密性，并作出与特定风险相应的规定，如要求承包商加强履约保证和预付款保证等。技术措施是在建设工程施工过程中常用的预防损失措施，如地基加固、周围建筑物防护、材料检测等。与其他几方面措施相比，技术措施的显著特征是必须付出费用和时间两方面的代价，应当慎重比较后选择。

2. 灾难计划

灾难计划是一组事先编制好的、目的明确的工作程序和具体措施，为现场人员提供明确的行动指南，使其在各种严重的、恶性的紧急事件发生后，不至于惊慌失措，也不需要临时讨论研究应对措施，可以做到从容不迫、及时、妥善地处理，从而减少人员伤亡以及财产和经济损失。

灾难计划是针对严重风险事件制定的，其内容应满足以下要求：

(1)安全撤离现场人员。
(2)援救及处理伤亡人员。
(3)控制事故的进一步发展，最大限度地减少资产和环境损害。
(4)保证受影响区域的安全，尽快恢复正常。

灾难计划在严重风险事件发生或即将发生时付诸实施。

3. 应急计划

应急计划是在风险损失基本确定后的处理计划，其宗旨是使因严重风险事件而中断的工程实施过程尽快全面恢复，并减少进一步的损失，使其影响程度减至最小。应急计划不仅要制定所要采取的相应措施，而且要规定不同工作部门相应的职责。

应急计划应包括的内容：调整整个建设工程的施工进度计划，并要求各承包商相应调整各自的施工进度计划；调整材料、设备的采购计划，并及时与材料、设备供应商联系。必要时，可能要签订补充协议，准备保险索赔依据，确定保险索赔的额度，起草保险索赔报告。全面审查可使用的资金情况，必要时需调整筹资计划等。

三、风险自留

顾名思义，风险自留就是将风险留给自己承担，是从企业内部财务的角度应对风险。风险自留与其他风险对策的根本区别在于，它不改变建筑工程风险的客观性质，即既不改变工程风险的发生概率，也不改变工程风险潜在损失的严重性。

(一)风险自留的类型

风险自留可分为非计划性风险自留和计划性风险自留两种类型。

1. 非计划性风险自留

当风险管理人员没有意识到项目风险的存在，或者没有处理项目风险的准备，风险自留就是非计划和被动的。事实上，对于一个大型复杂的工程项目，风险管理人员不可能识别所有项目风险。从这个意义上来说，非计划风险自留是一种常用的风险处理措施。但风险管理人员应尽量减少风险识别和风险分析过程中的失误，并及时实施决策，而避免被迫承担重大项目风险。

2. 计划性风险自留

计划性风险自留是主动的、有意识的、有计划的选择，是风险管理人员在经过正确的风险识别和风险评价后作出的风险对策决策，是整个建设工程风险对策计划的一个组成部分。也就是说，风险自留绝不可能单独运用，而应与其他风险对策结合使用。在实行风险自留时，应保证重大和较大的建筑工程风险已经进行了工程保险或实施了损失控制计划。计划性风险自留的计划性主要体现在风险自留水平和损失支付方式两方面。所谓风险自留水平，是指选择哪些风险事件作为风险自留的对象。确定风险自留水平可以从风险量数值大小的角度考虑。一般应选择风险量小或较小的风险事件作为风险自留的对象。计划性风险自留还应从费用、期望损失、机会成本、服务质量和税收等方面与工程保险比较后才能得出结论。损失支付方式的含义比较明确，即在风险事件发生后，对所造成的损失通过什么方式或渠道来支付。

(二)风险自留的适用条件

计划性风险自留至少要符合以下条件之一才应予以考虑：

(1)别无选择。有些风险既不能回避，又不可预防，且没有转移的可能性，只能自留，这是一种无奈的选择。

(2)期望损失不严重。风险管理人员对期望损失的估计低于保险公司的估计，而且根据自己多年的经验和有关资料，风险管理人员确信自己的估计正确。

(3)损失可准确预测。在此仅考虑风险的客观性。这一点实际上是要求建筑工程有较多的单项工程和单位工程，满足概率分布的基本条件。

(4)企业有短期内承受最大潜在损失的能力。由于风险的不确定性，可能在短期内发生最大的潜在损失。这时，即使设立了自我基金或向母公司保险，已有的专项基金仍不足以弥补损失，需要企业从现金收入中支付。如果企业没有这种能力，可能因此而摧毁企业。对于建筑工程的业主来说，与此相应的是要具有短期内筹措大笔资金的能力。

(5)投资机会很好或机会成本很大。如果市场投资前景很好，则保险费的机会成本就显得很大，不如采取风险自留，将保险费作为投资，以取得较多的投资回报。即使今后自留风险事件发生，也足以弥补其造成的损失。

(6)内部服务优良。如果保险公司所能提供的多数服务完全可以由风险管理人员在内部完成，且由于他们直接参与工程的建设和管理活动，从而使服务更方便，质量在某些方面也更高。在这种情况下，风险自留是合理的选择。

(三)风险自留的措施和内容

风险自留的措施和内容见表 8-13。

表 8-13 风险自留的措施及内容

风险自留的措施	内容
风险预防	(1)增强全体人员的风险意识，进行风险防范措施的培训、教育和考核； (2)根据项目特点，对重要的风险因素进行随时监控，做到及早发现，有效控制； (3)制定完善的安全计划，针对性地预防风险，避免或减小损失发生； (4)评估及监控有关系统及安全装置，经常检查预防措施的落实情况； (5)制定灾难性计划，为人们提供损失发生时必要的技术组织措施和紧急处理事故的程序； (6)制定应急性计划，指导人们在事故发生后，如何以最小的代价使施工活动恢复正常
风险分离	将项目的各风险单位分离间隔，避免发生连锁反应或互相牵连波及，而使损失扩大，如： (1)向不同地区(国家)供应商采购材料、设备，减小或平衡价格、汇率浮动带来的风险； (2)将材料进行分隔存放，分离了风险单位，减少了风险源影响的范围和损失
风险分散	通过增加风险单位减轻总体风险的压力，达到共同分担集体风险的目的，如： (1)承包商承包若干个工程，避免单一工程项目上的过大风险； (2)在国际承包工程中，工程付款采用多种货币组合也可分散国际金融风险

四、风险转移

风险转移是建筑工程风险管理中非常重要而且广泛应用的一项对策,分为非保险转移和保险转移两种形式。

根据风险管理的基本理论,建筑工程的风险应由有关各方分担,而风险分担的原则是,任何一种风险都应由最适宜承担该风险或最有能力进行损失控制的一方承担。符合这一原则的风险转移是合理的,可以取得双赢或多赢的结果。例如,项目决策风险应由业主承担,设计风险应由设计方承担,而施工技术风险应由承包商承担等。否则,风险转移就可能付出较高的代价。

(一)非保险转移

非保险转移又称为合同转移,因为这种风险转移一般是通过签订合同的方式将工程风险转移给非保险人的对方当事人。建筑工程风险最常见的非保险转移有以下三种情况:

(1)业主将合同责任和风险转移给对方当事人。在这种情况下,被转移者多数是承包商。例如,在合同条款中规定,业主对场地条件不承担责任。又如,采用固定总价合同将涨价风险转移给承包商等。

(2)承包商进行合同转让或工程分包。承包商中标承接某工程后,可能由于资源安排出现困难而将合同转让给其他承包商,以避免由于自己无力按合同规定时间建成工程而遭受违约罚款,或将该工程中专业技术要求很强而自己缺乏相应技术的工程内容分包给专业分包商,从而更好地保证工程质量。

(3)第三方担保。合同当事人的一方要求另一方为其履约行为提供第三方担保。担保方所承担的风险仅限于合同责任,即由于委托方不履行或不适当履行合同以及违约所产生的责任。第三方担保的主要表现是业主要求承包商提供履约保证和预付款保证,在投标阶段还有投标保证。从国际承包市场的发展来看,20世纪末出现了要求业主向承包商提供付款保证的新趋向,但尚未得到广泛应用。我国《建设工程施工合同(示范文本)》,也有发包人和承包人互相提供履约担保的规定。

与其他风险对策相比,非保险转移的优点主要体现在:一是可以转移某些不可保的潜在损失,如物价上涨、法规变化、设计变更等引起的投资增加;二是被转移者往往能较好地进行损失控制。如承包商相对于业主能更好地把握施工技术风险,专业分包商相对于总包商能更好地完成专业性强的工程内容。

但是,非保险转移的媒介是合同,这就可能因为双方当事人对合同条款的理解发生分歧,而导致转移失败。另外,在某些情况下,可能因被转移者无力承担实际发生的重大损失而导致仍然由转移者来承担损失。例如,在采用固定总价合同的条件下,如果承包商报价中所考虑涨价风险费很低,而实际的通货膨胀率很高,从而导致承包商亏损破产,最终只得由业主自己来承担涨价造成的损失。还需指出的是,非保险转移一般都要付出一定的代价,有时转移代价可能超过实际发生的损失,从而对转移者不利。仍以固定总价合同为例,在这种情况下,如果实际涨价所造成的损失小于承包商报价中的涨价风险费,这两者的差额就成为承包商的额外利润,业主则因此遭受损失。

(二)保险转移

保险转移通常直接称为保险。对于建设工程风险来说,则为工程保险。通过购买保险,建设工程业主或承包商作为投保人将本应由自己承担的工程风险,包括第三方责任转移给保险公司,从而使自己免受风险损失。保险这种风险转移形式之所以能得到越来越广泛的运用,原因在于其符合风险分担的基本原则,即保险人较投保人更适宜承担有关的风险。对于投保人来说,某些风险的不确定性很大,即风险很大。但是对于保险人来说,这种风险的发生则趋近于客观概率,不确定性降低,即风险降低。

在发生重大损失后可以从保险公司及时得到赔偿,使建设工程实施能不中断地、稳定地进行,从而最终保证建设工程的进度和质量,也不致因重大损失而增加投资。通过保险还可以使决策者和风险管理人员对建设工程风险的担忧减少,从而可以集中精力研究和处理建设工程实施中的其他问题,提高目标控制的效果。而且,保险公司可向业主和承包商提供较为全面的风险管理服务,从而提高整个建设工程风险管理的水平。

保险这一风险对策的缺点首先表现在机会成本增加。其次,工程保险合同的内容较为复杂,保险费没有统一固定的费率,需根据特定建设工程的类型、建设地点的自然条件,包括气候、地质、水文等条件、保险范围、免赔额的大小等加以综合考虑,因而保险合同谈判常常耗费较多的时间和精力。在进行工程保险后,投保人可能产生心理麻痹而疏于损失控制计划,以致增加实际损失和未投保损失。

在作出进行工程保险这一决策之后,还需考虑与保险有关的几个具体问题:一是保险的安排方式,即究竟是由承包商安排保险计划还是由业主安排保险计划;二是选择保险类别和保险人,一般是通过多家比选后确定,也可委托保险经纪人或保险咨询公司代为选择;三是可能要进行保险合同谈判,这项工作最好委托保险经纪人或保险咨询公司完成。但免赔额的数额或比例要由投保人自己确定。

需要说明的是,工程保险并不能转移建设工程的所有风险。一方面是因为存在不可保风险;另一方面则是因为有些风险不宜保险。因此,对于建设工程风险,应将工程保险与风险回避、损失控制和风险自留结合起来运用。对于不可保风险,必须采取损失控制措施。即使对于可保风险,也应当采取一定的损失控制措施,这有利于改变风险性质,达到降低风险量的目的,从而改善工程保险条件,节省保险费。

转移风险的具体作法见表8-14。

表8-14 转移风险的措施及内容

转移风险措施	内容
合同转移	通过与业主、分包商、材料设备供应商、设计方等非保险方签订合同(承包、分包、租赁)或协商等方式,明确规定双方工作范围和责任,以及工程技术的要求,从而将风险转移给对方。 (1)将有风险因素的活动、行为本身转移给对方,或由双方合理分担风险; (2)减少承包商对对方损失的责任; (3)减少承包商对第三方损失的责任; (4)通过工程担保可将债权人违约风险损失转移给担保人
保险转移	承包商通过购买保险,将施工项目的可保风险转移给保险公司承担,使自己免受损失,工程承包领域的主要险别有: (1)建筑工程一切险,包括建筑工程第三者责任险(也称为民事责任险); (2)安装工程一切险,包括安装工程第三者责任险; (3)社会保险(包括人身意外伤害险); (4)机动车辆险; (5)十年责任险(房屋建筑的主体工程)和两年责任险(细小工程)

五、常见的施工项目风险及其防范策略和措施

常见的施工项目风险及其防范策略和措施见表8-15。

表 8-15 常见的施工项目风险及其防范策略和措施

风险目录		风险防范策略	风险防范措施
政治风险	战争、内乱、恐怖袭击	转移风险	保险
		回避风险	放弃投标
	政策法规的不利变化	自留风险	索赔
	没收	自留风险	援引不可抗力条款索赔
	禁运	损失控制	降低损失
	污染及安全规则约束	自留风险	采取环保措施、制定安全计划
	权力部门专制腐败	自留风险	适应环境，利用风险
自然风险	对永久结构的损坏	转移风险	保险
		风险控制	预防措施
	对材料设备的损坏	转移风险	保险
	造成人员伤亡	转移风险	保险
	火灾、洪水、地震	转移风险	保险
	塌方	风险控制	预防措施
经济风险	商业周期	利用风险	扩张时抓住机遇，紧缩时争取生存
	通货膨胀通货紧缩	自留风险	合同中列入价格调整条款
	汇率浮动	自留风险	合同中列入汇率保值条款
		转移风险	投保汇率险、套汇交易
		利用风险	市场调汇
	分包商或供应商违约	转移风险	履约保函
		回避风险	对进行分包商或供应商资格预审
	业主违约	自留风险	索赔
		转移风险	严格合同条款
	项目资金无保证	回避风险	放弃承包
	标价过低	转移风险	分包
		自留风险	加强管理控制成本做好索赔
设计施工风险	设计错误、内容不全、图纸不及时	自留风险	索赔
	工程项目水文地质条件复杂	转移风险	合同中分清责任
	恶劣的自然条件	自留风险	索赔、预防措施
	劳务争端、内部罢工	自留风险、损失控制	预防措施
	施工现场条件差	自留风险	加强现场管理、改善现场条件
		转移风险	保险
	工作失误、设备损毁、工伤事故	转移风险	保险
社会风险	宗教节假日影响施工	自留风险	合理安排进度、留出损失费
	相关部门工作效率低	自留风险	留出损失费
	社会风气腐败	自留风险	留出损失费
	现场周边单位或居民干扰	自留风险	遵纪守法，沟通交流，搞好关系

【例 8-8】 建设工程中，以一定的方式中断风险源，使其不发生或不再发展，从而避免可能产生的潜在损失，这是一种（　　）风险对策。

A. 风险自留

B. 损失控制

C. 风险转移

D. 风险回避

答案：D

工程风险管理实例

【例 8-9】 投资人宁愿损失在建厂准备阶段耗费的投资而放弃继续投资，这是建设工程风险对策的（　　）。

A. 风险转移

B. 风险回避

C. 风险自留

D. 损失控制

答案：C

【例 8-10】 在建设工程风险管理中，（　　）不属于非保险转移。

A. 第三方担保

B. 承包商将应由自己承担的工程风险转移给保险公司

C. 业主将合同责任和风险转移给对方当事人

D. 承包商进行合同转让或工程分包

答案：B

【例 8-11】 某高速公路中的一段全长 27 km，该段路基大部分处于黏土地层中，由于路基松软，一般需要进行堆载或超载预压并采取特殊的技术处理后才能铺设路面，因此，全线土方运输量很大，同时由于土方、道碴等材料运输路途远，交通不便等原因对周围的环境和人员的安全有重大影响；该段桥梁箱涵工程比例高，地质条件复杂，工程施工难度大。

(1) 风险因素：

1) 自然环境风险。该段由于降水量大，给路基施工带来很大的困难；由于施工场地狭长，沿线大部分道路等级较差，材料运输难度大。

2) 技术风险。桥梁工程施工难度大，工期长，风险性极大。

3) 管理风险。作业现场狭长，外包施工队伍多，管理上难度大；施工临时用电量大，机械设备类型多，设备的使用管理难度相当大。

(2) 应对措施：

1) 保险。实施了人身意外伤害事故保险、建筑工程一切险等措施。

2) 风险缓解。派出专家组对现场情况调查、分析，并对施工人员进行培训、指导；最重要的是根据施工现场状况，结合我国国情，提出并建立了一种新的施工安全控制模式，促使施工单位与指挥部定期沟通。

(3) 产生的效果：工程保险对防止风险的发生起到了积极作用，安全控制模式对现场的安全起到了相当好的控制作用，采取应对措施后安全事故大幅度下降。按照事前的研究预测，该段工程在施工期间，死亡事故两人（不含第三者的责任伤害），重伤一人。由于进行了风险控制，目前只死亡一人。从理论分析的角度，认为避免了一死、一重伤事故的发生，按国家标准计算，企业减少了直接经济损失 10 万～15 万元、间接损失 30 万元以上，还避免了一些无法计算的损失。

综合训练题

一、单项选择题

1. 以下关于风险管理的工作流程排序正确的是（　　）。
   A. 风险评估、风险识别、风险控制、风险转移
   B. 风险控制、风险转移、风险评估、风险识别
   C. 风险识别、风险评估、风险控制、风险转移
   D. 风险评估、风险识别、风险转移、风险控制

2. 在事件风险量区域图上，风险量最小的区域是（　　）。
   A. 风险区 A　　　　　　　　　　　B. 风险区 B
   C. 风险区 C　　　　　　　　　　　D. 风险区 D

3. 风险等级可以用事故发生的概率和事故后果的乘积来表示。若事故发生的概率为中等，事故后果是中度损失（伤害），则安全风险所属的等级为（　　）。
   A. Ⅰ级　　　　B. Ⅱ级　　　　C. Ⅲ级　　　　D. Ⅳ级

4. 在事件风险量的区域划分中，风险事件一旦发生，会造成重大损失，且发生概率大的区域是（　　）。
   A. 风险区 A　　　B. 风险区 B　　　C. 风险区 C　　　D. 风险区 D

5. 若某事件经过风险评估，位于事件风险量区域图中的风险区 A，则应（　　）。
   A. 采取措施，降低其损失量，使它移位至风险区 B
   B. 采取措施，降低其损失量，使它移位至风险区 C
   C. 采取措施，降低其发生概率，使它移位至风险区 C
   D. 采取措施，降低其发生概率，使它移位至风险区 D

6. 对建设工程项目管理而言，风险是指可能出现的（　　）的不确定因素。
   A. 影响项目目标实现　　　　　　　B. 影响项目风险控制
   C. 影响项目团队建设　　　　　　　D. 影响项目组织协调

7. 某施工项目在编制施工组织设计时，事故防范措施和计划不具体，缺乏可操作性的措施，有可能导致在施工过程中发生安全事故，这种风险属于（　　）风险。
   A. 组织　　　　　　　　　　　　　B. 经济与管理
   C. 技术　　　　　　　　　　　　　D. 工程环境

8. 施工机械操作人员的知识、经验和能力的风险属于（　　）。
   A. 经济与管理风险　　　　　　　　B. 组织风险
   C. 工程环境风险　　　　　　　　　D. 技术风险

二、多项选择题

1. 下列选项中，可供施工单位选择的风险对策有（　　）。
   A. 风险规避　　　　　　　　　　　B. 风险自留
   C. 风险减轻　　　　　　　　　　　D. 风险评估
   E. 风险转移

2. 工程项目的组织风险包括（　　）等。
   A. 承包商管理人员的能力和经验　　B. 施工机械操作人员的能力和经验
   C. 施工机械的性能　　　　　　　　D. 施工方案的合理性
   E. 损失控制人员的能力和经验

3. 风险理论中的风险量指的是( )。
   A. 不确定的损失程度　　　　　　　　B. 风险控制的力度
   C. 风险因素的多少　　　　　　　　　D. 损失发生的概率
   E. 实际损失的大小
4. 风险管理包括( )等方面的工作。
   A. 策划　　　　　　　　　　　　　　B. 经济
   C. 领导　　　　　　　　　　　　　　D. 组织
   E. 协调和控制
5. 在施工管理中，在风险评估的基础上确定风险对策，形成风险管理计划，其内容包括( )。
   A. 相应的资源预算　　　　　　　　　B. 风险管理人员的素质要求
   C. 工程施工方案　　　　　　　　　　D. 风险跟踪的要求
   E. 风险分类和风险排序要求
6. 下列属于建设工程项目风险类型中的技术风险的是( )。
   A. 工程设计文件　　　　　　　　　　B. 工程物资
   C. 气象条件　　　　　　　　　　　　D. 工程施工方案
   E. 信息安全控制计划

三、简答题

1. 什么是施工项目风险管理？施工项目风险有何特征？
2. 施工项目风险识别方法有哪些？
3. 简述施工项目风险应对措施。

项目九　建筑工程项目收尾管理

> **学习目标**
>
> 1. 了解竣工资料的管理，竣工结算的依据及原则，工程项目回访定义、内容及方式，建筑工程项目后评价的内涵。
> 2. 熟悉竣工验收的依据、要求和条件，建设工程项目后评价的内容、基本方法及工作程序。
> 3. 掌握竣工验收的程序及组织，竣工结算的程序，工程质量保修范围和内容、质量保修期、质量保修责任及保修费用。

>> **引　例**
>
> 【背景材料】
>
> 　　某锅炉厂拟建六层砖混结构房屋，该市某建筑公司通过招标方式承接该项施工任务，某监理公司负责监理。该办公楼建筑平面形式为 L 形，设计采用混凝土小型砌块砌筑，墙体加构造柱。工程于 2006 年 10 月 10 日开工建设，2007 年 6 月 15 日竣工。
>
> 　　问题：
>
> 　　(1)该办公楼达到什么条件时，方可竣工验收？
>
> 　　(2)该办公楼竣工验收应如何组织？

任务单元一　建筑工程项目竣工验收

一、工程项目竣工验收的定义

　　建筑工程竣工是指建筑工程项目经施工单位从施工准备到全部施工活动，已完成建筑工程项目设计图纸和工程施工合同规定的全部内容，并达到建设单位的使用要求，它标志建筑工程项目施工任务已全部完成。

　　建筑工程项目竣工验收是指建筑工程依照国家有关法律、法规及工程建设规范、标准的规定完成工程设计文件要求和合同约定的各项内容，建设单位已取得政府有关主管部门（或其委托机构）出具的工程施工质量、消防、规划、环保、城建等验收文件或准许使用文件后，组织工程竣工验收并编制完成《建设工程竣工验收报告》等的一系列审查验收工作的总称。建筑工程项目达到验收标准，经验收合格后，就可以解除合同双方各自承担的义务及经济和法律责任（除保修期内的保修义务之外）。

竣工验收是发包人和承包人的交易行为。竣工验收的主体有交工主体和验收主体两部分：交工主体是承包人，验收主体是发包人，两者都是竣工验收的实施者，是相互依存的。

工程项目的竣工验收是施工全过程的最后一道程序，也是工程项目管理的最后一项工作。它是建设投资成果转入生产或使用的标志，也是全面考核投资效益、检验设计和施工质量的重要环节。

二、竣工验收的依据、要求和条件

1. 竣工验收的依据

(1) 上级主管部门有关工程竣工验收文件和规定。
(2) 国家和有关部门颁发的施工规范、质量标准、验收规范。
(3) 批准的设计文件、施工图纸及说明书。
(4) 双方签订的施工合同。
(5) 设备技术说明书。
(6) 设计变更通知书。
(7) 有关的协作配合协议书。
(8) 其他。

2. 竣工验收的要求

(1) 建筑工程施工质量应符合《建筑工程施工质量验收统一标准》(GB 50300)和相关专业验收规范的规定。
(2) 建筑工程施工应符合工程勘察、设计文件的要求。
(3) 参加工程施工质量验收的各方人员应具备规定的资格。
(4) 验收均应在施工单位自行检查评定的基础上进行。
(5) 隐蔽工程在隐蔽前应由施工单位通知有关单位进行验收，并应形成验收文件。
(6) 涉及结构安全的试块、试件以及有关材料，应按规定进行见证取样检测。
(7) 检验批的质量应按主控项目和一般项目验收。
(8) 对涉及结构安全和使用功能的重要分部应抽样检测。
(9) 承担见证取样检测及有关结构安全检测的单位应具有相应资质。
(10) 观感质量应由验收人员通过现场检查，并共同确认。

3. 竣工验收的条件

(1) 完成建设工程设计和合同约定的各项内容。
(2) 有完整的技术档案和施工管理资料。
(3) 有工程使用的主要建筑材料、建筑工地构配件和设备合格证及必要的进场试验报告。
(4) 有施工单位签署的工程质量保修书。
(5) 有勘察、设计、施工、工程监理等单位分别签署的质量合格文件，包括：

1) 勘察、设计单位对勘察、设计文件及施工过程中由设计单位签署的设计变更通知书进行了检查，并提出质量检查报告，质量检查报告应经该项目勘察、设计负责人和勘察、设计单位有关负责人审核签字。

2) 施工单位在工程完工后对工程质量进行了检查，确认工程质量符合有关法律、法规和工程建设强制性标准，符合设计文件及合同要求，并提出工程竣工报告，工程竣工报告应经项目经理和施工单位有关负责人审核签字。

3)对于委托监理的工程项目,监理单位对工程进行了质量评估,具有完整的监理资料,并提出工程质量评估报告,工程质量评估报告应经总监理工程师和监理单位有关负责人审核签字。

(6)城乡规划行政主管部门对工程是否符合规划设计要求进行检查,并出具认可文件。

(7)有公安消防、环保等部门出具的认可文件或准许使用的文件。

(8)建设项目行政主管部门及其委托的工程质量监督机构等有关部门责令整改的问题已全部整改完毕。

三、施工项目竣工验收阶段管理的程序和主要工作

(一)施工项目竣工验收的程序

施工项目竣工验收一般程序如图 9-1 所示。

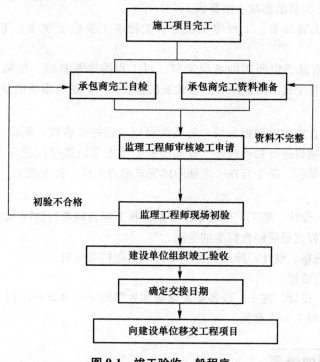

图 9-1 竣工验收一般程序

(二)施工项目竣工验收各阶段的主要工作

1. 施工项目的收尾工作

(1)对已完成的成品进行封闭和保护。

(2)有计划拆除施工现场的各种临时设施和暂设工程,拆除各种临时管线,清扫施工现场,组织清运垃圾和杂物。

(3)组织材料、机具以及各种物资的回收、退库,以及向其他施工现场转移和进行处理等项工作。

(4)做好电气线路和各种管线的交工前检查,进行电气工程的全负荷试验。

(5)生产项目,要进行设备的单体试车、无负荷联动试车和有负荷联动试车。

2. 施工方各项竣工验收准备工作

(1)组织完成竣工图,编制工程档案资料移交清单。施工项目竣工图的绘制主要要求分以下

四种情况：
1)未发生设计变更，按图施工的，可在原施工图样(需是新图)上注明"竣工图"标志。
2)一般性的设计变更，但没有较大变化的，而且可以在原施工图样上修改或补充样。
3)建筑工程的结构形式、标高、施工工艺、平面布置等有重大变更，应重新绘制新图样，注明"竣工图"标志。
4)改建或扩建的工程，如涉及原有建筑工程且某些部分发生工程变更者，应把与原工程有关的竣工图资料加以整理，并在原工程图档案的竣工图上填补变更情况和必要的说明。

除上述四种情况之外，竣工图必须做到以下三点：
1)竣工图必须与竣工工程的实际情况完全符合。
2)竣工图必须保证绘制质量，做到规格统一，字迹清晰，符合技术档案的各种要求。
3)竣工图必须经过项目主要负责人审核、签认。

(2)组织项目财务人员编制竣工结算表。

(3)准备工程竣工通知书、工程竣工报告、工程竣工验收证明书、工程保修证书等必需文件。

(4)准备好工程质量评定所需的各项资料。对工程的地基基础、结构、装修以及水、暖、电、卫、设备安装等各个施工阶段所有质量检查的验收资料，进行系统的整理。

3. 验收初验

监理工程师在审查验收申请报告后，若认为可以进行竣工验收，则应由监理单位负责组成验收机构，对竣工的项目进行初步验收。在初步验收中发现的质量问题应及时书面通知或以备忘录的形式通知施工单位，并令其在一定期限内完成整改工作，甚至返工。

4. 正式验收

(1)建设、勘察、设计、施工、监理单位分别汇报工程合同履行情况和在工程建设各个环节执行法律、法规和工程建设强制性标准的情况。

(2)审阅建设、勘察、设计、施工、监理单位的工程档案资料。

(3)实地查验工程质量。

(4)对工程勘察、设计、施工、设备安装质量和各管理环节等方面作出全面评价，形成经验收组人员签署的工程竣工验收意见。

四、竣工资料的管理

1. 竣工资料的收集整理

竣工验收必须有完整的技术与施工管理资料。竣工资料由以下几部分构成。

(1)工程管理资料。工程管理资料由三部分组成，分别为工程概况表、建设工程质量事故调查记录与建筑工程质量事故报告书。

(2)施工管理资料。施工管理资料由施工现场质量管理检查记录与施工日志组成。

(3)施工技术资料。施工技术资料由施工组织设计资料、技术交底记录、图纸会审记录、设计变更通知单及工程洽商记录组成。

(4)施工测量记录。施工测量记录由工程定位测量记录、基槽验线记录、楼层平面放线记录、楼层标高抄测记录、建筑物垂直度标高记录组成。

(5)施工物质资料。施工物质资料主要包括材料构配件进场检验记录、材料试验报告、半成品出厂合格证、原材料试验报告等。

(6)施工记录。隐蔽工程检验记录、施工检查记录、地基验槽记录、混凝土浇灌申请书、混凝土搅拌测温记录、混凝土养护测温记录、混凝土拆模申请单等。

(7)施工试验资料。土工试验报告,回填土试验报告,砂浆配合比申请单、通知书、砂浆抗压强度试验报告,砂浆试块强度统计、评定记录,混凝土配合比申请单、通知书、混凝土抗压强度试验报告,混凝土试块强度统计、评定记录。

(8)结构实体检验记录。结构实体混凝土强度验收记录、结构实体钢筋保护层厚度验收记录及钢筋保护层厚度试验记录。

(9)见证管理资料。各检验批的有见证取样和送检见证人备案书、见证记录、有见证试验汇总表。

(10)施工质量验收记录。单位工程质量竣工验收记录、单位工程质量控制资料核查记录、地基与基础分部工程质量验收记录、主体结构分部工程质量验收记录、层面分部工程质量验收记录、混凝土结构分部工程质量验收记录、砌体结构分部工程质量验收记录、钢筋分项工程分项质量验收记录、模板分项工程分项质量验收记录、混凝土分项工程分项质量验收记录、土方开挖工程检验批质量验收记录、回填土检验批质量验收记录、砖砌体工程检验批质量验收记录、钢筋加工检验批质量验收记录、钢筋安装工程检验批质量验收记录、模板安装工程检验批质量验收记录、混凝土施工工程检验批质量验收记录、模板拆除工程检验批质量验收记录、混凝土原材料及配合比设计检验批质量验收记录、屋面找平层工程检验批质量验收记录、屋面保温层工程检验批质量验收记录、卷材防水层工程检验批质量验收记录。

2. 工程资料的整理与移交

将以上资料整理汇总装订成册并进行移交。主要包括的表格有工程资料封面、工程资料卷内目录、分项目录、混凝土与砂浆强度报告目录、钢筋连接(原材)试验报告目录、工程资料移交书、工程资料移交目录。

单位工程完工后,将以上资料收集整理后,施工单位应自行组织有关人员进行检查评定,并向建设单位提交工程验收报告,并参加工程的竣工验收。工程文件的归档整理应按国家有关标准、法规的规定。移交的工程文件档案应编制清单目录,并符合有关规定。

五、竣工验收组织

(1)单位(子单位)工程按照设计文件、合同约定完工后,施工单位自行进行施工质量检查并整理工程施工技术管理资料,送质监机构抽查。

(2)施工单位在收到质监机构抽查意见书面通知后符合质量验收条件的,填写《工程质量验收申请表》,经工程监理单位审核后,向建设单位申请办理工程验收手续。

(3)监理单位在工程质量验收前整理完整的质量监理资料,并对所监理工程的质量进行评估,编写《工程质量评估报告》并提交给建设单位。

(4)勘察、设计单位对勘察、设计文件及施工过程中由设计单位签署的设计变更通知书进行检查,并向建设单位提交《质量检查报告》。

(5)建设单位在收到上述各有关单位资料和报告后,对符合工程质量验收要求的工程,组织勘察、设计、施工和监理等单位和其他有关方面的专家组成质量验收组,制定验收方案。并将验收组成员名单、验收方案等内容的工程质量验收计划书送交质监机构。

(6)验收组听取建设、勘察、设计、施工和监理等单位的关于工程履行合同情况和在工程建设中各个环节执行法律、法规和工程建设强制性标准情况的汇报。

(7)验收组审阅建设、勘察、设计、施工、监理单位的工程档案资料。

(8)实地查验工程质量。

(9)验收组对工程勘察、设计、施工质量和各管理环节等方面作出全面评价,形成验收组人员签署的工程质量验收意见,并向负责该工程质量监督的质监机构提交单位(子单位)工程质量验收记录。

单位(子单位)工程质量竣工验收记录

建设工程竣工验收案例

六、工程竣工结算

项目竣工验收后,施工单位应在约定的期限内向建设单位递交工程项目竣工结算报告及完整的结算资料,经双方确认并按规定进行竣工结算。竣工结算是施工单位将所承包的工程按照合同规定全部完工交付之后,向建设单位进行的最终工程价款结算。竣工结算由施工单位的预算部门负责编制,建设单位审查,双方最终确定。

(一)竣工结算的依据

(1)国家有关法律、法规、规章制度和相关的司法解释。

(2)《建设工程工程量清单计价规范》(GB 50500)。

(3)施工承发包合同、专业分包合同及补充合同,有关材料、设备采购合同。

(4)招标投标文件,包括招标答疑文件、投标承诺、中标报价书及其组成内容。

(5)工程竣工图或施工图、施工图会审记录,经批准的施工组织设计,以及设计变更、工程洽商和相关会议纪要。

(6)经批准的开、竣工报告或停、复工报告。

(7)双方确认的工程量。

(8)双方确认追加(减)的工程价款。

(9)双方确认的索赔、现场签证事项及价款。

(10)其他依据。

(二)竣工结算的原则

(1)以单位工程或合同约定的专业项目为基础,对工程量清单报价的主要内容,进行认真的检查和核对,若是根据中标价订立合同的应对原报价单的主要内容进行检查和核对。

(2)在检查和核对中若不符合有关规定,应填写单位工程结算书与单项工程综合结算书。有不相符合的地方,有漏算、多算和错算等情况时,均应及时进行调整。

(3)多个单位工程构成的施工项目,应将各单位工程竣工结算书汇总,编制单项工程竣工综合结算书。

(4)多个单项工程构成的建设项目,应将各单项工程综合结算书汇总,编制成建设项目总结算书,并撰写编制说明。

(5)工程竣工结算后,承包人应将工程竣工结算报告及完整的结算资料纳入工程竣工资料,及时归档保存。

(三)竣工结算的程序

(1)工程竣工验收报告经发包人认可后28天内,承包人向发包人递交竣工结算报告及完整的结算资料,双方按照协议书约定进行工程竣工结算。

(2)发包人收到承包人递交的竣工结算报告及结算资料后28天内进行核实,给予确认或提出修改意见。承包人收到竣工价款后14天内将竣工工程交付发包人。

(3)发包人收到竣工结算报告及结算资料后28天内无正当理由不支付工程竣工结算价款,从第29天起按承包人同期向银行贷款利率支付拖欠工程价款的利息,并承担违约责任。

(4)发包人收到竣工结算报告及结算资料后28天内不支付结算价款,承包人可以催告发包人支付。发包人在收到竣工结算报告及结算资料后56天内仍不支付的,承包人可以向发包人协议将该工程折价转让,也可以由承包人向人民法院申请将该工程依法拍卖,并优先受偿。

竣工结算案例

(5)工程竣工验收报告经发包人认可后28天内,承包人未向发包人递交竣工结算报告及完整的结算资料,造成工程竣工结算不能正常进行或工程竣工结算价款不能及时支付,发包人要求交付工程的,承包人应当交付;发包人不要求交付工程的,承包人承担保管责任。

(6)发、承双方对工程竣工结算价款发生争议时,可以和解或者要求有关主管部门调解。如不愿和解、调解或者和解、调解不成的,双方可以选择以下方式解决。

1)双方达成仲裁协议的,向约定的仲裁委员会申请仲裁。

2)向有管辖权的人民法院起诉。作为承包人的建筑施工企业,在申请仲裁或起诉阶段里,有责任保护好已完工程。

任务单元二　建筑工程项目回访及保修

建筑工程产品不同一般商品,竣工验收后仍可能存在质量缺陷和隐患,这些质量问题在工程产品的使用过程中逐步暴露出来,如屋面漏水、墙体渗水、建筑物基础超过规定的不均匀沉降、采暖系统供热不佳、设备及安装工程达不到国家或行业现行的技术标准等。所以,在工程产品的使用过程中需要对其进行检查观测和维修。施工单位应在工程结束后,对所建工程进行定期回访,找出质量问题的原因,总结经验。在质量缺陷责任期内对工程进行保修,以保证工程质量。

一、建筑工程项目的回访和保修概述

1. 建筑工程项目的回访和保修的定义

项目回访和保修指承包人在施工项目竣工验收后对工程使用状况和质量问题向用户访问了解,并按照有关规定及"工程质量保修书"的约定,在保修期内对发生的质量问题进行修理并承担相应经济责任的过程。

2. 回访和保修的意义

(1)有利于提高项目人员的质量管理意思。增强责任心保证工程质量，不留质量隐患，树立向用户提供优良工程的工作作风。

(2)有利于及时发现项目的各种问题。找出项目质量管理工作的薄弱环节，不断改进施工工艺、总结经验，提高管理的水平。

(3)有利于提高企业的信誉。回访可增加与建设单位的联系与沟通，增强建设单位对项目管理者的信任感，提高企业的信誉。

二、工程项目回访

1. 工程项目回访定义

回访是建筑施工企业在项目投入使用后的一定期限内，对项目建设单位或用户进行访问，以了解项目的使用情况、施工质量及设施设备运行状态和用户对维修方面的要求。

回访应纳入承包人工作计划、服务控制程序和质量体系文件。

2. 回访的内容与方式

针对不同工程项目的特点，回访的方式与内容也不同。常常采用的方式有以下三种：

(1)针对不同季节出现的问题进行季节性回访，例如，雨期回访屋面与墙面的漏水与渗水情况；发现问题时采取措施进行预防与解决。

(2)针对项目中使用的新技术、新工艺、新设备等的性能与效果进行回访，发现问题时采取措施进行预防与解决；同时积累数据、总结经验，获得科学依据，为进一步的完善与推广使用创造条件。

(3)在保修期满时进行回访，可以解决问题、取回质量保证金；同时提醒建设单位保修期已满，需注意工程的使用与保养。

3. 回访的形式

回访的形式多种多样。有的采用比较现代的通信方法，如电子邮件、电话等；有的采用比较传统的方法，如现场查询法、开座谈会等。回访时，回访人员态度必须诚恳、认真，这样才能真正地了解出现的问题并且及时给出满意的答复。

三、施工项目保修

按照《合同法》规定，建设工程的施工合同内容包括对工程质量保修范围和质量保证期。

保修就是指施工单位按照国家或行业再生规定的有关技术标准，设计文件以及合同中对质量的要求，对已竣工验收的建设工程在规定的保修期限内，进行维修、返工等工作。这是因为建设产品不同于一般商品。往往在竣工验收后仍可能存在质量缺陷和隐患，直到使用过程中才能逐步暴露出来，如屋面漏水、墙体渗水、建筑物基础超过规定的不均匀沉降、采暖系统供热不佳、设备及安装工程达不到国家或行业现行的技术标准等，需要在使用过程中检查观测和维修。

因此，施工单位应在竣工验收之前，与建设单位签订质量保证书作为合同附件。质量保证书的主要内容包括工程质量保修范围和内容、质量保修期、质量保修责任、质量保修费用和其他约定五部分。

1. 保修范围和内容

施工单位与建设单位按照工程的性质和特点，具体约定保修的相关内容。房屋的建筑工程的保修范围包括：地基基础工程、主体结构工程，屋面防水工程、有防水要求的卫生间和外墙面的防渗漏，供热与供冷系统，电气管线、给水排水管道、设备和装修工程，以及双方约定的其他项目。

2. 质量保修期

质量保修期从竣工验收合格日起计算。当事人双方应针对不同的工程部位，在保修书中约定具体的保修年限。当事人协商约定的保修期限，不得低于法规规定的标准。国务院颁布的《建设工程质量管理条例》明确规定，在正常使用条件下的最低保修期限如下：

(1)基础设施工程、房屋建筑的地基基础工程和主体工程，为设计文件规定的该工程的合理使用年限。

(2)屋面防水工程、有防水要求的卫生间、房间和外墙面的防渗漏，为5年。

(3)供热与供冷系统，为2个采暖期、供冷期。

(4)电气管线、给水排水管道、设备安装和装修工程，为2年。

3. 质量保修责任

(1)属于保修范围、内容的项目，施工单位在接到建设单位的保修通知起7天内派人保修。施工单位不在约定期限内派人保修，建设单位可以委托其他人修理。

(2)发生紧急抢修事故时，施工单位接到通知后应立即到达事故现场抢修。

(3)涉及结构安全的质量问题，应当按照《房屋建筑工程质量保修办法》的规定，立即向当地建设行政主管部门报告，采取相应的安全措施。由原设计单位或具有相应资质等级的设计单位提出保修方案，由施工单位实施保修。

(4)质量保修完成后，由建设单位组织验收。

4. 质量保修费用

保修费用是指对建设工程在保修期限和保修范围内所发生的维修、返工等各项费用支出。

由于建筑安装工程情况复杂，出现的质量缺陷和隐患等问题往往是由于多方面原因造成的。因此，在费用的修理上应分清造成问题的原因及具体返工内容，按照国家有关规定和合同要求与有关单位共同商定处理办法。

(1)勘察、设计原因造成保修费用的处理。勘察、设计方面的原因造成的质量缺陷，由勘察、设计单位负责并承担经济责任，由施工单位负责维修或处理。勘察、设计人应继续完成勘察、设计工作，减收或免收勘察、设计费用并赔偿损失。

(2)施工原因造成的保修费用的处理。施工单位未按国家有关规范、标准和设计要求施工，造成质量缺陷，由施工单位承担经济责任，并负责维修或处理。

(3)设备、材料、构配件不合格造成的保修费用的处理。

1)设备、材料、构配件不合格造成的质量缺陷，属于施工单位采购的或经施工单位验收同意的，由施工单位承担经济责任；属于建设单位采购的，由建设单位承担经济责任。

施工项目保修案例

2)用户使用原因造成的保修费用的处理。用户使用不当造成的质量缺陷，由用户自行负责。

3)不可抗力原因造成的保修费用。因地震、洪水、台风等不可抗力造成的质量问题，施工单位和设计单位都不承担经济责任，由建设单位负责处理。

任务单元三　建筑工程项目后评价

建筑工程项目后评价是工程项目竣工投产、生产运营一段时间后,再对项目的立项决策、设计施工、竣工投产、生产运营等全过程进行系统评价的一种技术活动,是固定资产管理的一项重要内容,也是固定资产投资管理的最后一个环节。通过建设项目后评价,可以达到肯定成绩、总结经验、研究问题、吸取教训、提出建议、改进工作、不断提高项目决策水平和投资效果的目的。

项目完成并移交(或转让)以后,应该及时进行项目的考核评价。项目主体(法人或项目公司)应根据项目范围管理和组织实施方式的不同,分别采取不同的项目考核评价办法。特别应该注意提升自己考核的评价层面和思维方式。站在项目投资人的高度综合考虑项目的社会、经济及企业效益,把自己的项目投资人、项目实施人、项目融资人的角色结合起来,客观全面地进行项目的考核评价。

一、建筑工程项目后评价概述

1. 建筑工程项目后评价的目的

项目考核评价工作是项目管理活动中很重要的一个环节,它是对项目管理行为、项目管理效果以及项目管理目标实现程度的检验和评定,是公平、公正地反映项目管理的基础。通过考核评价工作,项目管理人员能够正确地认识自己的工作水平和业绩,并且能够进一步地总结经验,找出差距,吸取教训,从而提高企业的项目管理水平和管理人员的素质。

2. 建筑工程项目后评价的任务

根据项目后评价所要回答的问题以及项目自身的特点,项目后评价主要的研究任务是:
(1)评价项目目标的实现程度;
(2)评价项目的决策过程,主要评价决策所依据的资料和决策程序的规范性;
(3)评价项目具体实施过程;
(4)分析项目成功或失败的原因;
(5)评价项目的勘探效益;
(6)分析项目的影响和可持续发展;
(7)综合评价勘探项目的成功度。

3. 项目后评价的原则

(1)现实性。工程项目后评价是对工程项目投产后一段时间所发生的情况的一种总结评价。它分析研究的是项目的实际情况,所依据的数据资料是现实发生的真实数据或根据实际情况重新预测的数据,总结的是现实存在的经验教训,提出的是实际可行的对策措施。工程项目后评价的现实性决定了其评价结论的客观可靠性。而项目前评价分析研究的是项目的预测情况,所采用的数据都是预测数据。

(2)独立性。后评价必须保证公正性和独立性,这是一条重要的原则。公正性标志着后评价及评价者的信誉,避免在发生问题、分析原因和做结论时避重就轻,受项目利益的束缚和局限,作出不客观的评价。独立性标志着后评价的合法性,后评价应从项目投资者和受援者或项目业主以外的第三者的角度出发,独立地进行,特别是要避免项目决策者和管理者自己评价自己的情况发生。公正性和独立性应贯穿后评价的全过程，即从后评价项目的选定、计划的编制、任务的委托、评价者的组成，到评价过程和报告。

(3)可信性。后评价的可信性取决于评价者的独立性和经验，取决于资料信息的可靠性和评价方法的实用性。可信性的一个重要标志是应同时反映出项目的成功经验和失败教训，这就要求评价者具有广泛的阅历和丰富的经验。同时，后评价也提出了"参与"的原则，要求项目执行者和管理者参与后评价，以利于收集资料和查明情况。为增强评价者的责任感和可信度，评价报告要注明评论者的名称或姓名。评价报告要说明所用资料的来源或出处，报告的分析和结论应有充分可靠的依据。评价报告还应说明评价所采用的方法。

(4)全面性。工程项目后评价的内容具有全面性，即不仅要分析项目的投资过程，而且还要分析其生产经营过程；不仅要分析项目的投资经济效益，而且还要分析其社会效益、环境效益等。另外，它还要分析项目经营管理水平和项目发展的后劲和潜力。

(5)透明性。透明性是后评价的另一项重要原则。从可信性来看，要求后评价的透明度越大越好，因为后评价往往需要引起公众的关注，对投资决策活动及其效益和效果实施更有效的社会监督。从后评价成果的扩散和反馈的效果来看，成果及其扩散的透明度也是越大越好，使更多的人借鉴过去的经验教训。

(6)反馈性。工程项目后评价的目的在于对现有情况的总管理水平，为以后的宏观决策、微观决策和建设提供依据和借鉴。因此，后评价的最主要特点是具有反馈特性。项目后评价的结果需要反馈到决策部门，作为新项目的立项和评价基础，以及调整工程规划和政策的依据，这是后评价的最终目的。因此，后评价的结论的扩散以及反馈机制、手段和方法成为后评价成败的关键环节之一。国外一些国家建立了"项目管理信息系统"，通过项目周期各个阶段的信息交流和反馈，系统地为后评价提供资料和向决策机构提供后评价的反馈信息。

4. 项目后评价的作用

通过建设项目后评价，可以达到肯定成绩，总结经验，研究问题，吸取教训，提出建议，改进工作，不断提高项目决策水平和投资效果的目的。建设项目后评价的作用体现在以下几个方面。

(1)有利于提高项目决策水平。一个建设项目的成功与否，主要取决于立项决策是否正确。在我国的建设项目中，大部分项目的立项决策是正确的，但也不乏立项决策明显失误的项目。例如，有的工厂建设时，贪大求洋，不认真进行市场预测，建设规模过大；建成投产后，原料靠国外，产品成本高，产品销路不畅，长期亏损，甚至被迫停产或部分停产。后评价将教训提供给项目决策者，这对于控制和调整同类建设项目具有重要作用。

(2)有利于提高设计施工水平。通过项目后评价，可以总结建设项目设计施工过程中的经验教训，从而有利于不断提高工程设计施工水平。例如，有一个煤矿建成投产后，运输大巷地鼓变形严重，虽经多方抢修仍不能使用。在后评价过程中进行"会诊"，一致认为，运输巷道放在三灰岩上面的泥岩中是一个失误，施工中虽已发现该问题，但仍按原设计进行锚喷支护，待地鼓变形后再用U型钢支护抢修，已收不到预期效果。设计单位和施工承包人从中吸取了教训，这无疑会对提高设计、施工水平起到积极的促进作用。

(3)有利于提高生产能力和经济效益。建设项目投产后，经济效益好坏、何时能达到生产能力(或产生效益)等问题，是后评价十分关心的问题。如果有的项目到了达产期不能达产，或虽已达产但效益很差，后评价时就要认真分析原因，提出措施，促其尽快达产，努力提高经济效益，使建成后的项目充分发挥作用。

(4)有利于提高引进技术和装备的成功率。通过后评价，总结引进技术和装备过程中成功的经验和失误的教训，提高引进技术和装备的成功率。

(5)有利于控制工程造价。大中型建设项目的投资额,少则几亿元,多则十几亿元、几十亿元,甚至几百亿元,造价稍加控制就可能节约一笔可观的投资。目前,在建设项目前期决策阶段的咨询评估,在建设过程中的招标投标、投资包干等,都是控制工程造价行之有效的方法。通过后评价,总结这方面的经验教训,对于控制工程造价将会起到积极的作用。

二、建筑工程项目后评价的内容

建筑工程项目后评价分为建筑工程项目过程后评价、效益后评价和影响后评价。

1. 建筑工程项目过程后评价

对建筑项目的立项决策、设计施工、竣工投产、生产运营等全过程进行系统分析,找出项目后评价与原预期效益之间的差异及其产生的原因,使后评价结论有根有据,同时针对问题提出解决的办法。

2. 建筑工程项目效益后评价

通过项目竣工投产后所产生的实际经济效益与可行性研究时所预测的经济效益相比较,对项目进行评价。对生产性建设项目,要运用投产运营后的实际资料,计算财务内部收益率、财务净现值、财务净现值率、投资利润率、投资利税率、贷款偿还期、国民经济内部收益率、经济净现值、经济净现值率等一系列后评价指标,然后与可行性研究阶段所预测的相应指标进行对比,从经济上分析项目投产运营后是否达到了预期效果。没有达到预期效果的,应分析原因,采取措施,提高经济效益。

3. 建筑工程项目影响后评价

通过项目竣工投产(营运、使用)后对社会的经济、政治、技术和环境等方面所产生的影响,来评价项目决策的正确性。如果项目建成后达到了原来预期的效果,对国民经济发展、产业结构调整、生产力布局、人民生活水平提高、环境保护等方面都带来有益的影响,说明项目决策是正确的;如果背离了既定的决策目标,就应具体分析,找出原因,引以为戒。

(1)项目环境影响后评价。在项目影响后评价中,环境影响后评价是项目公司应特别关注的环节,是指对照建筑项目前评估时批准的《环境影响报告书》,重新审查建筑项目环境影响的实际结果。实施环境影响评价的依据是国家环保法的规定、国家和地方环境质量标准、污染物排放标准以及相关产业部门的环保规定。在审核已实施的环境评价报告和评价环境影响的同时,要对未来进行预测。对有可能产生突发性事故的项目,要有环境影响的风险分析。

如果建筑项目生产或使用对人类和生态有极大危害的剧毒品,或建筑项目位于环境高度敏感的地区,或建筑项目已发生严重的污染事件,还需要提出一份单独的建筑项目环境影响评价报告。环境影响后评价一般包括五部分内容:项目的污染控制、区域的环境质量、自然资源的利用、区域的生态平衡和环境管理能力。

(2)项目社会影响后评价。社会影响后评价的主要内容是项目对当地经济和社会发展以及技术进步的影响,一般包含6个方面,即项目对当地就业的影响,对当地收入分配的影响,对居民生活条件和生活质量的影响,受益者范围及其反映,各方面的参与情况,地区的发展等。社会评价影响的方法是定性和定量相结合,以定性为主,在诸要素评价分析的基础上进行综合评价。

三、项目后评价的基本方法

建筑工程项目后评价的基本方法有包括对比分析法、因素分析法、逻辑框架法和成功度评价法等。

1. 对比分析法

对比分析法是项目后评价的基本方法，它包括前后对比法与有无对比法。对比法是建设项目后评价的常用方法。建设项目后评价更注重有无对比法。

(1)前后对比法。项目后评价的"前后对比法"是指将项目前期的可行性研究和评估的预测结论与项目的实际运行结果相比较，以发现变化和分析原因，用于揭示项目计划、决策和实施存在的问题。采用前后对比法，要注意前后数据的可比性。

(2)有无对比法。将投资项目的建设及投产后的实际效果和影响，同没有这个项目可能发生的情况进行对比分析。以度量项目的真实效益、影响和作用。该方法是通过项目实施所付出的资源代价与项目实施后产生的效果进行对比，以评价项目好坏的项目后评价的一个重要方法。采用有无对比法时，要注意两个重点，一是要分清建设项目的作用和影响与建设项目以外的其他因素的作用和影响；二是要注意参照对比。

2. 因素分析法

项目投资效果的各指标，往往都是由多种因素决定的，只有把综合性指标分解成原始因素，才能确定指标完成好坏的具体原因和症结所在。这种把综合指标分解成各个因素的方法，称为因素分析法。

因素分析的一般步骤：首先，确定某项指标是由哪些因素组成的；其次，确定各个因素与指标的关系；最后，确定各个因素所占份额。如建设成本超支，就要核算清由于工程量突破预计工程量而造成的超支占多少份额，结算价格上升造成的超支占多少份额等。项目后评价人员应将各影响因素加以分析，寻找出主要影响因素，并具体分析各影响因素对主要技术经济指标的影响程度。

3. 逻辑框架法

逻辑框架法(简称LFA)是美国国际开发署(USAID)在1970年开发并使用的一种设计、计划和评价工具，目前已有2/3的国际组织把LFA作为援助项目的计划管理和后评价的主要方法。

LFA是一种概念化论述项目的方法，将一个复杂项目的多个具有因果关系的动态因素组合起来，用一张简单的框图分析其内涵和关系，以确定项目范围和任务，分清项目目标和达到目标所需手段的逻辑关系，以评价项目活动及其成果的方法。在项目后评价中，通过应用逻辑框架法分析项目原定的预期目标、各种目标的层次、目标实现的程度和项目成败的原因，用以评价项目的效果、作用和影响。

LFA的模式是一个4×4的矩阵，横行代表项目目标的层次(垂直逻辑)，竖行代表如何验证这些目标是否达到(水平逻辑)。垂直逻辑用于分析项目计划做什么，弄清项目手段与结果之间的关系，确定项目本身和项目所在地的社会、物质、政治环境中的不确定因素。水平逻辑的目的是要衡量项目的资源和结果，确立客观的验证指标及其指标的验证方法来进行分析。水平逻辑要求对垂直逻辑4个层次上的结果作出详细说明。

4. 成功度评价法

成功度评价法是以用逻辑框架法分析的项目目标的实现程度和经济效益分析的评价结论为基础，以项目的目标和效益为核心所进行的全面系统的评价。它依靠评价专家或专家组的经验，综合后评价各项指标的评价结果，对项目的成功程度作出定性的结论，也就是通常所称的打分的方法。

进行项目成功度分析时，一般把项目评价的成功度分为 5 个等级：

(1)非常成功。项目的各项目标都已全面实现或超过；相对成本而言，项目取得巨大的效益和影响。

(2)成功。项目的大部分目标已经实现；相对成本而言，项目达到了预期的效益和影响。

(3)部分成功。项目实现了原定的部分目标；相对成本而言，项目只取得了一定的效益和影响。

(4)大部分不成功。项目实现的目标非常有限；相对成本而言，项目几乎没有产生什么正效益和影响。

(5)不成功。未实现目标；相对成本而言，没有取得任何重大效益，项目不得不终止。

项目成功度评价表(表 9-1)设置了评价项目的主要指标，在评价具体项目的成功度时，不一定要测定所有的指标。

表 9-1 成功度评价表

项目管理实施评价指标	相关重要性	成 功 度
项目适应性		
管理水平		
组织持续性		
人力资源培养		
预算成本控制		
成本—效果分析		
质量控制		
现场文明施工		
安全度		
技术创新度		
进度控制		
合同管理		
总成功度		

进行项目综合评价时，评价人员首先要根据具体项目的类型和特点，确定综合评价指标及其与项目相关的程度，把它们分为"重要""次重要"和"不重要"三类。对"不重要"的指标就不用测定，只需测定重要和次重要的项目内容，一般的项目实际需测定的指标在 10 项左右。

在测定各项指标时，采用权重制和打分制相结合的方法，先给每项指标确定权重，再根据实际执行情况逐项打分，即按上述评定标准的第 2~5 的四级别分别用 A、B、C、D 表示或打上具体分数，通过指标重要性权重分析和单项成功度结论的综合，可得到整个项目的成功度指标，用 A、B、C、D 表示，填在表的最底一行(总成功度)的成功度栏内。

在具体操作时，项目评价组成员每人填好一张表后，对各项指标的取舍和等级进行内部讨论，或经必要的数据处理，形成评价组的成功度表，再把结论写入评价报告。

四、项目后评价的工作程序

各个项目的工程额、建设内容、建设规模等不同,其后评价的程序也有所差异,但大致要经过以下几个方面的步骤。

1. 确定后评价计划

制定必要的计划是项目后评价的首要工作。项目后评价的提出单位可以是国家有关部门、银行,也可以是工程项目者。项目后评价机构应当根据项目的具体特点,确定项目评价的具体对象、范围、目标,据此制定必要的后评价计划。项目后评价计划的主要内容包括组织后评价小组、配备有关人员、时间进度安排、确定后评价的内容与范围、选择后评价所采用的方法等。

2. 收集与整理有关资料

根据制定的计划,后评价人员应制定详细的调查提纲,确定调查的对象与调查所用的方法,收集有关资料。这一阶段所要收集的资料主要包括:

(1)项目建设的有关资料。这方面的资料主要包括项目建议书、可行性研究报告、项目评价报告、工程概算(预算)和决算报告、项目竣工验收报告以及有关合同文件等。

(2)项目运行的有关资料。这方面的资料主要包括项目投产后的销售收入状况、生产(或经营)成本状况、利润状况、缴纳税金状况和建设工程贷款本息偿还状况等。这类资料可从资产负债表、损益表等有关会计报表中反映出来。

(3)国家有关经济政策与规定等资料。这方面的资料主要包括与项目有关的国家宏观经济政策、产业政策、金融政策、工程政策、税收政策、环境保护、社会责任以及其他有关政策与规定等。

(4)项目所在行业的有关资料。这方面的资料主要包括国内外同行业项目的劳动生产率水平、技术水平、经济规模与经营状况等。

(5)有关部门制定的后评价的方法。各部门规定的项目后评价方法所包括的内容略有差异,项目后评价人员应当根据委托方的意见,选择后评价方法。

(6)其他有关资料。根据项目的具体特点与后评价的要求,还要收集其他有关的资料,如项目的技术资料、设备运行资料等。在收集资料的基础上,项目后评价人员应当对有关资料进行整理、归纳,如有异议或发现资料不足,可作进一步的调查研究。

3. 应用评价方法分析论证

在充分占有资料的基础上,项目后评价人员应根据国家有关部门制定的后评价方法,对项目建设与生产过程进行全面的定量与定性分析论证。

4. 编制项目后评价报告

项目后评价报告是项目后评价的最终成果,是反馈经验教训的重要文件。项目后评价报告的编制必须坚持客观、公正和科学的原则,反映真实情况,报告的文字要准确、简练,尽可能不用过分生疏的专业化词汇;报告内容的结论、建议要和问题分析相对应,并把评价结果与将来规划和政策的制订、修改相联系。

综合训练题

一、单项选择题

1. 见证取样检测是检测试样在（　　）见证下，由施工单位有关人员现场取样，并委托检测机构所进行的检测。
   A. 监理单位具有见证人员证书的人员
   B. 建设单位授权的具有见证人员证书的人员
   C. 监理单位或建设单位具备见证资格的人员
   D. 设计单位项目负责人

2. 建设工程竣工验收备案系指工程竣工验收合格后，（　　）在指定的期限内，将与工程有关的文件资料送交备案部门查验的过程。
   A. 建设单位　　　B. 监理单位　　　C. 设计单位　　　D. 施工单位

3. 单位工程完工后，施工单位应自行组织有关人员进行检验评定，并向（　　）提交工程验收报告。
   A. 建设单位　　　　　　　　　　　B. 监理单位
   C. 质量监督单位　　　　　　　　　D. 档案管理单位

4. 在工程进度款结算于支付中，承包商提交的已完工程量而监理不予计量的是（　　）。
   A. 因业主提出的设计变更而增加的工程量
   B. 因承包商原因造成工程返工的工程量
   C. 因延期开工造成施工机械台班数量增加
   D. 因地质原因需要加固处理增加的工程量

5. 承包商应当按照合同约定的方法和时间，向监理（业主）提交已完工程量的报告。监理（业主）接到报告后（　　）天内核实已完工程量，如未及时核实完，则承包商报告中的工程量即视为被确认，作为工程价款支付的依据。双方合同另有约定的，按合同执行。
   A. 7　　　　　　B. 10　　　　　　C. 14　　　　　　D. 28

6. 在工程进度款结算过程中，除对承包商超出设计图纸范围而增加的工程量，监理不予计量之外，还包括（　　）。
   A. 因发包人原因造成返工的工程量　　　B. 因承包商原因造成返工的工程量
   C. 因不可抗力造成返工的工程量　　　　D. 因不利施工条件造成返工的工程量

7. 根据监理（业主）确认的工程量计量结果，承包商向监理（业主）提出支付工程进度款申请，监理（业主）应在（　　）天内向承包商支付工程进度款。
   A. 7　　　　　　B. 10　　　　　　C. 14　　　　　　D. 28

8. 房屋建筑工程保修期从（　　）计算。
   A. 签订工程保修书之日起　　　　　　B. 工程保修书中约定之日起
   C. 工程竣工验收合格之日起　　　　　D. 工程验收合格交付使用之日起

二、多项选择题

1. 建设单位在收到工程竣工报告后，对符合竣工验收要求的工程组织（　　）等单位和其他有关方面的专家组成验收组制定验收方案。
   A. 勘察设计　　　　　　　　　　　B. 施工单位
   C. 监理单位　　　　　　　　　　　D. 工程质量监督站
   E. 设计单位

2. 按照规定不属于房屋建筑工程保修范围的有(　　)。
   A. 因使用不当造成的质量缺陷   B. 不可抗力造成的质量缺陷
   C. 不包括设备的电气管线   D. 保修期内保修之后又出现的质量缺陷
   E. 保修期第5年出现的屋面漏水
3. 房屋建筑工程保修范围内，保修期限为2年的工程内容为(　　)。
   A. 供热与供冷系统   B. 电气管线、设备安装
   C. 装修工程   D. 人防工程
   E. 房间和墙面的防漏

三、简答题
1. 什么是工程项目竣工验收？
2. 工程竣工验收的程序及组织是怎样的？
3. 工程竣工结算的程序是怎样的？
4. 工程质量保修范围和内容、质量保修期、质量保修责任及保修费用是怎样的？
5. 建筑工程项目后评价的内容、基本方法及工作程序是怎样的？

参 考 文 献

[1] 全国一级建造师执业资格考试用书编写委员会. 建设工程项目管理[M]. 2版. 北京：中国建筑工业出版社，2010.
[2] 成虎，陈群. 工程项目管理[M]. 3版. 北京：中国建筑工业出版社，2009.
[3] 桑培东，亓霞. 建筑工程项目管理[M]. 北京：中国电力出版社，2007.
[4] 梁世连. 工程项目管理[M]. 2版. 北京：中国建材工业出版社，2012.
[5] 吴涛，丛培经. 中国工程项目管理知识体系[M]. 北京：中国建筑工业出版社，2003.
[6] 丛培经. 建设工程项目管理规范培训讲座[M]. 北京：中国建筑工业出版社，2003.
[7] 戚振强. 建设工程项目质量管理[M]. 北京：机械工业出版社，2004.
[8] 李三民. 建筑工程施工项目质量与安全管理[M]. 2版. 北京：机械工业出版社，2013.
[9] 陈乃佑. 建筑施工组织[M]. 北京：机械工业出版社，2004.
[10] 姜华. 施工项目安全控制[M]. 北京：中国建筑工业出版社，2003.
[11] 任强，陈乃新. 施工项目资源管理[M]. 北京：中国建筑工业出版社，2004.
[12] 郭继秋，唐慧哲. 工程项目成本管理[M]. 北京：化学工业出版社，2005.
[13] 戚安邦，孙贤伟. 建设项目全过程造价管理理论与方法[M]. 天津：天津人民出版社，2004.
[14] 中国工程咨询协会. 施工合同条件[M]. 北京：机械工业出版社，2002.
[15] 中国工程咨询协会. 生产设备和设计－施工合同条件[M]. 北京：机械工业出版社，2002.
[16] 中国工程咨询协会. 设计采购施工(EPC)/交钥匙工程合同条件[M]. 北京：机械工业出版社，2005.
[17] 全国一级建造师执业资格考试用书编写委员会. 建设工程项目管理[M]. 4版. 北京：中国建筑工业出版社，2015.